이 흥미진진한 ... 정신적으로 몰입하는
능력이 우리를 ... 기술적이고 사유하는 종으로 만드는 이유라는 것을
생생하고 설득력 있게 논증해낸다. 인지과학의 뜨거운 주제인 무엇이 인간을
인간으로 만드는지에 대한 빛나는 통찰을 제공한다.
_**스티븐 핑커** 하버드대학교 교수,《우리 본성의 선한 천사》저자

왜 인간의 예지력이 다른 종들보다 월등히 뛰어날까? 이 책은 인간의 가장
중요하지만 가장 덜 탐구된 능력에 관한 매혹적이고 권위 있는 연구 성과를
제시한다.
_**리처드 랭엄** 하버드대학교 교수,《요리 본능》저자

이 책은 인간 정신의 힘과 잠재력 그리고 우리 종의 성공을 위한 미래 사고에
대한 매혹적인 탐구다.
_**탈리 샤롯** 유니버시티칼리지런던 뇌감정연구소 창설자,《설계된 망각》저자.

정신적 시간여행을 할 수 있는 인간의 특별한 능력에 대한 매혹적이고 사려
깊은 책. 왜 예지력이 우리의 파란만장한 미래를 헤쳐나가는 데 필요한지
설명한다.
_**로먼 크르즈나릭** 철학자,《인생학교 | 일》저자

아름다운 책이다. 나는 거듭 읽는다. 그들이 쓴 것을 이해하지 못해서가 아니라
그들의 산문을 읽는 즐거움 때문이다.
_**데이비드 F. 비요크런드** 플로리다애틀랜틱대학교 교수,《아이들은 왜 느리게 자랄까》저자

시간의
지배자

시간의
지배자

사피엔스를 지구의 정복자로 만든 예지의 과학

토머스 서든도프 | 조너선 레드쇼 | 애덤 벌리 | 조은영 옮김

THE INVENTION OF TOMORROW

마이클 코벌리스에게 바칩니다.
— 토머스 서든도프

사랑하는 가족에게
— 조너선 레드쇼

아버지께 드립니다.
— 애덤 벌리

한국어판 서문

미래를 상상하는 능력이 그 어느 때보다 중요해진 세상이다. 인공지능의 도래로 매일 목도하는 숨 가쁜 변화와 그로 인해 가능해질 예측만 생각해봐도 알 수 있다. 그렇다면 인간이 지닌 예지력의 기원과 작용, 또 실패의 사례를 파헤친 이 책이 한국인들, 특히 우리가 오늘 창조하는 미래를 살아갈 한국의 젊은이들에게 소개되기에 지금만큼 적절한 시기도 없을 것이다.

예지력은 사람들로 하여금 가까운 미래에 닥쳐올 기회와 위협을 준비하게 한다. 실패할 때도 많지만 인간의 예지력은 독보적으로 강력하고 다른 동물이 하지 못하는 방식으로 앞일을 예측하고 계획하게 한다. 하지만 우리가 이 책에서 보여준 것처럼, 인간의 예지력이 지닌 힘은 미래가 어떻게 될지 정확히 알지 못한다는 한계를 스스로 인지하는 데서 비롯한다. 그러기에 우리는 만일의 경우를 대비하고 행운의 여신을 우리 편으로 끌어올 창의적인 방법을 고안한다.

인간은 현재에서 출발하는 여러 버전의 미래를 상상할 수 있으므로 주어진 선택권을 얼마든지 저울질할 수 있다. 그러면서 삶의 궤적을 자신이 통제한다는 자유의지를 느낀다.

자신의 행동이 가져올 장기적 결과를 예견할 수 있는 유일한 피조물로서 인간은 다른 생물에게는 없는 선택을 눈앞에 두고 있다. 미래를 가늠하는 능력이 우리에게, 오직 우리 인간에게 남다른 책임감을 부여한다. 예지력의 본질에 대해 더 많은 것을 알아내기에 지금만 한 때는 없다. 우리 종이 지구의 미래를 바꾸게 하는 가장 큰 힘이 바로 이 능력이기 때문이다. 이와 동시에 우리에게 주어진 예지력을 더 잘 사용하는 것은 우리가 역경에서 빠져나올 유일한 방법일 것이다.

2024년 6월 브리즈번에서
토머스 서든도프, 존 레드쇼, 애덤 벌리

차례

일러두기

- 이 책의 핵심 개념인 'foresight'는 맥락에 따라 '예지' '예지력' '선견' '선견지명' 등으로 번역했다.
- 단행본·잡지 등은 《 》로, 논문·편명·영화·음악 등은 〈 〉로 표기했다.
- 원문에서 이탤릭으로 강조한 것은 굵은 글씨로 처리했다.
- 옮긴이주는 괄호에 넣고 '옮긴이'로 표시했다.

1

저마다의 타임머신

지금으로부터 5000여 년 전, 한 사내가 혹독한 추위 속에 알프스산맥을 올랐다. 몸에 난 상처가 심상치 않다. 산기슭 계곡에서 받은 공격으로 오른손 엄지와 검지 사이가 깊이 찔렸다. 만년설과 산림 지대를 지나 집에서 이틀은 넘게 걸어온 터였다. 하지만 겁쟁이의 나들이도, 대책 없는 여정도 아니었다. 사내는 여러 동물의 가죽을 짜깁기해서 만든 외투와 착 달라붙는 바지를 입었고, 봇짐에는 모자와 신발도 챙겨왔다. 허리띠에 매단 자루에는 자르고 긁고 구멍을 뚫을 때 사용할 석기 도구와 불을 지필 때 쓸 황철석이 들어 있었다. 가죽끈에 꿰어놓은 쫀득한 자작나무 열매 두 알은 편충이 기승을 부릴 때 유용할 것이다. 사내에게는 구리로 된 도끼, 활과 화살, 규질암으로 만든 단검도 있었다. 단검은 수차례 공들여 날을 갈아두었다. 단검이 필요할 게야. 눈 덮인 산꼭대기까지 쫓아오는 자가 있을지도 모르니.

　꽁꽁 얼어 미라가 된 사내의 시체는 1991년에 그가 지니고 있던 각종 소지품과 함께 빙하 속에서 발견되었다. 그가 숨을 거둔 외츠탈 알프스의 이름을 따서 사람들은 사내를 외치Ötzi, 또는 '아이스맨'이라고 불렀다.* 외치가 챙겨온 물건들은 과거의 경험을 되새겨 미래에 요긴하게 쓰일 것들을 미리 짐작하는 우리 종의 보편적 능력을 예시한다.[1]

인간의 정신은 사실상 일종의 타임머신이다. 이 타임머신을 타고 우리는 과거에 있었던 일을 한 번 더 경험하고, 비슷한 일을 겪은 적이 없어도 미래를 상상한다. 사람들은 여름휴가를 꿈꿀 때마다, 다가올 저녁 데이트 생각에 설렐 때마다, 시험 결과를 곱씹을 때마다 끊임없이 타임머신을 타고 시간을 이동한다. 인간은 정신의 시간여행자이기에 외치가 그랬듯 미래를 자신이 계획한 대로 설계하며 기회와 위험을 사전에 대비할 수 있다. 앞으로 일어날 일을 예상하고 그에 따라 행동하는 예지력foresight은 어쩌면 인류에게 주어진 가장 강력한 도구일지도 모르겠다. 이 책은 그러한 능력이 본질적으로 무엇을 뜻하며 어떻게 진화해왔는지, 인류가 걸어온 길에서 어떤 역할을 해왔는지 밝혀낼 것이다.[2]

---

* 수천 년 전 외치의 준비성을 밝히는 과정은 수십 년간 여러 분야가 합심하여 이룩한 한 편의 탐정소설과도 같았다. 소화관에 남아 있는 음식물을 보고 그가 무엇을 먹었는지 알아냈고, 신발에 묻은 꽃가루를 보고 그의 마지막 행적을 밝혀냈으며, 미토콘드리아 DNA를 분석해 그가 어떤 동물의 가죽으로 옷을 해 입었는지 알 수 있었다. 그가 공격당했다는 사실은 손에 난 상처가 흔히 칼날을 막으려다 생기는 것이기에 알 수 있었고, 그가 지닌 칼의 사용흔을 분석해 그가 도구를 정성껏 관리했다는 걸 짐작할 수 있었다.

당연한 말이지만 우리가 미래를 상상할 수 있다는 것이 실제로 어떤 일이 일어날지 안다는 뜻은 아니다. 외치도 자신이 등에 화살을 맞고 5000년 동안 얼음 위에 엎드려 있으리라고는 상상하지 못했을 테니까. 세상에는 우리가 미처 예상하지 못한 일들이 숱하게 닥치고, 예상한 일들은 아무리 기다려도 일어나지 않는다. 주식중매인이나 기상학자처럼 예측하는 일로 먹고사는 이들도 다음 분기의 금값이나 다음 주 화요일에 비가 올지 안 올지 정확히 알지 못한다. 인간의 예측은 보기 좋게 실패하는 경우가 비일비재하다. 아마추어 공학자가 하늘을 날고 싶어서 의자에 헬륨 풍선을 매달았다가 내려오지 못해 낭패를 보았다는 얘기를 들어본 적 있을 것이다.**3

인간이 멘탈 타임머신을 조종하는 서툰 솜씨를 두고 할 말은 많다. 사람들은 종종 장기적인 안목으로 미래를 내다보는 대신 눈앞의 돈벌이에 혈안이 되거나 변덕스러운 뉴스에 일희일비하고 소셜미디어의 '좋아요'에 마음이 흔들린다. 장밋빛 전망이 몇 번이나 어긋났는데도 이번 프로젝트는 주어진 예산으로 제시간에 마칠 수 있다고 고집한다. 사다리에서 떨어지는 불의의 사고가 자신에게는 덜 일어날 거라고 예상하는 경향이 있다.4 인간의 역사는 가

**　1982년 래리 월터스Larry Walters는 하늘을 날기 위해 야외용 접이식 의자에 기상 관측용 기구氣球를 매달았다. 기구를 터트려서 내려올 요량으로 공기총을 챙길 만큼 주도면밀했으나 이륙 속도와 고도를 잘못 계산하여 하늘로 4900미터나 솟구쳐 올라갔다.

공할 결과를 초래한 엉터리 계획들이 차고 넘친다. 오스트레일리아 퀸즐랜드주만 봐도 정부 관료가 사탕수수딱정벌레를 박멸하겠다고 사탕수수두꺼비를 수입했다가 이 외래종이 걷잡을 수 없이 번식하는 바람에 지역 생태계를 쑥대밭으로 만든 적이 있다.

지금까지 인간은 시간을 앞당겨 볼 수 있는 대담한 기술들을 고안해왔다. 먼지, 모래, 쌀알, 연기, 재 등으로 앞일을 맞히는 점술에서부터 새, 개미, 염소, 당나귀의 행동을 보고 앞날을 예언하는 행위까지, 미래를 내다보는 방법은 다 열거할 수 없을 만큼 많다. 물론 이 점술들의 한 가지 공통점은 잘 들어맞지 않는다는 것이다. 그럼에도 이것들은 인간이 바닥부터 탐구해 얻은 수많은 산물 가운데 하나다. 불확실한 미래를 파악해 앞으로 나아가는 최선의 방법을 모색하는 것.

미래를 동물의 내장이나 찻잎에서 발견할 수는 없지만 자연에는 우리가 예측하고 준비할 수 있는 모종의 패턴이 있다. 고대 그리스인들은 대규모 출정을 앞두고 으레 신탁을 청하여 신의 의중을 묻곤 했지만, 그러면서도 놀라울 정도로 효율적인 예지의 도구를 발명하기도 했다. 그리스 아테네에 있는 국립고고학박물관의 한 전시실에는 미래를 예견할 목적으로 사용된 의문의 유물 한 점이 방 전체를 할애해 전시되어 있다. 1901년 에게해 안티키테라 섬 인근에서 해면을 채취하던 잠수부들이 끌어올린 이 물체는 훼손된 나무 상자 안에 들어 있는 부식된 금속 덩어리에 불과해 보였으나 무려 2000년 전에 제작된 세계 최초의 아날로그 컴퓨터로

그림 1-1 인양되었을 당시 안티키테라 기계의 상태(왼쪽). 안티키테라 기계가 예측한 천체의 상태를 복원한 모형(오른쪽).

밝혀졌다.[5]

안티키테라 기계는 경이로운 기술의 복합체다. 수십 개의 청동 톱니바퀴가 서로 맞물려 돌아가고 지금은 닳아버려 알 수 없는 문자가 곳곳에 새겨져 있다. 손잡이를 돌려 전면의 다이얼에서 날짜를 선택하면 그날 행성의 움직임, 달의 위상, 태양의 일식 등 천체의 미래를 예측할 수 있다. 로마 정치가 키케로Cicero는 예측 가능한 천체의 규칙성을 살핌으로써 "정신은 신들의 지식을 추출한다"라고 말한 바 있다.[6]

현대인은 자연에 관해 전례 없이 많은 지식을 얻어내 그 경로를 예측하고 있다. 직접 계산할 필요도 없다. 주머니 속 휴대 장치에 물어보면 만조 시간과 천체의 움직임을 그 어느 때보다 정확히 알 수 있다. 서기 224508년 3월 27일에 금성의 태양면 통과 현상이 일어나고 하루 뒤에는 수성의 태양면 통과가 일어난다는 사실은 위키백과를 잠깐 살펴보면 알 수 있다. 우리의 일상은 일과를 공유하고 협동을 유도하는 미래의 모형 위에 세워지고 있다. 우리는 아침 9시에서 오후 5시까지 근무하고, 매주 정해진 요일에 독서모임에 참석하며, 중요한 마감일을 맞추기 위해 죽으라고 일한다.

하지만 훗날 어떤 일이 벌어질지 알면서도 그에 따라 행동하지 못하는 인간의 어리석음 역시 우리가 인정해야 하는 뼈아픈 사실이다. 뉴욕의 정치인 브라이언 콜브Brian Kolb는 2019년 크리스마스이브에 음주 운전의 위험성을 경고하는 칼럼을 기고하면서 "술을 입에 대기 전에 먼저 앞일을 생각한다면 후회스러운 상황을 피할 수 있지 않겠느냐"고 썼다. 그러나 일주일 후 콜브 자신이 도랑에 빠진 차 안에서 만취 상태로 발견되었다.[7] 이런 위선을 두고 손가락질하기는 쉽지만 돌이켜보면 어떻게 될지 뻔히 알면서도 경솔한 결정을 내렸던 순간을 누구나 하나쯤은 어렵지 않게 떠올릴 것이다. 끔찍한 숙취와 함께 잠에서 깨어 앞으로 술은 한 방울도 입에 대지 않겠노라 맹세했지만 며칠 뒤 맥주를 들이켜는 자신을 발견한 적이 정녕 없었는가. 후회할 걸 알면서도 기름진 햄버거나 시럽을 잔뜩 올린 라지 사이즈 아이스크림을 시킨 적이 없는가. 그러고는 예상대로 머리를 쥐어박은 적이 없다는 말인가. 새해 아침에 굳게 다짐한 일을 몇 주 뒤에 보란 듯이 접어버리고 해가 바뀌면 똑같은 다짐을 또 한 적은 없는가? 사람들 대부분이 일관되게 행동하지도, 계획대로 실천하지도, 합리적인 분석과 결의로 결정을 내리지도 않는다.

이 책에서 우리는 어떻게 예지력이 우리 조상을 열대 아프리카에 살던 일개 영장류에서 전 지구의 운명을 쥐락펴락하는 종으로 급변하게 했는지 살펴볼 것이다. 그러나 단지 그 놀라운 능력의 성공을 예찬하려는 것도, 실패를 한탄하려는 것도 아니다. 인간은 마음의 눈으로 시간을 가로지르는 놀라운 능력이 있다. 그러나 이 대단한 능력도 그 시작은 하찮았다. 우리는 스스로 미래를 정확히 예측할 만한 깜냥이 없다는 것을 알았고, 더 나은 미래를 위해서는 지금 애써야 한다는 것을 깨달았다. 역설적이지만 앞을 내다보는 능력은 이런 예지력의 한계를 깨는 데에서 시작했다.

만일의 사태에 대한 계획

1969년 7월, 아폴로 11호가 달에 착륙하기 직전이었다. 닉슨 Richard Nixon 대통령의 연설비서관 윌리엄 새파이어 William Safire 는 대통령이 텔레비전 방송에서 읽을 원고를 다음과 같이 작성했다.

달 착륙이 실패할 경우

달을 탐사하러 간 이들이 그곳에서 영원한 안식을 누리게 되었습니다. 용감한 두 사람 닐 암스트롱 Neil Armstrong 과 에드윈 올드린 Edwin Aldrin 은 구원의 길이 없음을 알고 있습니다. 그러나 이들은 자신의 희생에 인간의 희망이 있다는 것도 알고 있을 것입니다.

인류가 탐험을 멈추는 일은 없을 것이며 앞으로 그들의 뒤를 따르는 이들은 무사히 고향으로 돌아올 것입니다. 그러나 저 둘은 선구자였고 우리 가슴속에 늘 처음이자 최고로 남아 있을 것입니다.

앞으로 밤하늘에 떠오른 달을 바라보는 모든 인간이 또 다른 세계의 한 모퉁이에 영원한 인류가 있음을 알게 될 것입니다.[8]

알다시피 닐 암스트롱과 에드윈 올드린은 달에서 무사히 귀환했고 닉슨 대통령은 저 성명서를 읽지 않았다. 또한 비상 대책의 또 다른 참담한 항목을 따르지 않아도 되었다. 우주인들이 달에서 고립되었다는 소식을 '곧 남편을 잃게 될 아내'에게 알리는 일 같은 것 말이다. 미국항공우주국NASA은 구사일생의 위기 상황에서부터 **A급 사고**까지 각종 사태에 대한 우주비행관제센터의 대처법을 상세히 적은 수백 쪽짜리 '비상 대책' 매뉴얼을 마련해두었다.[9]

만일의 사태에 대한 계획은 우리에게도 낯설지 않다. 사람들은 직장과 취업에 관한 플랜 A를 세우지만, 인생이 예상과 다르게 흘러갈 수 있다는 것 또한 잘 알고 있다. 하루아침에 회사가 파산할 수도, 새로 시작한 일이 생각보다 적성에 맞지 않을 수도, 출근길에 교통사고를 당할 수도 있다. 그래서 우리는 만일을 위해 비상금을 모으고, 다른 일자리를 기웃거리고, 상해보험을 든다. 그럴

일이 없길 바라면서도 혼전계약서에 서명하고, 소화기를 비치한다.

오스트레일리아 브리즈번의 퀸즐랜드대학교를 기반으로 하는 우리 연구팀에서는 다양한 연구를 수행한다. 미래가 기대하는 대로 흘러가지 않을 수 있다는 이 기본적인 통찰의 시작점을 찾기 위해 우리는 아이들에게 간단한 과제를 주었다.[10] 알파벳 Y를 거꾸로 세운 모양의 관을 설치하고 위에서 실험자가 선물을 떨어뜨리면 아이들이 밑에서 받으면 된다. 두 살짜리 아이들은 두 개의 출구 중에서 하나만 막았다. 그 말은 보상을 받을 때도 있고 받지 못할 때도 있다는 뜻이다. 그러나 네 살이 되면 대부분 아이들이 주저 없이 양손으로 각각 양쪽 출구를 막아 선물이 어느 쪽으로 떨어지든 붙잡을 수 있었다(그림 1-2). 유치원생들도 목표물이 어느 쪽 출구로 떨어지는지 예측할 수 없는 상황을 자신의 행동으로 보완할 수 있었다는 말이다. 그들은 미래가 어떻게 될지 정확히 알지 못한다는 것을 아는 것 같았다.

인간은 현재로부터 사방으로 갈라지는 미래의 여러 버전을 상상할 수 있으므로 각각을 비교하여 가장 좋은 것을 선택할 수 있다.[11] 이 책에서 계속해서 확인하겠지만 이 능력의 영향력은 지대하다. 무엇보다 이 힘은 사람들에게 자유의지를 느끼게 한다. 이는 (누군가는 자유의지가 상상에 불과하다고 하지만) 자기 운명의 주인이 자신이라는 기분을 말한다. 사람들은 대체로 자유의지의 개념을 소중히 여긴다. 최선의 선택을 내리기가 쉬운 일은 아니더라도 칼자루를 쥔 것이 자신이라는 생각은 늘 힘이 된다.

그림 1-2 이 책의 저자 토머스 서든도프의 딸 니나(당시 네 살)가 선물을 받기 위해 두 손으로 출구를 붙잡고 양면 작전을 펼치고 있다.

자유의지의 이면에는 지나간 시간을 되돌릴 수 없다는 안타까운 깨달음이 있다. 자신의 의지로 선택했기에 행동의 결과에도 책임이 있다. 우리는 자기가 한 일이 미래에 해가 된다는 걸 알게 되면 행동을 바꿔야 한다는 압박을 느낀다. 그리고 실제로 자신의 행동으로 타인에게 해를 끼치게 되면 머릿속에서 타임머신을 타고 다른 타임라인으로 가서 자기가 어떻게 행동했어야 했는지를 상상한다.[12] 그것이 우리가 후회하는 이유다. 이어서 다음번에는 어떻게 행동해야 옳은지 숙고하고, 심지어 미래의 자신이 오늘의 결정을 돌아보며 다른 결정을 내릴걸 그랬다며 한탄하는 건 아닐까 궁금해하기도 한다.

멘탈 타임머신이 부여한 자유의지는 자기 행동에 책임감을 느끼게 할 뿐 아니라 다른 이들의 행동까지 판단하고 처벌, 응징하게 한다. 많은 문화권에서 사람들은 행위자가 무엇을 예상했고 어떤 선택을 할 수 있었는지를 따져보고 행위의 옳고 그름을 판단한다. 자기의 행동이 타인에게 부정적인 영향을 미칠 것을 쉽게 예상할 수 있었고 거기에 선택의 기회마저 있었다면 우리는 행위자에게 좀 더 엄격한 잣대를 들이대는 편이다. 변호사, 성직자, 가십 칼럼니스트는 선의, 오판, 예기치 못한 상황을 이유로 들어 사람들이 죄책감을 키우거나 덜어내게 한다. 관습법에서 말하는 범의犯意(mens rea, 라틴어로 '죄를 짓는 마음'이라는 뜻)란 악행 뒤에 도사린 사악한 의도를 뜻한다. 누군가의 행위를 범죄로 취급하기 위해서는 범의가 있었는지 여부를 따지는 것이 중요하다. 한편 알면서도 타인을 해악의 가능성에 노출시킨 '미필적고의recklessness'와, 예견하여 피할 수 있었던 위험을 미처 예상하지 못한 '과실negligence'을 구분할 때 예지력은 매우 중요하다.

예지력은 윤리적 딜레마를 포함해 많은 난제를 안긴다. 가령, 타인의 마음을 배려한다는 이유로 선의의 거짓말을 해도 되는가? 항암제라는 잠재적 이익을 위해 실험용 쥐에게 고통을 주는 실험을 가치 있게 여겨야 하는가? 인간은 동물원을 만들 수 있는 유일한 종이다. 다른 동물에게 무엇이 필요한지, 그들이 무엇을 할 수 있는지 예견할 수 있기 때문이다. 그러나 같은 이유로 인간은 동물원을 만드는 것이 과연 옳은 일인지 물을 수 있는 유일한 종이

기도 하다. 인간은 더 나은 미래를 창조하려면 무엇을 해야 하는지 끊임없이 묻고 따지고 투쟁한다.

　내일이 온다는 걸 알면서도 내일 무슨 일이 일어날지 예측하는 능력에는 한계가 있으므로 신경 써야 할 가능성들이 끝도 없이 많다. '태풍이 올까?' '배가 가라앉을까?' '상어가 공격할까?' 예지력의 대가에는 걱정이 포함된다. '비용을 어떻게 충당해야 할까?' '그들이 나를 속이지는 않을까?' '이 발진이 그냥 평범한 발진일까?' 심지어 걱정에 대해서도 걱정한다. '계속 이렇게 걱정하다가 미치는 건 아닐까?' 현실이 될 가능성이 있는 미래의 시나리오 안에서 살다 보면 더없이 불안해지고 절망스러워진다. 게다가 어떤 부정적인 사건들은 제발 일어나지 않기를 바라는 소망과 상관없이 닥치게 되어 있다. 선견先見의 능력은 가장 반갑지 않은 사실을 포함해 우리를 끔찍한 통찰 앞에 세워둔다. 이를테면 우리 모두 언젠가는 죽을 것이라는 사실. 그러나 그런 절대적인 진리 앞에서조차 인간은 죽음 뒤에 일어날 불확실한 일을 고민한다. 시간을 여행하는 인간의 정신은 자신의 죽음 너머로까지 항해한다. 망자가 된 자신을 맞이하는 자가 천국의 문 앞에 서 있는 베드로 성인일까, 아니면 지옥의 문 앞에 서 있는 루시퍼일까? 다음 생에는 진드기로 태어날까, 아니면 호랑이로 환생하게 될까? 뇌세포가 죽으면 의식도 영원히 지워지는 걸까? 어떤 식의 사후 세계를 믿든 간에 남겨진 세상도 한걱정이다. 우리는 죽기 전에 세상에 무엇을 남길까?

선견의 능력은 인간 정신의 진화와 작용, 그 힘과 위험성, 그리고 인간 사회의 기능에 모두 필수적이다. 찰스 다윈Charles Darwin은 이 능력에 감화받은 나머지 인간이 어떻게 이 힘을 갖게 되었는지 고민하던 중 하마터면 신을 믿을 뻔했다. 다윈은 "먼 과거를 돌아보고 먼 미래를 내다볼 수 있는 인간을 포함해 이처럼 광대하고 근사한 우주를 전적으로 우연이나 필연의 결과로 보는 것"의 어려움을 두고 고심했다.[13] 그럼 이제부터는 우리가 시간을 넘나들도록 해주는 정신 기계의 기초를 살펴보자.

기억은 미래를 위한 것

언젠가 진짜 타임머신이 발명된다면 지금 이곳은 미래에서 온 방문객들로 넘쳐나지 않을까? 세상을 떠난 위대한 물리학자 스티븐 호킹Stephen Hawking은 케임브리지대학교에서 시간여행자들을 위한 파티를 열면서 파티 날짜 다음 날에야 초대장을 공개했다. 물론 아무도 오지 않았다. 어쩌면 우리 시대는 시간여행자 입장에서 굳이 찾아올 만큼 흥미롭지도 즐겁지도 않은 시기였는지도 모른다. 그게 아닌데도 시간여행자들이 나타나지 않았다면 그건 4차원을 건너는 (적어도 과거로의) 항해가 영원히 불가능하다는 방증이 될 수도 있다. 시간여행은 오로지 정신 속에서만 가능한 것이다.[14]

지금 당신은 퇴근길 버스 안에 있다. 창문 밖으로 지나가는 풍경을 보면서 어느새 머릿속은 이번 주말 전에 끝내야 하는 일들로 어지러워지기 시작한다. 앞으로 해야 할 과제들이 그려지고, 조금

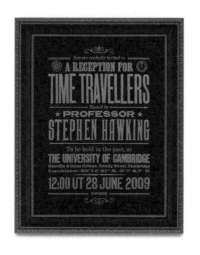

그림 1-3 호킹 교수의 초대장은 여전히
유효하다.

전 업무 중에 힘들었던 일도 잠시 떠오른다. 모든 일을 무사히 마친 순간을 상상하며 쾌감에 젖을 수도 있다. 그렇게 된다면 정말 홀가분하게 주말을 보낼 수 있겠지. 이런 순간은 친구들과 축하해야 마땅하다. '축하'라는 말에 얼마 남지 않은 친구의 생일이 생각난다. 특별한 이벤트를 준비해야 할 텐데. 작년에 준비한 파티에서는 모두 정말 즐거웠지. 샴페인이 모자라서 당황했던 것만 빼고. 토요일 아침에 꼭 마트를 다녀와야 한다고 머릿속에 메모를 남긴다. 프랑스 와인을 할인한다는 광고를 봤는데 행사가 벌써 끝난 거 아닐까? 어쨌든 몇 주간 치열했던 프로젝트를 끝내고 한숨 돌리며 친구들과 한잔할 수 있다면 정말 좋겠다. 이때 정류장이 눈에 들어온다. 그 순간 모든 생각은 현재로 귀환한다. 가방을 집어 들고 버스에서 내릴 준비를 한다.

사람의 마음은 과거와 현재와 잠재적 미래의 사건 사이를 쉽게 오간다. 희망, 기쁨, 불안, 그 밖의 머릿속 시나리오에 대한 다양한 감정적 반응을 경험하면서 각각을 연결하는 인과의 사슬을 인식하고 탐구한다. 각기 다른 시간과 장소에서 쓰인 이 사건들을 훑다 보면 당장 얼마 남지 않은 생일파티나 최근 직장에서 힘들었던 하루로 되돌아갈지 모른다. 작년 생일파티 때로 다시 가보는 것은 어떨까. 정신이 시간을 거슬러 되돌아가는 동안 주변 풍경이나 소리 따위는 보이지도 들리지도 않는 배경으로 퇴색한다. 이것을 '일화 기억episodic memory'이라고 한다. 과거에 일어났던 일화에 대한 기억이다. 마찬가지로, 다음번 생일파티에서 당신이 뭘 할지 생각해 본다면? 이처럼 미래의 구체적인 일화를 상상하고 그에 따라 행동하는 능력을 '일화 예지episodic foresight'라고 부른다.[15] 그럼 지금부터 차례차례 살펴보자.

학계에 알려진 최악의 기억상실증 사례 가운데 하나로 영국의 피아니스트이자 지휘자이면서 학자인 클라이브 웨어링Clive Wearing의 경험을 꼽을 수 있다. 그는 헤르페스 바이러스 감염으로 뇌가 손상되면서 과거에 있었던 일을 깡그리 잊고 말았다. 여전히 의식은 뚜렷하고 지능도 그대로였지만 새로운 기억을 형성하지 못했고 사건의 흐름을 몇 초 단위로만 되짚었다. 아내 데보라는 회고록 《영원한 오늘Forever Today》에서 남편 클라이브가 자신이 방금 처음으로 세상을 인식하기 시작했다고 믿으며 계속해서 "깨어나는" 과정을 설명했다.[16] 클라이브는 지금까지 자신의 삶은 "죽음과 같았다"고 말한다. 보이는 것도, 들리는 것도, 생각나는 것도, 꿈꾸는 것도 없는, 그야말로 아무것도 없는 완전한 무無의 상태였다.

모든 기억이 과거에 일어난 특정 사건으로만 여행하는 건 아니다. 심리학자는 기억 체계의 종류를 여러 가지로 구분하는데, 이는 다른 정보는 유지하면서 개인의 과거에만 접근하지 못하는 것이 가능하기 때문이다. 가령 클라이브에게 피아노 연주 같은 운동 기술은 '절차 기억procedural memory'의 형태로 유지되고 있었다. 또한 아내의 이름 같은 사실적 지식도 기억하고 있었는데, 이처럼 경험이 배제된 단순한 지식적 기억을 '의미 기억semantic memory'이라고 한다. 그러나 그는 과거로 돌아가는 능력은 일체 상실했다. 자기에게 아이들이 있다는 건 알았지만 아이가 처음으로 학교에 갔던 날이나 첫 생일파티를 했던 날처럼 아이들을 키우며 겪었던 일들은 하나도 기억하지 못했다. 피아노가 무엇인지도 알았고 연주할 수도 있었지만 살면서 피아노를 쳤던 기억은 전혀 되불러올 수 없었다.

인간이 지닌 가상의 타임머신의 가장 주요한 기능은 살면서 겪었던 여러 사건들을 다시 방문하고 이를 서사적으로 연결함으로써 연속성을 부여하는 것이다. 우리는 경험의 실타래를 엮어 자신이 등장하는 이야기를 지어낼 수 있다. 그러나 한 세기 이상의 연구에서 지속적으로 발견되었듯이, 우리가 회상한 내용의 부정확성은 예측의 부정확성 못지않게 아쉬운 점이 많다. 설사 기억장애가 없더라도 그렇다.[17] 인간의 기억은 단편적인 데다 세부적인 내용은 부족한 경향이 있다. 우리는 자주 확실하게 틀린다. 게다가 자신의 기억에 대한 자신감은 그 기억의 사실 여부와는 전혀 상관없다. 인간이 얼마나 자신의 기억에 의지하고 많은 것을 거는지 생각하면 심히 걱정스럽다.

1995년 3월 2일 밤, 마이클 제라디Michael Gerardi와 코니 바빈Connie Babin은 첫 데이트를 마치고 뉴올리언스의 한 식당에서 나왔다. 두 사람이 제라디의 차로 가고 있는데 10대 청소년 세 명이 다가와 위협했다. 도망치던 바빈은 그중 한 사람이 제라디의 머리에 총을 쏘아 살해하는 장면을 목격했다. 바빈은 살인범으로 당시 열여섯 살이었던 샤리프 쿠쟁Shareef Cousin을 지목하면서 법정에서 "나는 그 얼굴을 절대 잊지 못한다"고 말했다. 쿠쟁은 재판에서 사형선고를 받고 2년을 복역했으나 그 판결은 결국 뒤집어졌다. 바빈 자신은 정말로 확신했지만 쿠쟁은 범죄가 일어난 시각에 그곳에 있지도 않았고 경기 후 농구 코치가 집에 데려다준 것이 밝혀졌다.[18]

목격자의 증언에 대한 오랜 연구에 따르면 사건을 떠올리는 우리의 기억은 과거 경험의 정확한 기록이 아닌 적극적인 재구성에 기반을 둔다.[19] 우리 뇌에는 과거의 장면을 신빙성 있게 포착하고 군더더기 없이 재생할 수 있는 비디오카메라가 장착되어 있지 않다. 우리는 회상의 순간에 그 사건들을 적극적으로 편집한다. 그뿐 아니라 다른 사람으로부터 들은 말이나 상대의 질문에 암시된 정보 같은, 사건 이후에 얻은 정보까지 활용한다. 그 남자의 콧수염이 위로 올라갔느냐 아래로 내려왔느냐는 질문을 받으면 사실은 콧수염이 없는 사람이었음에도 기억은 콧수염이라는 개념을 새로 흡수한다. 우리는 더 나은 이야기를 만들기 위해서, 또는 사건의 전개 과정에서 자신의 역할을 내세우거나 축소하기 위해서 보고서를 윤색하기 쉽다. 그리고 그 이야기를 반복해서 말하다 보면 어느덧 원래 사건과 그 이후에 덧붙인 것을 구분하기가 더 어려워진다.[20]

확실하게 말해두는데, 기억이란 애초에 기록을 있는 그대로 보관하기 위한 장치가 아니다. 따라서 판사와 역사가는 사람의 기억보다 좀 더 신뢰할 만한 것을 선호해야 한다. 진화적 관점에서 자연선택은 기억이 과거를 얼마나 정확히 기록하느냐에 딱히 신경 쓰지 않는다. 중요한 것은 기억이 앞으로의 생존과 번식에 미치는 결과이다. 기억은 어디까지나 미래를 위한 도구이다.[21]

파블로프식 조건 형성Pavlovian conditioning으로 알려진 기억의 기본 형태를 살펴보자. 노벨상을 수상한 러시아 심리학자 이반 파블로프Ivan Pavlov는 자신이 키우던 개들이 식사 시간과 종소리를 연관 짓는다는 것을 알게 됐다. 개들은 먹을 것이 없어도 종소리를 들으면 침부터 흘렸다. 실로 미래지향적인 기억이다. 소화할 음식에 대비하느라 침을 흘리는 것이니까. 이와 비슷하게 동물은 벌칙보다 보상이 따르는 행동을 반복할 가능성이 크다. 개는 자기 이름이 불리면 보상이 올 거라는 기대와 저녁 밥상 위에 뛰어오르면 야단을 맞을 거라는 예상을 배운다.

인간도 비슷하게 조건 형성이 일어날 수 있다. 클라이브 웨어링처럼 과거 사건을 기억하지 못하는 사람도 조건 형성으로 학습이 가능하다. 스위스의 신경학자 에두아르 클라파레드$^{Édouard\ Claparède}$ 는 손바닥에 압정을 숨겨둔 채 한 기억상실증 환자와 악수했다.[22] 그 후로 이 여성은 의사와 만났던 기억이 없는데도 악수를 청하는 그의 손을 거부했다. 물론 그 덕분에 손이 찔리지 않게 되었다.

이런 식의 연합학습과는 대조적으로 일화 기억에는 의식적으로 과거를 떠올리며 그곳으로 떠나는 가상 여행이 포함된다. 자기를 아프게 한 누군가를 떠올리는 순간 다른 정보를 함께 고려하여 사건을 해석한다. 가령 의사가 나를 찌른 것은 맞지만 혈액을 채취하기 위해서였다는 것을 기억한다면 통증에 대한 기억이 남아 있어도 앞으로 그 의사가 다가왔을 때 피하지는 않을 것이다. 우리의 멘탈 타임머신은 과거의 여러 다른 사건으로부터 얻은 정보를 취합하고 심지어 새로운 가르침을 찾아서 이 사건들에 여러 번 재방문한다.[23] 이런 능력은 과거의 실수나 잘못을 지나치게 되새기게 하는 부작용이 있지만 동시에 자신의 현재 상태를 명확히 파악하게 한다. 범죄 과정을 밝히는 셜록 홈스처럼 우리는 여러 가지 정보를 한데 모아 과거에 일어난 일을 가장 근접하게 재구성한다. 물론 여기에서조차 가장 큰 이점은 미래에 써먹을 교훈이다. '너한테 또 속으면 그땐 내가 바보지.'

인간은 이미 일어난 일을 숙고할 때뿐만 아니라 기억을 미래로 이식해 앞으로 어떤 일이 일어날지 예상함으로써 큰 보상을 얻는다. 지난번 호수에 갔을 때 모기에 엄청 물렸다면 그 기억을 미래에 투사해 다음에도 물릴 수 있다고 예측하고 모기 퇴치제를 뿌리는 것이다. 일화 기억이라는 귀한 능력은 애초에 일화 예지라는 단연 더 중요한 능력의 부수 효과로 진화한 것인지도 모른다.[24]

일화 기억이라는 것이 원래는 미래를 찾아가도록 진화한 타임머신의 부수적 기능에 불과할까? 기억과 예지를 단일 인지 체계의 상보적 측면으로 여길 만큼 가상의 타임머신 은유를 진지하게 받아들여도 될까? 어쨌거나 저 둘은 근본적으로 다르지 않은가. 하나는 실제 일어났던 사건을 다루고 다른 하나는 일어나지 않은 (그리고 일어나지 않을지도 모르는) 사건을 다룬다. 그러니 자신이 지금까지 완수한 것과 앞으로 해야 할 일을 제대로 추적하고 싶다면 이 두 가지를 서로 혼동하지 않는 편이 좋다.

그럼에도 과거와 미래로의 정신적 시간여행을 서로 뗄 수 없는 관계로 생각해야 할 이유는 분명하다. 클라이브 웨어링은 자신이 피아노 연주회를 한 적 있다는 사실을 회상하는 능력만이 아니라 미래를 여행하는 능력, 즉 다음 주든 언제든 앞으로 있을 연주회를 상상하는 능력도 함께 잃었다. 그는 주말을 계획하지 못하고, 명절을 기대하거나 깜짝 생일파티를 준비할 수도 없다.

과거로 가는 시간여행과 미래로 가는 시간여행 사이에는 수많은 공통점이 있다. 우리 연구팀은 아이들에게 과거와 미래에 관해 질문한 결과, 어제 한 일을 기억하는 능력과 내일 할 일을 보고하는 능력 사이에서 연관성을 발견했다. 같은 맥락에서, 사람이 나이가 들면 기억력과 예지력의 정확성과 풍부함이 나란히 퇴보한다. 우울장애나 조현병 같은 특정 질환은 회상 중에 세부 사항에 대한 기억이 감소하는 것과도 연관되는데 이는 미래를 예상할 때도 마찬가지다. 게다가 일화 기억과 일화 예지 모두 해당 사건이 현재에서 멀어질수록 흐릿해진다. 나중에 설명하겠지만 일화 기억과 일화 예지 과정에서 나타나는 뇌의 활성화 패턴 또한 유사하다. 이런 공통점은 결코 우연이라고 볼 수 없다. 뒤로 갈 때나 앞으로 갈 때 우리가 똑같은 타임머신에 올라타는 것은 확실해 보인다.[25]

멘탈 타임머신, 미래에 대한 시나리오

비판하지 못하는 동물은 자신의 독단적 가설과 함께 제거되겠지만, 우리는 가설을 세우고 또 비판할 수 있다. 추측과 이론이 우리를 대신해 죽게 합시다!
— 칼 포퍼Karl Popper (1978)

과거의 기억을 그대로 미래에 투영하고서 미래에도 그때와 똑같이 일이 진행될 거라고 가정하는 것은 옳지 않다. 미래에 일어날 일은 확실하지 않으므로 다양한 가능성을 상상하는 것은 효과적인 예지력의 기본이다. 친구의 깜짝 생일파티를 준비하면서 여러 상황에서 친구의 반응을 머릿속에 그려볼 수 있다. 물론 이런 상상은 과거에 친구가 그런 상황에 처한 걸 본 적이 없어도 가능하다.[26] 평소 흠모하던 유명인을 초청해 파티에 등장하게 하면 어떨까? 아니면 짓궂은 장난을 칠 수도 있다. 생일 케이크의 레몬 아이싱을 겨자로 바꾸면 어떤 반응을 보일까? 겨자와 케이크를 둘 다 좋아하는 사람이라도 두 재료의 조합을 반기지는 않겠지. 여럿이 장난을 공모했다는 사실이 밝혀졌을 때의 반응도 상상해 본다. 결국엔 보복이 돌아오리라. 장난을 함께 도모하려던 친구가 진중한 성격이라면 그런 장난은 하지 말라고 조언할 수도 있고 나 역시 기꺼이 그 친구의 충고에 따를 수도 있다.

여기서 중요한 점은 이런 생각들이 모두 단순히 과거를 반복한 것이 아니라 소파에 편히 앉아 머릿속으로 꾸며낸 새로운 시나리오라는 사실이다. 내 머릿속 타임머신은 내가 가본 적 없는 미래에 접근하게 한다. 실제로 어떤 미래가 절대 찾아오지 않게 하려고 타임머신에 오를 수도 있다. 우리는 머릿속 타임머신을 이용해서 포퍼의 말대로 어떤 생각에는 생기를 불어넣고, 또 어떤 생각은 괜히 실행했다가 고생하지 않도록 머릿속에서 미리 싹을 자를 수도 있다.

여러 버전의 미래를 생각하려면 대단히 유연하고 개방적인 인지 장치가 필요하다. 토머스 서든도프는 지도교수인 심리학자 마이클 코벌리스Michael Corballis와 함께 연극의 비유를 들었다. 한 편의 연극을 제작하는 과정이 신중하게 조율된 많은 단계를 거쳐 관객의 눈앞에서 사건에 생명을 불어넣는 일이라면, 우리가 안구 뒤에 있는 머릿속 극장에서 시나리오를 생성할 때도 많은 요소가 협업해야 한다.[27]

생일을 맞이한 친구가 집에 들어오는 순간 집 안에 숨어 있던 사람들이 튀어나오는 즐거운 사건을 상상하려면 지금 이 순간 주변의 모든 것들로부터 자신을 분리한 채 오직 이 시나리오(무대)만을 진행할 수 있어야 한다. 여기에는 당연히 자신과 친구들(배우)도 등장한다. 지난번처럼 찰리가 웃음을 참지 못해 일을 그르치는 일이 없으려면 어떻게 해야 할지 궁리할 수도 있다. 친구네 집을 구석구석 떠올리며 사람들이 숨을 만한 곳을 찾고(세트), 그밖에 필요한 것들을 준비하는 과정도 떠올린다. 이제 준비가 끝나고 파티의 순간이 찾아오면 상상 속에서 몇 가지 버전을 실행해본다. 친구가 집에 올 때까지 무작정 기다릴 것인가, 아니면 누군가가 가서 데려오는 것이 나을까. 이런 식으로 많은 시나리오를 쓰자면 다양한 요소를 이렇게 저렇게 결합하여 여러 가지 새로운 옵션을 생성해내는 창의성이 필요하다(극작가). 그렇게 만들어진 시나리오의 현실성을 따져서 각각의 장단점을 평가하는 일도 놓쳐서는 안 된다(연출가). 이때, 평가는 사건을 상상하는 것만으로도 적절한 감정이 촉발된다는 사실을 이용한다. 상상 속 사건이 난감한 상황이라면 떠올리는 것만으로도 괴로울 것이고, 반대로 승리의 순간이라면 그 장면을 그려보는 것만으로도 환희에 찰 수 있다. 이렇듯 미래를 상상하는 일은 재밌고 즐겁다. 하지만 시간은 정해져 있고 한없이 시나리오만 훑어보고 있을 수는 없다. 어느 시점에는 타임머신에서 내려와 여기저기 전화를 돌리고 실제로 어떻게 할 것인지 결정해야 한다(총괄 제작자).

연극에 빗대 설명한 것은 현재에서 벗어난 정신적 시나리오를 구성하려면 많은 요소가 조화를 이루어야 한다는 점을 보여주기 위해서였다. 정신적 시간여행은 현재 인지되지 않은 일들을 상상하고, 자기와 타인의 행동과 반응을 즐기고, 물리적·사회적 역학을 이해하고, 기본 요소들을 조합해 스토리를 만들고, 실현 가능성을 평가하고 계획을 실행하는 서로 연결된 여러 능력에 바탕을 둔다.

인간의 멘탈 타임머신은 사실상 언제든, 어디서든, 무엇이든 상상의 나래를 펼칠 수 있게 해주는 복잡하고 강력한 장치다. 그러나 이 타임머신을 타고 과거를 여행할 때는 그 유연성과 무한한 가능성으로 인해 실제 사건이 믿지 못할 버전으로 왜곡될 수 있다. 뒤늦게 정보를 추가하기도 하고, 사건을 '충실하게'가 아니라 '창의력을 발휘해' 재구성하기 때문이다. 기억의 편향과 오류는 우리가 무한한 가능성을 제공하는 융통성 넘치는 시스템을 장착한 대가다.

미래에 관한 생각에 관한 생각

신중한 사람은 있는 힘껏 멀리 내다보고 자신이 가진 힘과 지식을 최대한 제공하지만, 일단 일을 마치고 나면 자신은 일개 인간에 불과하여 모든 것을 예측하거나 해결할 수 없음을 잘 알고 있다.

— 메리 아스텔Mary Astell (1697)

지금 당신의 가방과 주머니에 무엇이 들어 있는지 들여다보라. 그중에서 오늘 하루 당신에게 정말 필요한 것은 무엇인가? 아마 현금, 신용카드, 껌, 화장품, 자동차 열쇠, 피임 기구 등 몇 가지 흔한 물건이 들어 있을 것이다. 한번 써보지도 못하고 유통기한이 지날지언정 언젠가 요긴하게 쓸 때가 있을 거라는 생각에 늘 이것들을 들고 다닌다.[28] 과도한 준비성은 인간의 특징이다. 미래가 불확실하다는 것을 알기 때문이다.

미래에 관해 생각하는 힘은 확실히 강력하다. 그러나 미래에 관한 생각에 관해 생각하는 힘은 더욱 강력하다.[29] 나는 내가 상상하는 미래가 **그저 나의 상상에 불과할** 수 있다는 것을 잘 알고 있다. 이 상상은 현실이 되지 않을 수도 있다. 나의 예측이 얼마나 비참한 실패로 끝날 수 있는지, 또 최선의 계획이 어떤 식으로 틀어질 수 있는지 충분히 예상할 수 있고 그래서 미흡함을 보완하려고 한다. 거꾸로 세운 Y 자 튜브 실험에서 아이들이 보여주었듯이 한 가지 이상의 가능성을 염두에 두고 준비하면 성공 확률이 높아진다. 또한 우리는 성공한 미래와 실패한 미래를 생각하고 그 대안의 미래를 불러올 방법까지 염두에 둔다. 어떻게 하면 행운의 여신이 내 편이 될 수 있을까?

사람들은 정해진 날짜나 시간 내에 해야 하는 일이 있을 때 혹시 기억하지 못할까봐 수첩, 달력, 알람을 동원한다. 최선을 다해도 절제하지 못할 수 있다는 걸 알기에 군것질거리를 숨겨두고 담배를 꺾어버리고 돈을 은행 예금에 묶어둔다. 미래를 예측하고 조율할 목적으로 안티키테라 기계를 설계하기 전부터 인간은 미래의 난관을 고심하고 자신의 한계를 보완할 방법을 고안했다. 집으로 돌아가는 길을 찾지 못할 것 같으면 모래에 이동경로를 표시하고, 눈에 띄는 랜드마크를 암기했다. 살면서 필요할 기술이 부족하다 싶으면 더 정진했다. 누가 언제 무엇을 얼마나 빌려 갔는지 추적하기 위해 셈법을 개발했다. 또한 인간은 성에 차지 않는 미래를 보완하기 위해 타인과 계획을 의논하고 그들에게 조언을 구하거나 현명한 사람이 앞장서게 하는 따위의 사회적 수단을 동원해왔다.

사람들은 무턱대고 예측하거나 계획하지 않는다. 인간이 성공할 수 있었던 비결 중의 하나로 자신의 예측이 결국 옳은 것일지, 또는 계획이 실현될 수 있을지 끊임없이 묻고 또 고심한다는 점을 꼽을 수 있다. 그 대답이 **부정적이라면** 다른 일을 찾는다. 우리는 최선을 희망하지만 최악을 준비한다. 우리의 강점은 흐릿한 지평선 위에 놓인 미지의 것을 다루기 위해 창조한 보완 전략에서 유래한다.

멘탈 타임머신 조종법

이 책에서 앞으로 다룰 것들을 이야기해보자.

다음 장에서 우리는 과거 우리 선조가 물에 배를 띄우고, 예술 작품을 오래 보관하고, 독이 있는 생선을 먹어도 죽지 않는 방법을 고안했듯이, 삶의 난제를 해결해가는 문화의 진화 과정에서 예지력이 어떤 역할을 했는지 살필 것이다. 또한 지구상에서 인간을 현재의 위치에 이르도록 만든 피드백 고리 안에서 어떻게 예지력이 문화의 진화를 추동해왔는지 알아볼 것이다.

3장에서는 어떻게 예지력이 발달하고 작동하는지를 탐색한다.[*30] 이 장에서 아이들이 어떻게 처음으로 멘탈 타임머신을 획득하는지 보고 이 장치가 어떤 능력을 부여하는지 살펴볼 것이다. 사람들이 이 타임머신으로 미래를 엿본 후에 내린 선택은 인간 사회를 특징짓는 다양한 기술과 지식의 발전으로 이어졌다. 4장에서는 인간의 머릿속을 들여다보면서 어떻게 우리 뇌가 미래를 고심하는 능력을 갖추게 되었는지 살펴본다. 예측은 동물의 뇌가 정보를 처리하는 방식의 핵심이며, 인간의 뇌는 한 차원 더 나아가 지금 이곳으로부터 먼 시간과 공간의 시나리오까지 창조한다.

다음으로 멘탈 타임머신의 발달과 메커니즘에 관해 과학이 발견한 것들을 소개하면서 예지력의 본질과 기원에 관한 궁극적 질문으로 되돌아간다. 다른 동물의 사례부터 시작해 인간의 진화와 기록된 역사적 사실들을 살피고 현재에 이른 다음 미래로 나아갈 것이다.

우리 연구팀은 유인원, 원숭이, 까마귀, 그 밖의 다른 동물의 인

---

* 생태학자 니콜라스 틴베르헌Nikolaas Tinbergen은 행동에 대한 두 가지 지근적 설명(어떻게 그 행동이 발달했고 어떤 메커니즘이 연관되었는지)과 두 가지 궁극적 설명(그 행동이 어떻게 진화했고 어떤 기능이 있는지)을 구분하는 것이 중요하다고 강조했다. 예지력의 속성을 완전하게 이해하고자 한다면 이 네 가지 질문을 모두 고려해야 한다.

지 능력을 연구했다. 5장에서는 그 결과를 통해 얻은 동물의 예지력을 설명하고, 인간의 정신이 앞날을 예측하는 데에 이토록 독보적으로 성공할 수 있었던 요인을 논의한다. 6장은 시간을 한참 뒤로 돌려 우리 조상과 한때 지구를 나누어 썼던 다른 직립보행 호미닌들을 만날 것이다. 그들이 시간의 지평선을 확장한 고고학적 증거를 조사하고 우리 선조가 미래를 장악하기 위해 어떻게 탐구하기 시작했는지 알아볼 것이다.

미래를 장악하려는 시도 대부분은 인간의 두뇌 바깥에서 도구의 힘을 빌려 이루어졌음이 밝혀졌다. 7장에서 우리는 인간의 예지력을 크게 향상시킨 문화적 유물을 꼼꼼히 조사한다. 안티키테라 기계는 인간이 미래를 예측하고 다른 생물들과 달리 자신의 행동을 숙고하고 조정하는 데 도움을 준 여러 도구 가운데 하나일 뿐이다. 마지막 장에서는 인간이 어떻게 예지력을 휘둘러 현대 시대의 안락과 곤경을 동시에 불러왔는지 알아볼 것이다. 멘탈 타임머신을 조종하는 방법에 관해서는 여전히 배워야 할 것이 넘쳐나므로 하루라도 빨리 배우는 편이 나을 것이다.

예지력, 다른 동물과 구별되는 능력

석기 도구로 무장한 소규모 무리로 수십만 년을 살아온 인류는 지난 1만 년 전부터 규석을 도끼, 그리고 컴퓨터 칩으로 바꿔왔다. 개선된 예지력과 조정력으로 더 많은 기계와 유물, 장비를 만들어 주위를 둘러싸고 그중 일부는 심지어 성간 우주로 질주하고 있다.[31]

이런 경향은 인류가 과학적 방법을 발견한 이후로 가속화됐다. 그 방법의 핵심은 예지력을 통해 지식을 체계적인 방식으로 쌓아 올리는 데 있다. 실험과 관찰은 가설이 되고, 가설은 예측으로 이어지며, 예측은 후속 연구와 관찰을 통해 다시 검증된다. 그 예측이 틀렸다고 확인되면 과학자들은 설명할 수 있는 더 나은 가설을 고안하고 이는 다시 새로운 예측과 실험으로 이어진다. 검증될 때까지 이 단계는 계속 되풀이된다. 본질적으로 '반복된 오류 수정'에 해당하는 이 간단한 순환을 통해 세계는 크게 도약할 수 있었다. 그리고 사람들은 어느 때보다 효율적으로 미래를 예견하고 설계할 수 있게 되었다.

과학은 실로 광대한 시간과 공간 속에서 우리의 자리에 대한 새로운 관점을 보여주었다. 우리가 보는 햇빛은 약 8분 전에 태양의 표면에서 출발해 망막에 부딪힌 것이다. 밤하늘에서 가장 밝은 별인 시리우스의 빛은 8년하고도 반년 전에 출발한 것이다. 우리 은하의 중심에서 출발한 빛이 지구에 닿으려면 2만 5000년이 넘게 걸리고, 망원경으로 우리 은하에서 가장 가까운 안드로메다은하를 관찰한다는 것은 250만 년 전에 반짝였던 빛을 본다는 뜻이다. 그 은하에 지적 생명체가 있고, 그들이 지금 지구를 들여다본다면 250만 년 전 오스트랄로피테쿠스*Australopithecus*, 파란트로푸스*Paranthropus*, 호모 하빌리스*Homo habilis*와 같은 인간의 오랜 친척이 아프리카에 터를 잡고 살아가는 모습을 보게 될 것이다. 이런 큰 그림은 우리를 한없이 작고 초라하게 만들지만 동시에 우리 종의 장대한 여정을 더 명확히 이해할 수 있게 해준다. 우리는 한때 지구를 누비던 여러 이족보행 호미닌 중에서 최후까지 남은 종이고 지금껏 먼 길을 걸어왔다.

더 나은 세상을 만들기 위해 예지력을 발휘한 덕분에 이제 우리는 선사시대 호미닌은 말할 것도 없고 증조할아버지 세대조차 꿈꾸지 못한 운송 수단과 통신의 편안함을 즐기고 있다. 바다의 밀물과 썰물은 더 이상 예측할 수 없는 변화가 아니라 선원들이 배를 몰고 뭍으로 올라오지 않으려면 반드시 숙지해야 하는 잘 알려진 주기다. 신이 내린 형벌로 보였을 지진해일도 이제는 예측 가능한 지질학적 사건의 결과라는 사실을 누구나 알고 있으며, 초기 경보 시스템은 지진해일이 육지에 도달하기 전에 사람들이 높은 곳으로 대피할 수 있는 귀중한 시간을 벌어준다.

한편 우리는 인류의 진보가 빚어낸 결과가 분명한 여러 해악들도 인지해야 한다. 숲은 불에 타고 있고, 빙하는 녹고 있고, 감당하기 힘든 수의 생물 종이 죽어가고 있다. 우리는 지구에서 원하는 것을 무한정 캐내면서 우리가 지나간 길 뒤로는 산더미 같은 쓰레기만 남긴다. 인간이 버린 쓰레기는 가장 깊은 심해의 해구부터 대기 바깥에서까지 발견된다. 인간이 지구에 끼치는 영향이 극한의 수준에 이르렀다고 판단한 과학자들은 인류세라는 새로운 지질시대를 선언했다.[32] 1940년대와 1950년대의 핵무기 실험이 지구 전체의 암석층에 방사성 원소의 흔적을 남겨 이 시대의 출발점을 표시했다.*[33] 오염, 기후변화, 대량 멸종에 관한 수많은 과학적 예측이 이제 더는 물러설 수 없는 기로에 있음을 알린다. 지금이야말로 우리를 여기까지 끌고 온 예지력을 실험할 적기다. 어쩌면 곤경에서 빠져나올 유일한 방법일지도 모르고.

앞일을 생각한다는 것. 이는 우리가 하는 거의 모든 행동에 스며 있으며, 인간으로서 살아가는 데 필수적인 일이기도 하다. 그러나 이 사실조차 실은 새로운 발견이 아니다. 고대 그리스신화에서 티탄 이아페토스의 아들 프로메테우스는 신에게서 불을 훔쳐다주면서 인간에게 다른 동물과 구별되는 능력을 선사했다. 그는 우리에게 문화, 경작, 수학, 의학, 기술 그리고 문자를 가져다주었다. 프로메테우스Prometheus는 '예지력'이라는 뜻이다.

＊ 핵무기 실험은 동물의 몸에도 다량의 탄소-14(^{14}C)를 남겼다. 흥미롭게도 그 덕분에 과학자들이 과거를 돌아볼 수 있었다. 예를 들어 그린란드상어가 핵 개발 시대 이전에 태어났는지 이후에 태어났는지를 추정할 수 있었는데, 조사 결과 작은 상어들도 나이가 수십 년은 되었고 어떤 대형 상어는 무려 392세나 된 것으로 밝혀졌다.

미래의 창조

미래를 예측하는 가장 좋은 방법은? 미래를 창조
하는 것이다.

— 앨런 케이|Alan Kay (1971)

1812년에 소설가 패니 버니Fanny Burney는 언니 에스더에게 보낸 서신에서 자신이 1년 전에 받은 유방절제술에 관해 썼다. 그 용기 있는 보고는 다음과 같이 처참하게 전개된다.

무시무시한 쇠칼이 정맥과 동맥, 살과 신경을 가르고 가슴을 파고들었을 때 나에게 울지 말라고 하는 사람은 없었어. 가슴이 잘려나가는 내내 비명이 끊임없이 울려 퍼졌지. 그런데 그 소리가 내 귀에는 들리지 않았으니 그것도 신기한 노릇이야. 그렇게 처참한 고통이 또 있을까. 내게 상처를 낸 그 기구가 몸에서 떨어진 후에도 아픔은 전혀 줄어들지 않았어. 여린 상처로 몰려든 공기가 날카로운 작은 비수처럼 절개된 가장자리를 찢어댔지.

버니는 의학계에 마취술이 도입되기 전에 수술을 받았다. 이 끔찍한 묘사는 수술을 받기까지 몇 달간의 불안함과 수술 후 오랜 심리적 후유증까지 정신적 시간여행이 지불해야 하는 비용의 증거다. 버니는 기억에서조차 그때로 돌아갈 때마다 격심한 고통을 느꼈다. "사랑하는 에스더 언니. 며칠, 몇 주도 아닌 몇 달이 지났는데도 나는 이 두려운 일을 입에 올릴 때마다 그 순간을 다시 겪는 것만 같아. 그때를 떠올리는 것만으로도 지독한 형벌 같은 고통이 느껴져. 아홉 달이 지난 지금까지도 그 일을 생각할 때마다 머리가 지끈거린다는 게 너무 혼란스러워!"[1]

수천 년간 수술의 극심한 고통을 맞바꿀 대안은 없었다. 몸이 갈라지고 열리는 동안 그나마 감각을 무디게 해줄 것은 알코올과 아편이 전부였다. 그러나 18세기 말, 영국 화학자 험프리 데이비 Humphry Davy는 자기 몸에 시험한 일련의 실험으로 깜짝 놀랄 혁신을 이뤄냈다. 데이비는 질산암모늄 결정을 가열할 때 나오는 아산화질소 기체를 모아서 들이마셨는데, 기분이 몹시 좋아지는 경험이었으므로 용량을 늘려가며 더 자주 시도하기 시작했다. 데이비가 발견한 것이 바로 웃음가스 laughing gas다. 그는 유명한 시인 새뮤얼 테일러 콜리지 Samuel Taylor Coleridge를 비롯한 친지들을 불러서 시험하기 시작했다.

1800년에 스물한 살이었던 데이비는 〈화학 물질과 철학에 관한 연구〉라는 논문에서 아산화질소를 생산하고 흡입한 실험의 방법과 결과를 설명했다. 특히 그는 고용량을 흡입했을 때 나타난 강렬한 환각 효과가 자신과 벗들을 열광시켰다고 기술했다. 그런데 이 580쪽짜리 논문에 빽빽하게 적어놓은 구체적인 세부 사항과 철학적 사색 안에는 그가 무심코 흘린 중요한 말이 묻혀 있다. "아산화질소는 (…) 육체의 고통을 부숴버리는 것처럼 보인다. 그렇다면 외과 수술에서 유용하게 쓰일지도 모르겠다."[2]

수십 년간 이 예언적 제안을 주의 깊게 살핀 이가 없었으니, 그래서 패니 버니는 수술 중에 온몸으로 고통을 감내해야 했다.[3] 마침내 1844년, 호러스 웰스Horace Wells라는 치과 의사가 미국 코네티컷주 하트퍼드에서 열렸던 아산화질소 관련 박람회에 갔다가 힌트를 얻었다. 그 기체를 마신 한 남성이 뛰어가다가 분명히 나무 벤치에 다리를 세게 부딪혔는데도 아파하지 않는 모습이 눈에 들어온 것이다. 웰스는 이 약물의 진통 효과를 확인하려고 당장 다음 날 동료 치과의사에게 부탁해 자신의 이를 뽑았고, 의료계에 그 가능성을 확인시키려고 했다. 이렇게 혁명과도 같은 마취술이 널리 알려지고 사용법이 개선되면서 유방절제술은 물론이고 그 밖의 지독한 고통을 예방할 수 있게 되었다.[4] 오늘날 마취술은 어디서나 당연하게 쓰이는 방법이라 먼 조상이 후손에 물려준 가르침이라는 걸 아는 사람은 별로 없다.

수천 년간 인간은 지극한 호기심으로 세상을 탐구했고 거기에서 발견한 것들의 잠재력을 알아보았다. 그러면서 서서히 삶의 문제를 해결하는 방법을 축적했다. 인간은 원재료를 가공해 원하는 생산물로 탈바꿈시켰고 그 지식과 기술과 방식을 다음 세대에게 물려주었다. 이러한 문화적 유산을 통해 인간 집단은 시베리아 벌판의 혹독한 추위와 오스트레일리아 사막 한복판의 열기, 이제는 강철과 콘크리트 위에 세워진 대도시까지, 다양한 서식지에서 번성했다. 이 장에서 우리는 예지력을 통해 인간의 문화가 어떻게 지구를 이렇게까지 바꾸는 힘을 지니게 되었는지 살펴볼 것이다.

진화를 뛰어넘은 교활한 영장류

모든 동물이 특정한 생태적 지위ecological niche를 탐색하는 가운데 어떤 종들은 종종 다른 종에게 없는 복잡한 적응형질이 발달한다. 기린은 더 높이 닿고, 치타는 더 빨리 달리며, 향유고래는 더 깊이 잠수한다. 코알라는 유칼립투스 잎을 먹고도 살고, 쇠똥구리는 이미 소화된 것을 더 소화시킨다. 인간의 독특함도 다르지 않다. 우리 조상은 진화인류학자 존 투비John Tooby와 어빈 드보어Irven DeVore가 '인지적 적소cognitive niche'라고 부른 것을 탐구했다.[5] 초기 인간은 포식자와 먹잇감, 계절과 폭풍 등 주위 환경에서 일어날 일들을 점점 더 잘 예측했고 마침내 어디에 당도하든 그곳을 지배하게 되었다. 게다가 현재는 물론이고 미래의 필요까지 충족시킬 수 있는 환경을 인위적으로 조성하기 시작했다. 세상을 내게 맞출 수 있다면 세상에 나를 맞출 이유가 있겠는가.

예지력은 육식동물을 밀어내고 먹이사슬의 꼭대기까지 인간을 올려 보냈다. 인간이 이 대륙에서 저 대륙으로 이주하고 이 섬에서 저 섬으로 나아가는 가운데 마스토돈에서 모아새까지 지구상의 거대 동물 대부분이 멸종 수순을 밟게 된 것은 우연이 아니리라.[6] 한때 이 대단한 짐승들이 차지했던 땅은 미약하기 그지없던 교활한 영장류의 손에 넘어갔다. 인간은 영특한 머리와 협동 생활, 미래를 내다보는 능력 덕분에 정복의 기회를 얻었고, 또 그리했다. 쇠스랑과 독약, 발사 무기만 있으면 그 어떤 적도 무섭지 않았다. 사실상 지구 전체를 지배하게 된 인간은 그에 걸맞은 이름을 스스로 주었다. 사피엔스*sapiens*. 현명한 존재.

이런 묘사가 오만하게 들렸는가. 그렇게 생각하는 이가 여러분만은 아닐 것이다. 진정 인간은 교묘한 술수와 영리한 추론의 힘으로 자연 세계를 정복한 천재 괴짜 집단인가? 비평가들은 이런 관점이 사피엔스의 어리석음이 남긴 발자취를 외면하고, 더 중요하게는 집단이 차근차근 힘겹게 쌓아 올린 문화적 수완에 개개인이 얼마나 의존하는지를 간과한다고 지적한다.

2015년에 출간된《호모 사피엔스, 그 성공의 비밀》에서 인류학자 조지프 헨릭*Joseph Henrich*은 유럽 대항해시대의 이야기들로 이 주장을 예시한다.[7] 이 시기에 많은 탐험가가 길을 잃거나 배가 난파되어 야생에 버려졌다. 새로운 땅에 들어선 궁핍한 무리는 대자연의 자비 없는 손에 하나둘씩 죽어가며 수가 줄었다. 새 이웃이 생사의 갈림길에서 발버둥 치는 동안 토착민들은 같은 생태계에서도 문제없이 살아남았고 크게 번성하기까지 했다. 침입자들이 고전한 이유는 현지인이 수천 년간 쌓아온 문화적 지식과 기술이 없었기 때문이다. 새로 온 이들은 독초를 안전하게 먹는 방법과 샘물 찾는 방법을 알지 못했고 천지에 널린 풀과 나무껍질, 털, 구근, 부싯돌을 활용할 줄도 몰랐다.

헨릭과 다른 학자들에 따르면 '문화의 진화'는 갖가지 유용한 발상, 기법, 도구가 축적되어 아주 까다로운 문제에도 정교한 해결책을 낳을 수 있는 과정으로 보인다.[8] 유럽 탐험가들은 이 낯선 대지에서 살아남기 위해 필요한 영리한 행동과 방식 전부를 혼자 힘으로 알아낼 수는 없었다. 이런 기술은 다음과 같은 식으로 여러 세대를 거치면서 나타난다. 한 사람이 다른 사람을 모방한다. 하지만 무작정 따라 하는 것이 아니라 살짝 손을 대어 변형한다. 그것을 또 다른 이가 모방한다. 이렇게 일상의 기술을 물려받는 이들은 그 기술이 어떻게 발전해왔는지 제대로 이해하지 못한 채 사용한다. 같은 이유로, 우리가 오늘날 혜택을 보는 많은 기술은 선견지명이 뛰어난 어느 천재가 하룻밤 사이에 고안한 것이 아니라 장시간 조금씩 발전한 것이다.[9] 그렇다면 이런 관점에서 얻을 수 있는 결론은 무엇인가. 인류의 많은 문화적 유물과 관행은 의도적인 추론으로 설계된 **것처럼 보일 뿐**이라는 것이다.

이 주장은 사실상 인간은 첫인상만큼 영리하지 않다는 말로 요약할 수 있다. 우리의 성공 비결은 문화적 진화다. 그리고 여기에는 대단한 지능이나 선견지명이 전혀 필요하지 않을지도 모른다. 생물학적 진화가 누구도 계획하지 않은 정교한 적응형질을 만들어낸 것처럼 말이다.

잠깐 샛길로 갈라져 생물학적 진화에 선견지명이 없다는 말이 무슨 뜻인지 살펴보자. 찰스 다윈은 자신이 죽은 후 가족에게 남길 인생 이야기를 쓰면서 진화론이 신앙에 미칠 영향을 깊이 생각해보았다. 종의 기원에 대한 다윈의 설명은 과연 신이 이끄는 손을 내쳤는가? 다윈은 이 질문을 오래 고민했다. 그는 성직자이자 작가인 윌리엄 페일리William Paley의 열렬한 추종자였는데, 페일리는 생물의 복잡성이란 그 뒤에 신성한 설계자가 존재한다는 반박할 수 없는 증거라고 주장한 인물이었다. 그러나 자서전을 집필할 무렵 다윈에게는 자연선택이 이미 지적설계를 완전히 대체한 후였다. "이제 우리는 조개류의 아름다운 경첩을, 인간이 만든 문의 경첩처럼 어떤 지적인 존재가 만들었다고 주장할 수 없다. 바람이 누군가의 계획에 따라 불지 아니하듯 유기적 존재의 가변성과 자연선택의 작용에 계획된 설계란 없는 듯하다. 자연의 모든 것은 정해진 법칙의 결과다."[10] 이 주장을 받아들인 현재의 생물학은 생물이 설계된 것처럼 보이는 것은 그저 착시일 뿐이라고 말한다. 환경에 기막히게 들어맞도록 적응된 형질은 수많은 돌연변이와 선택이 반복되면서 점진적으로 나타난 것이다. 세상에는 살아남을 수 있는 수보다 더 많은 개체가 태어나며 모든 생물은 같은 종이라고 할지라도 서로 얼마간 다르다. 그중에 일부는 다른 것들보다 더 많이 번식할 잠재력이 있어서 이 행운의 변이를 자손에게 물려주므로 다음 세대는 과거 세대보다 이 변이의 복제본을 지닌 개체가 더 많아진다. 시간이 지날수록 생물은 자기가 사는 환경에서 더 잘 기능한다. 아주 긴 시간이 지나고 특히 지리적으로 격리되어 있었다면 수정된 형질을 지닌 후손은 새로운 종이 된다. 이것이 자연선택에 의한 다윈식 진화의 핵심이다. 리처드 도킨스Richard

Dawkins가 《눈먼 시계공》에서 강조한 것처럼 진화에 선견지명 같은 것은 없다.[11]

헨릭의 관점에서 문화 역시 똑똑하고 선견지명이 있는 인간의 추론을 통해서가 아니라 작은 변화가 축적됨으로써 '진화'한다. 또한 궁극적으로 문화적 학습의 역량 자체는 자연선택을 통해 진화된 것이 분명하다. 문화의 뿌리는 생물학에 있다. 인간은 문화적 유산을 손쉽게 획득하기 위해 부모를 모방하는 능력까지 타고난다.

과도하게 모방하는 인간

아기가 엄마를 바라본다. 엄마가 아기를 어르면서 아기에게 혀를 내민다. 잘 보시길, 이제 아기도 엄마를 따라 혀를 내밀 테니 말이다. 1970년대를 시작으로, 여러 유명한 실험을 통해 신생아도 혀를 내밀거나 입을 벌리고 입술을 내미는 따위의 얼굴 동작을 흉내 낼 수 있다는 사실이 밝혀졌다.[12] 왜 이 발견이 놀라운가 하니, 아기는 다른 이의 표정만 볼 뿐 자기 얼굴은 보지 못하기 때문이다. '신생아 모방neonatal imitation'은 사회적 인지의 근간으로 환영받았지만, 어떻게 어두운 자궁 속에서 갓 나온 아기가 어른을 흉내 낼 수 있는지는 풀리지 않는 의문이었다. 그 기작이야 어떻든 이런 결과는 인간이라는 존재가 주변에 있는 다른 인간의 행동을 흉내 내어 문화를 흡수하는 능력을 타고났음을 시사한다.

2016년에 우리 연구팀은 자닌 우첸브록Janine Oostenbroek과 버지니아 슬로터Virginia Slaughter를 비롯한 발달심리학자와 협업하여 신생아 모방에 대한 역대 최대 규모의 종단 연구 결과를 발표했다.[13] 신생아 때 모방하는 능력의 차이가 이후의 사회적 학습이나 인지발달과 어떤 연관이 있는지 추적하는 연구였다. 그러나 놀랍게도 아기들은 출생 직후에서 9주 사이에 실시한 총 네 번의 실험에서 부모를 통해 제시한 아홉 가지 행동 가운데 어느 것도 따라 하지 않았다. 가끔 어른이 혀를 내민 다음 혀를 내미는 모습이 관찰되긴 했지만, 미소나 찌푸리기 등 다른 얼굴 표정을 보고도 똑같이 혀를 내미는 경우가 있었다.

지난 40년 동안 부모들은 신생아가 엄마 아빠의 몸짓을 따라 할 수 있다는 말을 누누이 들었고, 아기가 모방 행동을 보이지 않으면 걱정하기까지 했다. 우리는 모방 행동의 궤적과 결과를 보여주려고 이 실험을 실시했으나 결국 우리가 손에 쥔 데이터는 모방이라는 현상의 존재 자체에 의문을 던지는 것이었고, 그 결과는 후속 연구로도 뒷받침되었다.[14] 세상에 갓 태어난 아기가 어떻게 다른 사람의 행동을 따라 하는 걸까? 미스터리는 풀렸다. 아기는 따라 하지 않는다.

심리학자 서실리아 헤이스Cecilia Heyes는 우리의 연구 결과가 모방이란 타고나는 것이 아닌 학습되는 형질임을 보여준다고 주장했다.[15] 헤이스의 관점에서 인간의 모방은 특별한 무언가가 아니다. 앞 장에서 언급한 것과 동일한 연합학습 메커니즘을 통해 후천적으로 획득되는 능력이다. 어른들 역시 아기를 자주 따라 하기 때문에 아기가 자기 눈으로 보는 것과 하는 것을 서서히 연결할 줄 알게 되는 건지도 모른다. 처음에는 아기가 혀를 내밀 때마다 엄마가 자기 혀를 내미는 것으로 시작해서, 결국 아기가 이 행동을 연관 지어 엄마가 혀를 내미는 시각 입력에 반응해 혀를 내밀게 된다는 말이다.

연합학습은 동물계 어디서나 볼 수 있다. 그래서 실제로 모방의 기저에 연합학습이 있고 모방이 문화적 진화의 가능성을 여는 유일한 방식이라면 유인원과 다른 사회적 동물 집단에서도 문화의 진화를 기대할 수 있을 것이다. 1999년에 저명한 학술지 《네이처》는 〈침팬지의 문화〉라는 제목의 논문을 특집으로 실었다.[16] 진화심리학자 앤드루 휘튼Andrew Whiten은 제인 구달Jane Goodall, 리처드 랭엄Richard Wrangham, 크리스토프 보슈Christophe Boesch를 포함해 아프리카 야생에서 장기 침팬지 연구를 수행 중인 일곱 명의 수장을 모아 그들의 작업 노트를 체계적으로 비교했다. 연구팀은 명확한 생태적 이유가 없는 상황에서 특정 행동이 어떤 공동체에서는 공유되고 다른 공동체에서는 전혀 나타나지 않는다는 사실을 확인했다. 탄자니아의 곰베에서 침팬지들은 개미굴에 긴 막대를 꽂아 넣었다가 손가락으로 훑어내서 먹었다. 반면 코트디부아르 타이 숲에 서식하는 침팬지들은 훨씬 짧은 막대를 이용해 개미를 바로 잡아먹었다. 탄자니아 마할레 국립공원의 침팬지들은 종종 하이파이브를 하듯이 공중에서 서로 손을 맞잡은 채로 상대의 털을 골라주었다. 하지만 고작 150킬로미터 떨어진 곰베의 침팬지들은 털고르기를 할 때 손을 잡지 않았다. 타이 숲 침팬지는 나무와 돌을 망치처럼 사용해 견과류 껍데기를 부수었지만 기니의 보수에 있는 침팬지는 돌망치만 사용했다. 곰베에서는 둘 다 사용하지 않았다.

휘튼의 논문 이후 침팬지가 문제를 해결하는 방식을 서로에게서 배운다는 가설이 실험 연구를 통해 확인되었다. 증거는 더할 나위 없이 강력했다. 여러 침팬지 무리에서 나타나는 수십 가지 행동의 차이는 모두 사회적으로 유지된 전통의 결과물이었다.[17] 보슈가 연구한 타이 숲의 한 유적지에서는 침팬지 사이에서 견과류 깨는 기술이 무려 4300년 동안 전해 내려왔다고 한다.[18]

과학자들은 사회 안에서 행동을 전파하는 다른 종들을 관찰했고 일부 학자는 이것이 단지 빙산의 일각이라고 생각한다.[19] 그렇다고는 해도 매장 의례, 요리법, 성년식, 곡조, 격언, 신체 장식, 인사 의례, 농담, 금기, 수 체계, 도덕률, 헤어스타일 등 인간의 공동체에서 발견되는 개성 넘치는 수천 가지 형질에 비하면 다른 동물 집단에서 사회적으로 유지되는 형질은 초라하기 짝이 없다. 그렇다면 인간의 문화가 훨씬 더 풍부하고 강력한 원인은 무엇일까?

인간에게 타고난 모방의 재주가 있는 것은 아니더라도 인간의 어린아이가 어른을 모방하는 방식에는 동물에게서는 볼 수 없는 독특한 속성이 있다. 휘튼과 그의 동료 빅토리아 호너Victoria Horner는 어린아이와 어린 침팬지에게 퍼즐 상자 하나를 보여주었다.[20] 실험자는 먼저 안이 보이지 않는 이 상자 안에 들어 있는 간식을 어떻게 꺼내는지 시범을 보였다. 막대를 상자 윗면에 있는 구멍에 집어넣었다가 뺀 다음 옆에 있는 구멍에 찔러 넣으면 된다. 아이들과 침팬지 모두 이 간단한 방법을 쉽게 모방하여 간식을 얻었다. 그런데 두 번째 상황에서는 이 퍼즐 상자를 투명한 플라스틱으로 대체해 안을 볼 수 있게 했다. 상자 윗면에 막대를 집어넣는 동작은 간식을 얻는 것과 아무 상관 없는 행동임을 보여준 것이다. 상자를 열기 위해서는 옆쪽에 있는 구멍에만 막대를 찔러 넣으면 되었다. 이 사실을 인지한 침팬지는 실험자의 첫 번째 행위를 무시하고 곧바로 옆쪽의 구멍에 막대기를 찌르고 간식을 얻었다. 반면에 아이들은 상자 위쪽의 구멍에 막대를 집어넣는 의미 없는 행동까지 계속해서 반복했다. 상자 여는 방법을 누가 더 효율적으로 학습했는지를 따지자면 침팬지가 아이들보다 훨씬 잘한 셈이다.

이 실험은 인간의 모방에서 중요한 것이 무엇인지를 알려준다. 인간의 아이들은 묻지도 따지지도 않고 그저 다른 사람이 하는 행위를 충실히 따르는 경향이 있다. **과도하게 모방하는** 인간의 성향은 어렵게 습득한 지식과 기술이 다음 세대에 온전히 전달되게 한다. 심지어 그 행위의 유용성을 완전히 이해하지 못하는 어린아이들도 그렇게 행동한다. 이는 문화의 효율적인 진화에 도움이 되는 특성이다. 어떤 문제에 대해 한 개인이 처음부터 모든 것을 알아내지 않아도 그 해결책이 한 사람에게서 다음 사람에게로 전달될 수 있기 때문이다.

문화진화연구자 맥심 데렉스Maxime Derex와 동료들은 헨릭의 관점에서 한 가지 실험을 했다. 원리를 이해하는 사람이 하나도 없는 상태에서도 성인이 사회적 학습을 통해 문제를 해결할 수 있는지 실험해본 것이다. 실험 대상자에게 주어진 과제는 트랙을 따라 바퀴 하나를 최대한 빨리 굴러가게 하는 것이었다. 바퀴의 속도는 무게 추를 바큇살의 어느 지점에 놓는지에 따라 달라졌다. 아주 간단한 작업이지만 바퀴가 움직이는 원리는 참가자들에게 알려 주지 않았다. 참가자들은 다섯 명씩 짝을 지어 순서를 정하고 각 각 격리된 상태로 한 사람씩 최대한 진전을 보인 다음 자기가 하 던 일을 다음 사람, 즉 다음 세대에게 넘겼다. 세대가 지날수록 바 퀴는 레일 위에서 점점 더 빨리 굴러갔다. 하지만 실험이 끝난 후 사람들에게 서로 다른 두 세트의 바퀴를 보여주고 더 빠른 것을 고르게 했을 때 각 집단에서 맨 마지막에 있던 사람이라고 해서 첫 번째로 시작한 사람보다 바퀴가 작동하는 원리를 더 잘 아는 건 아니었다. 이 결과로 연구자들은 참가자들의 정신적 기어는 서 로 맞물려 돌아가지 않았다는 결론을 내렸다. 참가자들이 순차적 으로 바퀴의 속도를 높일 수 있었던 것은 다음 단계로 갈수록 그 원리를 더 잘 이해했기 때문이 아니라는 것이다.[21]

하지만 참가자들이 바퀴에 무게 추를 아무렇게나 설치한 것은 아니다. 예를 들어 실험 속 바퀴의 경우 아래쪽보다는 바퀴 위쪽 으로 무게중심을 이동하는 것이 유리하고 실제로 참가자들도 그 렇게 작업한 경우가 많았다. 실험자들도 인정했듯이 사람들은 문 제해결을 위해 나름대로 방법을 모색한 다음 문제에 접근했다.[22] 인간 문화의 진화는 단순히 시행착오를 통한 학습과 (과도한) 모 방의 연장선상에서 무작정 다음 세대로 전달되는 과정이 아니다.

사람들은 주변의 세상에서 일어나는 현상 사이의 관계를 머릿속으로 그려보고 해결책을 예상한다.

예를 들어 부엌에서 음식을 만들어본 사람이라면 검증된 전통적인 레시피를 따르면서도 가끔은 새로운 재료로 맛에 변화를 준 적이 있을 것이다. 우리는 식재료의 맛있는 조합에 관한 지식을 물려받는다. 레시피recipe라는 말 자체도 라틴어로 '받는다'는 뜻의 recipere에서 유래했다. 그러나 우리는 또한 개인이 경험한 미각의 역사도 활용한다. 경험은 생각의 양분이 된다. 재료를 넣기 전에 머릿속으로 먼저 조합해본다. 참치? 맛있지. 딸기셰이크? 없어서 못 먹지. 그럼 딸기셰이크에 참치를 섞어볼까? 음, 선택은 당신의 몫이다. 우리가 시도하는 새로운 조합은 무작위적이지 않다. 맛있는 것과 맛있는 것을 합치면 무조건 맛있는 것이 나올 거라는 무모한 공식에 기대지도 않는다. 그보다는 감각의 새로운 배합을 미리 경험하는 능력을 토대로 결정한다. 그러다가 특별히 맛있는 조합을 발견하게 된다면 그건 문화적 전통의 일부가 될 것이다. 할머니의 레시피는 그렇게 계속된다.[23]

지성을 배제한 문화적 진화를 강조하는 현재의 추세는 인간의 영민함을 경시할 위험이 있다. 인간은 사회적으로 유지되는 전통에 침팬지보다 더 많이 의존하며, 과도하게 모방하는 성향은 우리가 문화적 형질을 더 효율적으로 축적할 수 있었던 이유임이 분명하다. 그러나 인간은 또한 인지적 적소를 활용한다. 그리하여 예지력이 인류 문화의 진화 방식을 남다르게 만든 두 가지 중요한 방

식이 있으니, 바로 가르치기와 혁신이다.[24]

지금부터 하나씩 차례로 살펴보자. 인간을 인류세로 향하게 만든 피드백 고리 안에서 어떻게 예지력과 문화적 진화가 밀접하게 연결되어 있는지, 이 장이 끝날 무렵이면 알 수 있을 것이다.

가르치기, 모방을 넘어서기

모방은 학습이 가져오는 이익이나 먼 미래의 전망을 굳이 인식할 필요가 없다. 사실 위에서 설명한 연구들이 보여준 것처럼 대체로 모방자는 행위의 목적 같은 것에 개의치 않고 그저 따를 뿐이다. 그러나 인간에게는 문화를 전달하는 또 다른 방법이 있다. 특정 분야에 정통한 자들의 예지력에 의지해 다른 이들에게 앞으로 필요할 지식과 기술을 적극적으로 전달하는 것이다. 우리의 문화적 형질 가운데 많은 것들이 의도적으로 전달된다. 즉 우리는 가르친다.

아이들은 무지하며 현재의 학습이 아이들의 미래에 도움이 된다는 것은 널리 인지된 사실이다. 부모는 아이들의 활동에 자주 개입하여 기회가 있을 때마다 가르친다. "길을 건너기 전에 양쪽을 다 살펴라." 어른들은 아이들이 다치지 않게 예방하는 것뿐 아니라 그들이 받아들여야 하는 교훈도 가르친다. "운전자가 너를 보지 못할 수도 있다는 걸 염두에 둬야 해." 우리는 아이들이 주의해야 할 중요한 신호를 보여주고 그들이 취해야 할 행동을 설명한다. 교사는 바람직한 행동을 몸소 보여주면서 가장 중요한 부분을 강조하고 그대로 따라 하도록 한다. "먼저 내가 하는 걸 보렴. 이젠 네 차례야." 따라 하기를 의도적으로 유도함으로써 모방은 전략적으로 활용할 수 있는 더욱 강력한 도구로 탈바꿈한다.

동물의 세계에서는 어떨까. 새끼를 가르치는 가장 유명한 사례로 미어캣의 방식을 들 수 있다. 어린 미어캣은 전갈의 독을 어떻게 처리해야 하는지 배워야 한다. 처음에 어미는 새끼에게 죽은 전갈을 보여준다. 새끼가 자라면 살아 있는 전갈을 잡아 오기 시작하지만 먼저 독침을 제거하고 준다. 마침내 어미는 야생에서 만나는 상태 그대로 온전한 먹잇감을 가져와 새끼가 직접 독침을 처리하게 한다. 위험한 사냥감을 다루는 방법을 가르치면서 순차적인 노출로 새끼를 보호하는 것이다. 이런 방식이 꽤나 현명해 보이기는 했으나 사실 어미는 특정한 자극에 정해진 방식으로 반응한 것뿐이다. 실험자들이 제법 성장한 새끼의 울음소리를 들려주면 어미는 실제 새끼가 아직 어려서 전갈을 다루지 못하는 상태임에도 살아 있는 전갈을 잡아 온다.[25] 분명히 동물은 자기가 무슨 일을 하는지 이해하지 못해도 가르치는 행동을 할 수 있다. **가르치는 행위**를 한 개체가 자신의 행동을 수정하여 학생의 학습을 독려하는 방식이라고 정의한다면, 미어캣과 고양이는 물론이고 개미들이 하는 행위도 이 범주에 들어간다.[26] 그러나 비인간 동물이 미래를 내다보고 다른 개체에게 앞으로 무엇이 필요할지 고려하여 의도적으로 학습시킨다고 볼 만한 결과는 거의 없다.

고고학 기록에는 의도적인 교육의 기원을 알려주는 약간의 단서가 있다. 6장에서 예지력의 진화적 기원을 논할 때 살펴보겠지만, 양날손도끼는 180만 년 전에 만들어진 석기 도구다.[27] 최근한 연구에서 고고학자들이 현대인에게 이 도구의 제작법을 가르쳤다.[28] 학생들은 총 80시간의 수업을 들었고 시간이 지나면서 실력이 점점 나아졌지만 고고학 유적지에서 자주 발견되는 날렵한도구의 경지까지 이르지는 못했다. 고대의 석기인들은 아마 열성적인 학생이자 헌신적인 선생이었을 것이다. 현대인을 대상으로서로 돌 쪼는 방법을 가르치고 배우게 한 다른 연구에서는 적극적인 가르치기, 특히 말로 설명하는 방식을 쓸 때 기술이 더 잘 전달됐다. 그래서 연구자들은 '가르치기' 또는 '원시 언어'가 이런 석기도구 기술이 등장하는 데 필요한 전제 조건이라는 결론을 내렸다. 하지만 실험 참가자들은 애초에 언어를 사용하는 환경에서자랐고, 사실상 그들에게는 말로 설명하는 방식이 가장 효과적이므로 이는 과도한 해석일 수도 있다.[29] 안타깝지만 양날손도끼의 원제작자인 호모 에렉투스*Homo erectus*들로부터 직접 알아볼 기회는 없다.

말로 가르치는 것이 기술과 지식을 전달하는 대단히 강력한 방식이라는 점에는 논란의 여지가 없다. 문제해결 과정 중에 생각이전파되는 방식을 조사한 한 연구에서, 인간은 서너 살짜리도 퍼즐상자에서 선물 꺼내는 방법을 다른 이에게 수월하게 가르쳤지만, 침팬지나 카푸친원숭이는 그러지 못했다.[30] 특히 아이들은 목적달성의 방법을 말로 지시받았을 때 더 잘 수행했다. 뻔해 보일 수도 있지만 이런 결과는 말로 가르치는 일이 문화적 진화의 속도를 극적으로 끌어올렸다는 추정을 뒷받침한다.

언어가 있기에 사람들은 손짓 발짓을 하지 않고도 서로에게 기술을 가르칠 수 있으며 그뿐 아니라 통찰, 계획, 예측을 전달할 수 있다. 어제 자신에게 일어난 일을 얘기하는 것만으로도 누군가에게는 중요한 교훈이 될 수 있다. 캠핑장 인근 호수에서 수영하다가 악어에게 쫓겨 죽을 뻔했다면 다른 친구들이 오후에 수영하러 가기 전에 그 사실을 알려줄 수 있다. 이런 조언은 나중에 캠핑장에 돌아와서도 이야기할 수 있다. 멘탈 타임머신에 올라타기만 하면 몸이 완전히 마른 다음에도 다시 호수로 돌아가 그 사건을 생생하게 전달할 수 있기 때문이다.[*31]

언어를 사용하든 안 하든 가르친다는 것은 맹목적인 과정이 아니며 적절한 정보를 적절한 때에 적절하고 전략적인 방식으로 전달하기 위해 미래를 엿보는 일이 수반된다. 더욱 큰 효과를 위해 오래된 고전적 모방 메커니즘을 활용하는 경우도 많다. "내가 하는 대로 잘 따라 하려무나." 하지만 새로운 발상은 어디에서 나올까? 생물학적 진화에서 새로운 변이의 원천은 DNA 분자의 무작위적인 돌연변이이며 자연선택은 그중에서 유용한 변이는 남기고

---

[*] 어떤 구전 전통은 여러 세대에 걸쳐서 내려온다. 일례로 오스트레일리아 원주민 사이에서 전해 내려오는 이첨 호수의 기원에 관한 구전에 따르면, 젊은이들 몇몇이 금기를 어기자 하늘이 평소와 다르게 붉게 변하고 땅이 천둥처럼 울부짖더니 쩍 하고 벌어져서 사람들을 삼키고 호수가 되었다. 호수의 침전물을 분석한 결과 이 호수는 9000년 전 격렬한 화산 폭발로 형성된 것임이 밝혀졌다.

그렇지 않은 건 도태시킨다. 문화적 진화에서라면 발상의 돌연변이는 대개 다른 방식으로 발생한다. 이제 예지력에 의지하는 문화적 진화의 두 번째 주요 측면인 '혁신'에 대해 알아보자.

혁신, 미래의 유용성을 인지하기

독일에서 초등학교에 입학하기 전, 토머스는 다른 아이들과 함께 큰 홀에서 시험을 쳤던 기억이 있다. 그중에 고무 오리에 관한 문제가 있었다. 길고 곧은 전선 하나로 바닥에 놓여 있는 장난감을 들어 올리는 과제였다. 토머스는 그저 막막했으나 옆에 있던 한 아이가 전선으로 고리를 만들어 오리를 들어 올리는 게 아닌가. 꼬마 토머스도 그렇게 문제를 해결했다. 전선을 구부린 다음 오리를 집는 데 성공했고 방법을 알아내어 마음이 놓이면서도 한편으로는 남을 따라 했다는 죄책감이 들었다. 나중에 이 얘기를 들은 토머스의 열 살짜리 아들은 아버지가 박사 학위를 내놓아야 할지도 모른다고 생각했다. 부정행위로 초등학교에 들어갔으니까. 하지만 당시 토머스의 부모는 그가 보였던 문제해결 능력이 초등학교에 입학할 준비가 됐다는 증거라고 생각했다.

이런 식의 문제해결 능력이 인간에게만 한정된 것은 아니다. 한 실험에서 뉴칼레도니아까마귀 두 마리한테 먹이통이 들어 있는 좁고 투명한 관을 보여준 다음 철사 두 가닥을 주었다. 하나는 곧은 것이었고 다른 하나는 갈고리 철사였다. 까마귀들은 갈고리 철사로 문제없이 먹이통을 들어 올렸다.[32] 그런데 몇 번의 시도 후에 까마귀 한 마리가 잘못해서 갈고리 철사를 우리 밖으로 떨어 뜨렸다. 그러자 다른 까마귀가 자연스럽게 곧은 철사를 갈고리 모 양으로 구부리더니 그걸로 양동이를 꺼냈다. 이 영리한 까마귀는 이어지는 실험에서도 계속해서 곧은 철사를 구부려서 사용했다. 이 보고서는 동물이 일으킨 혁신의 가장 설득력 있는 사례로 종 종 소개된다. 그러나 초등학교 입학 시험장에서의 토머스처럼 그 까마귀는 갈고리 철사로 먹이통을 들어 올릴 수 있다는 사실을 이미 눈으로 봤고 심지어 사용해보기까지 했다. 새가 곧은 철사를 구부려 사용하는 것은 인상적인 행동임이 분명하고 토머스의 부 모님이라면 녀석이 초등학교에 들어갈 준비가 되었다고 말했겠지 만, 그렇다고 그 새가 전에 없던 새로운 것을 창조한 것은 아니다.

인간이라면 평범한 사람들이라도 일상에서 흔히 부딪치는 문 제에 대해 나름의 새로운 해결책을 고안해낸다. 물론 메소포타미 아 공학자 이븐 알-라자즈 알-자자리Ibn al-Razzaz al-Jazari 같은 천재는 흔치 않다. 그는 800년 전에 이미 물 펌프, 정확하고 정교한 물시 계, 한 시간에 여덟 번씩 자동문 뒤에서 나타나 파티에 온 손님들 에게 와인을 접대하는 휴머노이드 로봇을 발명한 사람이다. 알-자 자리의 발치에도 미치지 못할지는 모르지만 우리는 모두 새롭고 유용한 것을 창조할 기본 소양은 갖춘 사람들이다. 전 세계 부엌 과 작업장, 음악 스튜디오와 경기장에서 평범한 사람들이 단순한 모방을 넘어서서 영리한 방식을 고안하여 일한다. 우리는 실물에 투자하기 전에 사물의 기능과 아름다움을 상상하여 머릿속에서,

종이 위에, 또는 모형으로 가상의 소형 버전을 실험해본다. 집에서 세탁소 옷걸이를 응용해 막힌 하수구를 뚫는 방법을 상상하는 사람부터 배관 뚫는 전문 장비를 개선하기 위해 다양한 방법을 시험하는 배관회사 연구개발팀까지 우리의 문제해결 방법은 절대적으로 예지력에 의존하는 경우가 많다.[33]

사실 혁신은 그 근본에서 이미 예지력을 전제한다. 혁신은 미래 유용성을 인지했을 때 가능하기 때문이다.[34] 이런 인식이 없다면 가장 훌륭하고 창조적인 해결책도 당장의 문제가 해결되고 나면 무시되거나 옆으로 내쳐진다. 어떤 아이디어든 그것이 품고 있는 잠재력을 알아봐야만 그것을 보유하고 개선하고 공유하고 팔고 훔칠 동기가 생기는 것이다.

아산화질소는 감각을 무디게 하는 놀라운 특성이 발견되었는데도 수십 년간 유희용으로만 쓰였고 뒤늦게 마취제로 활용되었다. 역사에는 혁신의 기회를 놓친 안타까운 예가 널려 있다. 크리스토퍼 콜럼버스Christopher Columbus가 당도하기 전의 멕시코에서 누군가 바퀴를 발명한 적이 있다. 바퀴는 도자기와 도르래, 수레와 태엽 장치까지 온갖 가치 있는 도구의 가능성을 열어주었기에 인류가 성취한 최고의 발명품으로 인정받는다. 그러나 당시 멕시코에서 바퀴는 땅 위를 굴러다니는 작은 동물 인형 같은 아이들 장난감으로만 사용되었다.[35] 비슷한 예로 그리스 수학자 헤론Heron은 1세기에 이미 증기기관을 발명했지만 파티에서 손님을 즐겁게 하는 용도로만 쓴 것 같다.[36] 헤론이든 그의 손님이든 누구라도 이런 장치의 엄청난 실용성을 인지했다면 (과연 좋은 일인지는 모르겠지만) 산업혁명은 실제보다 몇 세기 더 앞당겨졌을 것이다.

어떤 해결책이 지닌 미래의 유용성을 알아보는 한, 그것을 창조적으로 생각해냈는지 운 좋게 발견했는지는 별로 중요하지 않다. 1928년, 생물학자 알렉산더 플레밍Alexander Fleming은 휴가를 갔다가 일터로 돌아오면서 자신이 의학의 역사를 영원히 바꿀 기회를 얻게 되리라고는 꿈에도 생각하지 못했을 것이다. 그가 자리를 비운 사이 한 페트리접시에서 오염된 곰팡이가 자라면서 주위의 포도상구균을 죽이고 있었다.[37] 곰팡이 페니실륨의 잠재력을 알아본 플레밍은 이 곰팡이가 다른 해로운 세균도 죽이는지 확인하기 시작했다. 그 후로 불과 10년 만에 항생제 페니실린으로 치명적인 감염에서 사람의 목숨을 구한 첫 번째 사례가 탄생했고, 이어서 이 행운의 발명을 정제된 약물로 바꾸는 작업이 대대적으로 이루어졌다.*[38] 우연한 발견과 놓쳐버린 기회의 이야기가 보여주듯 미래 유용성을 알아보는 것은 혁신에 절대적으로 중요하다.

우리는 예지력으로 해결책을 상상하고 잠재력을 알아보며 다른 이들을 동원해 탐구하거나 자신이 배운 것을 그들에게 가르친

---

* 전혀 다른 목표를 좇다가 우연히 유용한 것이 발견될 때도 있다. 1969년 보스틱Bostik의 직원들은 기름에 고무와 분필 가루를 배합한 새로운 봉합재를 시도했지만 그 결과물인 퍼티 덩어리는 봉합재로서 형편없었다. 그러던 어느 날 몇몇 직원이 책상 위에 있던 덩어리를 일부 떼어다가 사무실 곳곳에서 메시지를 붙이는 데 사용했다. 상급자들은 예상치 못했던 그 퍼티의 유용성을 알아보았고, 결국 블루택이라는 재사용 접착제 브랜드로 엄청난 성공을 거두었다.

그림 2-1 헤론이 제작한 증기기관. 증기로 동력을 생산한다는 발상의 쓸모가 현대인에게는 너무 명백하지만 정작 발명한 사람은 깨닫지 못한 것 같다.

다. 심지어 우리는 어떤 발상이 실제로 일어날지 확신하지 못한 채 그 잠재력을 인지할 수도 있다. 쥘 베른Jules Verne 같은 SF소설가들이 빛을 동력으로 삼는 우주선, 해저 2만 리까지 내려가는 잠수함, 달로 가는 비행을 상상하자 다른 이들이 그것을 실현하겠노라며 개발에 나섰다. 그렇게 많은 고매한 발상이 마침내 현실이 되었다. 지구의 중심으로 가겠다는 베른의 여행만 빼고.

시간의 족쇄마저 끊어버리는 인간의 정신

그래서 우리는 어떻게 미래를 창조하는가. 호모 사피엔스의 이 명백한 생태학적 지배를 무엇으로 설명할 수 있는가. 아프리카 사바나에 흩어져 힘겹게 고군분투하던 수렵채집인 무리가 어떻게 고작 수십만 년 만에 지구의 모든 생태계와 그 주위의 궤도까지 도달한 수십억의 개체로 확장했을까?

많은 학자들이 문화적 진화야말로 그 해답이라고 열렬히 주창해왔다. 지금까지 우리는 여러 세대를 거쳐 발상을 전달한 행위가 어떻게 문제해결책 축적과 개선으로 이어지는지 살펴보았다. 다른 동물들은 상대적으로 미약하게만 활용한 제2의 유전 시스템을 통해 인간은 삶의 역경을 이겨내는 더 나은 해결책을 창조한 것이다. 또한 아이들이 과도하게 어른을 모방하는 경향 덕분에 인과관계에 대한 이해 없이도 해결책이 전파될 수 있었다는 사실도 확인했다. 모방은 인간 사회가 관습, 가치관, 철학, 예술, 도구, 건축처럼 모두에게 유용한 발상의 보물 창고를 채우는 데 일조했을 것이다. 우리가 눈과 귀, 붙잡을 수 있는 손과 달릴 수 있는 다리를 준 유전자를 물려받아 유용하게 활용한 것처럼 말이다.

그러나 인간은 물려받은 발상을 생각 없이 되풀이하지 않는다. 인지과학자 스티븐 핑커Steven Pinker가 말했듯이, "인간의 문화적 산물은 단순히 복제의 오류가 축적된 결과물이 아니라 지적인 설계자들이 머리를 맞대고 공들인 작품이다."[39] 우리는 탐구하고 조사하고 실험한다. 우리는 계획하고 예상하고 반영한다. 문화적 진화와 생물학적 진화 사이에는 많은 유사점이 있지만 생물학적 진화와 달리 문화적 진화는 맹목적으로 진행되는 과정이 아니다. 우리는 인간의 예지력이 적어도 두 가지 방식으로 문화적 진화를 추동한다고 주장한다.

첫째는 **가르치기**를 통해서다. 남들보다 잘 아는 이들이 그렇지 않은 이들에게 정보를 전달할 때, 상대가 무엇을 알아야 하는지 예상하여 전문적인 목표를 설정한다. 모닥불 곁에서 나누었던 석기 도구 제작법부터 대학의 지질학 수업까지 우리 종은 기술과 지식을 서로에게, 그리고 다음 세대에게 계획적으로 전달해왔다.

둘째는 **혁신**을 통해서다. 이는 특정 해결책의 미래 유용성을 인지하고 전파하는 것이다. 우연히 얻어걸린 발견이라도 그 잠재력을 보고 뭔가를 시도할 때만 혁신이 된다.

그리하여 예지력은 문화의 진화를 가속화하고, 다시 그 진화는 예지력을 개선하면서 강력한 피드백 고리가 형성된다. 그 피드백이야말로 우리 조상이 문화적 적소와 인지적 적소를 개척하고 지구에서 인간의 지배력(그리고 그에 수반되는 모든 새로운 문제들)을 강화하는 길을 닦게 해준 것이다.[40] 지금부터는 피드백 고리가 작용하는 예를 들어 예지력과 문화가 어떻게 함께 작동하는지를 살펴보겠다.

마지막 빙하기 이후에 레반트(현재의 시리아와 레바논을 포함한 지중해 동쪽 연안 지역.—옮긴이)에 살던 일부 부족은 수렵채집인의 삶을 접고 정착하여 농경 생활을 시작했다. 그러면서 무역과 세금으로 곡물과 고기, 그 외 다른 상품을 거두고 분배하는 일을 포함한 여러 새로운 과제를 떠안게 되었다. 이들은 누가 누구에게 무엇을 얼마나 빌렸고 언제까지 갚아야 하는지를 기록할 방법이 필요했다. 이들이 생각해낸 혁신적인 해결책은 원뿔 또는 원기둥 따위의, 모양이 서로 다른 점토 토큰을 사용해 곡식이나 가축의 양을 표시하는 것이었다. 약 5000년 전에 수메르인은 점토로 만든 속이 빈 공 안에 그 토큰을 넣어 세금이나 거래 물품을 기록하기 시작했다. 밀폐된 용기에 정보를 저장한 것은 사람의 부정확한 기억에 의지하지 않기 위해서, 또 괜한 미래의 분쟁을 막기 위해서였다. 그러나 나중에 이 내용물을 확인할 때는 공을 깨뜨려야 했다. 아마도 이런 낭비를 막기 위해 누군가 좀 더 혁신적인 방식을 제안했을 것이다. 토큰을 공 안에 집어넣기 전에 아직 굽지 않은 공의 바깥 면에 토큰을 대고 누르면 자국을 보고 나중에 그 안에 무엇이 있는지 알 수 있다. 원뿔 자국이 네 개 있으면 그건 안에 네 개의 원뿔이 있는 것과 같다. 이제 공 바깥에서도 정보를 볼 수 있게 되었으므로 굳이 공 안에 토큰을 넣는 것은 의미가 없어졌고 그래서 공은 평평한 판으로 대체되었다. 점토판은 표시를 남기기도 훨씬 쉬웠을 것이다. 간단했던 모양은 보리 이삭 같은 그림으로 보완되었다. 수백 년에 걸쳐 회계 담당자들은 새로운 상징을 개발했고 그것들을 어떻게 해석하고 사용하는지 가르치느라 바빴다.

　방금 설명한 것이 바로 수메르인이 쓰기를 발명한 과정이다.[41] 점토판과 최초의 문자는 물건의 거래를 추적하기 위한 용도로 발명되었다. 그리고 선별된 소수의 학생만 서기 학교에 입학해 문자와 쓰기를 배웠다.[42] 그러나 모두 알다시피 그 이후로 문자는 더 많은 것을 기록하고 교환하는 데 사용되었고 이제 전 세계 아이들

그림 2-2 기원전 3300년경 이란의 수사 지역에서 발견된 점토로 만든 공과 토큰. 토큰은 동물과 곡식 같은 물품을 상징한다.

이 일찍부터 학교에서 읽기와 쓰기를 배운다. 쓰기는 이야기와 법률, 선언문을 저장할 수 있게 하고, 사고의 흐름을 명확한 실체가 있는 것으로 바꿈으로써 생각을 되돌아보고 전개하는 정신의 짐을 덜어준다. 또한 통찰과 해법을 공유할 수 있게 해주며 그 자체로 탁월한 교육 도구이기도 하다. 문화적 유산의 산물인 쓰기는 애초에 그것을 만들어낸 혁신과 교육 메커니즘을 근본적으로 발전시켰다.

천문학자이자 과학 커뮤니케이터인 칼 세이건Carl Sagan은 쓰기가 시간을 가로질러 인간의 정신을 엮어놓은 방식을 두고 이렇게 말했다. "책이란 얼마나 대단한 물건인가. 나무로 만든 이 물건의 납작하고 유연한 면에는 웃기게 생긴 길고 꼬불꼬불한 선들이 새겨져 있다. 그러나 일단 그것을 읽게 되면 몇천 년 전 죽은 이의 마음속까지 들어갈 수 있다. 그가 수천 년을 건너와 내 머릿속에 직접 대고 또렷하고 나직하게 말한다. 문자는 서로 알지 못하는 먼 시대의 시민을 하나로 묶어주는, 아마도 인류의 가장 위대한 발명품일 것이다. 책은 시간의 족쇄마저 끊어버린다."

쓰기의 탄생으로(인쇄술의 발명은 말할 것도 없고) 문화는 획기적인 속도로 변화했다. 오늘 우리가 새로운 발명 소식을 거의 즉시 알 수 있는 것은 사람들의 정신이 시간과 공간을 가로질러 무선으로 연결되어 있기 때문이다. 인터넷은 우리로 하여금 전례 없이 모방하고 가르치게 한다. 서로를 연결하여 사실상 어떤 생각도 전달할 수 있으므로 생각을 전파하려는 인간의 본능을 만족시키며, 또한 지나간 시대의 사상가들로부터 바로 교훈을 얻을 수도 있다. 원한다면 온라인 검색 몇 초 만에 칼 세이건이 위에서 인용한 문구를 직접 말하는 영상을 시청할 수 있다.

예지력을 갖춘 종이 주도권을 가지면서, 문화적 진화는 새로운 수준에 도달했다. 아이작 뉴턴Isaac Newton은 이런 말을 한 것으로 유명하다. "내가 더 멀리 내다볼 수 있던 건 거인의 어깨 위에 서 있었기 때문이다."[43] 그 거인들 역시 지평선 위의 뭔가를 보기 위해 일어서 있다면 더 큰 도움이 되었을 것이다.

인간은 잡아먹혔던 곳에서는 안전을, 아팠던 곳에서는 치료제를, 지루했던 곳에서는 즐길 거리를 창조해왔다. 복수심이 불타는 곳에서는 무기를 만들고, 목재가 필요한 곳에서는 숲을 베고, 경작하고 싶은 곳에서는 습지의 물을 빼버렸다. 그 과정에서 끝없는 노력으로 세상을 재창조했다. 미래의 우리 자신을 포함해 설계한 대로 미래를 만들어가는 능력은 점점 더 커지고 있다. 다음 장에서는 개인이 어떻게 이런 힘을 얻는지 자세히 살펴보자.

자아의 발명

정신이란 모든 단계의 가능성이 동시에 발생하는
극장이다.

— 윌리엄 제임스William James (1890)

1879년 3월 14일, 독일의 울름에서 파울리네 코흐Pauline Koch가 남자 아기를 낳았다. 아기는 여느 아기들처럼 울고 먹고 품에 안겨 잠들었다. 이 아기는 자라서 상대성이론으로 시간에 대한 혁명적 이해를 불러온 과학자가 됐다. 모든 아기는, 심지어 어린 알베르트 아인슈타인Albert Einstein조차 처음에는 정신적 시간여행을 떠난다는 징후를 보이지 않는다. 어차피 공간여행도 제대로 못 하는 형편이니 당연한지도 모른다. 사실 인간의 아기는 모든 창조물 중에서 가장 무기력한 존재다. 걷고 말하고 계획하기는커녕 제 머리 하나 가누는 데만도 몇 개월이 걸린다. 두 발로 자연스럽게 균형을 잡고 간단한 대화를 나눌 수 있게 된 다음에도 부모는 아이가 자기 앞에 펼쳐질 시간에 대해 제대로 이해하지 못한다는 걸 안다. 그래서 겉옷과 샌드위치와 음료를 챙기는 것은 어디까지나 어른의 몫이다. 시간여행자가 되려면 시간이 좀 걸린다.

우리는 어떻게 자신만의 타임머신을 만들고 운명을 개척해나

갈 수 있는 걸까? 이 책을 시작하면서 앞일을 내다보기 위해 기본적인 여러 능력들이 조화롭게 어우러지는 과정을 연극에 비유했다. 적어도 이런 능력의 일부는 막이 오르기 전에 충분히 무르익어야 한다.[1]

정신의 시간여행자에게는 '무대'가 필요하다고 했던 것을 기억하는가? 무대란 눈앞의 현실을 잠시 덮어두고 생각을 즐길 수 있는 수단이다. 그 과정이 극에 달하면 열여섯 살의 아인슈타인처럼 '만약 사람이 빛과 나란히 달릴 수 있다면 그때 빛은 어떻게 보일까' 따위를 상상하게 되는 것이다(그렇게 해서 상대성이론을 생각하게 되고). 정신의 무대가 준비 중이라는 최초의 증거는 아이들이 노는 모습에서 발견할 수 있다. 생후 18개월 무렵에 아기는 처음으로 가상의 흉내 놀이를 한다. 이를테면 막대와 돌을 검과 전화로 변신시키는 것이다.[2] 이어지는 몇 년 동안 아이들은 점점 상상의 세계에서 시간을 보낸다.[3] 시뮬레이션된 현실 속에서 엄마, 아빠, 요리사, 건축가, 의사, 탐험가 등의 역할을 받아들이면서 아기는 자기가 무슨 일을 해야 하며 무엇을 기대해야 하는지 배운다. 처음에는 한 번에 몇 가지만 생각할 수 있으므로 상상력이 제한된다. 이런 미숙함은 숫자 거꾸로 말하기로 간단히 확인할 수 있다. 예를 들어 4-2-7 이런 식으로 숫자 몇 개를 불러주고 거꾸로 말하라고 하면서 수의 개수를 점점 늘려나가면 금세 작업 기억 working memory의 한계에 부딪히게 된다.[4] 하지만 아이가 머리에서 저글링할 수 있는 항목의 수는 성장하면서 지속해서 늘어난다. 정신

의 무대는 나무 상자 같은 작은 연단에서 시작해 정식 극장으로 서서히 확장되는 것이다.[5]

당연히 정신의 무대는 숫자가 아니라 사물이나 배우로 채워진다. 우리는 걸음마를 시작한 아기들도 머릿속에서 그림을 그린다는 걸 알고 있다. 이 아이들도 시야에서 장난감이 갑자기 사라지거나 방에 있던 사람이 없어지면 당황한 듯 찾아다니기 때문이다.[6] 우리 연구실에서 실시한 한 과제에서 실험자는 아이들이 보는 앞에서 간식이 들어 있는 컵을 두 개의 상자 밑으로 차례로 옮겼다가 빼낸 다음 그 컵이 비어 있는 것을 보여준다. 아이들은 컵 속에서 사라진 간식이 두 상자 중 하나에 들어 있을 거로 생각하지, 실험자가 컵을 넣었다가 뺀 적 없는 전혀 다른 상자에 들어 있을 거라고는 생각하지 않는다. 생후 24개월 된 아이들은 논리적인 선택을 했고, 그래서 시야에서 사라진 물체에 대해 상상하는 능력이 있다는 것을 보여주었다.[7] 이 발달 단계에서는, 시야 바깥에서 일어난 사건이라도 마음의 눈으로 볼 수 있다.[8]

마음의 눈, 즉 **무대 장치**에서 세상을 정확하게 재현하려면 아이들은 물질과 운동의 물리적 성질에 대해서도 어느 정도 이해할 필요가 있다. 다섯 살짜리 아인슈타인에게 아버지가 나침반을 처음 보여주었을 때 그는 나침반 바늘을 움직이게 하는 보이지 않는 힘을 신기해했다. 물리적 세상에 대한 기초적인 이해는 유아기 초기에 시작되지만 인과관계를 추론하는 능력은 대부분 훨씬 나중에 발달한다.[9] 당구공이 당구대 벽을 치고 튕겨 나오는 경로를 생각

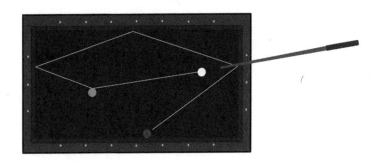

그림 3-1 인간은 물체의 움직임을 예측하는 능력을 활용해 사물을 정교하게 컨트롤할 수 있다. 스리쿠션 당구 게임에서 전문 선수가 구사하는 기술을 생각해보자. 공을 칠 때 약간의 스핀을 추가하면 공이 당구대의 세 면을 부딪친 다음 연이어서 다른 두 공을 친다.

해보자. 유명한 발달심리학자이자 방금 설명한 숨기기 실험의 개척자인 장 피아제Jean Piaget는 실험을 통해 다섯 살짜리는 당구공의 이동 경로를 기초적인 수준에서만 이해하지만, 여덟 살 아이들은 공이 부딪히는 각도를 인지하여 공의 궤도를 예상할 수 있다는 것을 알게 되었다.[10] 아이들은 입사각과 반사각이 같다는 물리 법칙을 설명하지 못해도 그 사실을 이용할 수는 있었다. 앞 장의 실험에서 어른들이 물리적 원리는 몰라도 바큇살에 무게 추를 효율적으로 배치했던 것과 비슷하다. 그러한 법칙에 대한 이해가 깊어지고 경험이 더해지면 당구대 위의 공은 치는 사람이 의도한 경로대로 움직이게 된다.*

아이들은 '배우'를 움직이게 하는 힘, 즉 의도와 욕구, 신념에 관해서도 서서히 배운다. 생후 1년 만에 아기는 철학자 대니얼 데닛

Daniel Dennett이 "지향적 자세intentional stance"라고 부른 태도를 취한다. 즉 아기는 행위자가 목표를 지니고 행동한다는 것을 알게 된다. 그리고 걸음마를 할 무렵이면 사람들이 저마다 다른 취향과 욕구를 지니고 있다는 것을 깨우치며, 각자 알고 있는 정보가 서로 다르다는 것을 인지한다. 심지어 네 살이 되면 아이들은 사람들이 틀린 사실을 옳다고 믿을 수 있다는 것도 알게 된다. 예를 들어 꼬마 막시는 초콜릿이 찬장에 없다는 걸 자기는 알아도, 엄마는 다른 곳에 초콜릿을 두고는 착각하여 찬장을 뒤질 수 있다는 걸 안다. 이때부터 아이들은 사실이 아닌 줄 알면서도 남이 그렇게 믿기를 바랄 때 의도적으로 거짓을 말한다. 하지만 숨겨진 속내, 실례, 비꼬는 말처럼 세상에서 일어나는 좀 더 복잡한 상호작용은 아이들이 훨씬 더 나이가 든 후에야 확실히 이해한다.** [11]

---

* 아인슈타인은 물리 법칙에 대한 구체적인 방정식을 세움으로써 다른 별에서 오는 빛이 태양의 중력에 의해 꺾이는 정도를 계산할 수 있었다. 그의 예측은 태양, 달, 지구의 궤도가 일직선을 이루는 일식 때 측정한 결과로 검증되었다. 이 발견은 중력이 물체 주변의 공간이 휘어진 결과라는 '일반 상대성이론'의 주요 개념을 뒷받침했다. 《런던타임스》는 다음과 같은 헤드라인으로 기사를 실었다. "과학의 혁명. 우주의 새로운 이론. 뉴턴식 발상의 전복."

** 특히 의도치 않은 무례는 알아채기 쉽지 않다. 제인이 새로 이사한 집에 프레드가 놀러 갔다. 프레드는 제인이 신경 써서 고른 줄 모르고 그만 커튼이 볼품없다고 말한다. 아이들은 좀 더 커서야 이 이야기에 담겨 있는 한 차원 깊은 '정신적 내포화mental nesting'를 이해하기 시작한다. 즉 제인은 자신이 그 커튼을 좋아하는 줄 프레드가 모르고 악의 없이 한 말이라는 걸 알고 있지만 그래도 기분이 상했고, 한편 프레드는 자기가 무엇을 잘못했는지 알지 못하는 상황임을 아이가 파악한다는 뜻이다.

깜짝 생일파티 계획 같은 미래의 시나리오를 구상하려면 극작가의 능력도 필요하다. 언어를 사용할 때 우리는 글자를 조합해 단어를 만들고 단어를 조합해 문장을 만든다. 이 과정은 언어 외에도 음악과 수학 같은 다른 영역에서, 또는 레고 블록 더미에서 새로운 모형을 만들 때도 똑같이 일어난다. 마찬가지로 우리는 머릿속으로 사람, 사물, 행위 등의 요소를 조합, 해체, 재조합하여 새로운 패턴을 만들고 더 큰 이야기 안에 끼워 넣을 수 있다. 아이들은 보통 네 살이 되는 해에 이런 조합 능력을 보여준다. 예를 들어 한 문장 안에, '가령 이런 식으로', 구문을 삽입하기 시작한다.[12] 인간의 정신에 포함된 기본 요소는 한정되어 있지만, 이 요소들을 조합하면 새로운 시나리오를 사실상 무궁무진하게 창조할 수 있다. 그러나 **언제, 어디, 무엇**을 마구 뒤섞는 대신 극작가는 서사적 구조를 세운다. 사건들을 연결하는 이야기 흐름을 만들어낸다는 말이다.

여기에 연출가가 있으면 여러 시나리오를 비교하고 평가할 수 있다. '이 사건은 그럴싸하고, 이건 바람직하고, 저건 불가하고, 요건⋯ 말도 안 되는군.' 내면의 연출가는 사건의 세부 사항을 조정하거나 다른 이들이 보일 반응 등의 예상 결과를 검토하고, 다른 대안이 없는지 살펴본다. 1장에서 보았듯 아이들은 네 살이 되면 가까운 미래에 놓인 두 가지 가능성을 쉽게 파악해 거꾸로 된 Y 자 형태의 관에서 양쪽 출구를 모두 손으로 막고 대비한다.[13] 우리 연구팀은 오스트레일리아 대도시 브리즈번의 아이들은 물론이고 지리적으로 멀리 떨어진 오스트레일리아와 남아프리카 토착 공동체 아이들에게서도 비슷한 능력을 발견했는데, 이는 두 가지 미래를 준비하는 능력이 아동기 초기에 보편적으로 발달한다는 점을 시사한다. 연출가의 다른 능력들은 인지발달 과정과 함께 차츰 더 발달한다. 예를 들어 여섯 살이 되면 과거에 일어난 사건의 다른 버전을 상상하고, 그 버전이 실제 일어났던 것보다 더 좋았을지 나빴을지 평가할 수 있다.[14]

마지막으로 '총괄 제작자'처럼 아이들은 여러 대안 중에서 어떤 것을 추진하고, 언제 계획을 지속하며, 언제 노선을 갈아타야 하는지 결정하는 법을 배워야 한다. 이런 실행 제어executive control 능력의 대표적인 예가 억제 능력이다. 자신을 억제하는 힘은 세일한다고 해서 맨 처음 본 자전거를 덥석 사지 않고, 세일하지 않는 상품을 충동구매 하지 않으며, 무슨 돈으로 구매할 것인지, 그 상품을 정확히 어디에 사용할 것인지 등을 고심할 기회를 준다. 그러나 걸음마쟁이를 사탕 가게에 데려가본 사람이라면 어렴히 알 수 있듯이, 제어하는 힘이 처음 나타나기까지는 시간이 걸린다. 일례로 아이들에게 카드 뭉치를 주면서 색깔에 따라 분류하라고 지시한 다음 아이들이 한참 작업 중일 때 갑자기 규칙을 바꾸어 색깔이 아닌 모양에 따라 분류하라고 하면 세 살짜리 아이들은 처음에 하던 행동을 멈추기 힘들어한다. 반면에 큰 아이들은 좀 더 수월하게 새로운 규칙을 따른다.[15]

또한 아이들은 고민을 멈추고 결정을 내린 다음 행동으로 옮길 수 있는 실행 제어 능력이 필요하다. 주어진 문제의 가능한 순열을 빠르게 파악해 각각을 평가한 다음 최적의 해결책을 내놓는 컴퓨터와 달리 인간은 어른들도 그런 일에 들일 시간과 자원이 부족하다. 우리는 계획한 예산 안에 들어오는 모든 자전거의 사양과 상품평을 따져보고 싶어 하지만, 어느 정도 조건을 만족하는 제품을 발견하면 더 이상 고민하느라 시간을 버리는 대신 단호히 결정하고 구매하는 편이다. 가라사대 게임(진행자가 앞에 '가라사대'를 붙인 말만 따라야 하고, 이 규칙을 어기는 참여자는 탈락하는 게임.—옮긴이)을 몇 번 해보면 바로 알 수 있듯이, 실행 제어 능력은 아동기 내내 지속해서 발달한다. 단순하지만 반직관적인 지시를 따르는 능력(예를 들어 불빛이 오른쪽에서 비치는데 왼쪽을 쳐다보기)도 청소년기까지 계속해서 향상된다.[16] 실행 제어 능력이 완성되지 못한 아동과 청소년은 자신이 미래를 위해 무엇을 해야 하는지 알면서도 당장의 충동과 유혹을 억누르지 못해 분투한다.

정신적 시간여행의 구성 요소는 다양하고 느린 궤적을 따라 발달한다. 이 요소 중 어느 한 가지만 부족해도 아이들의 예지력은 방해받는다. 같은 이유로, 한 사람이 내일과 그 이후의 미래를 확실히 이해하려면 (시간 자체의 속성에 대한 예측 모형을 세우는 것은 말할 것도 없고) 각 영역에서 상당한 역량이 발달해야 한다. 이 장에서 우리는 어떻게 이런 변화가 진행되는지 살피고, 이 과정을 통해 어떻게 자기가 설계한 대로 세상과 자신을 형성하는 어른으로 성장하게 되는지 볼 것이다. 예지력이 발동하기 시작하면서 우리는 자신을 의도적으로 바꾸기 위한 더 먼 발달의 여행을 시작한다.

아기는 늘 현재지향적

전통적으로 심리학은 예지력보다는 기억에 더 치중한다. 발달 심리학도 예외는 아니다.[17] 그러나 최근 예지력 발달이 점점 인기 있는 연구 주제로 부상하고 있다. 아이가 미래를 얼마나 이해하고 있는지 확인하는 가장 간단한 방법은 아이들 본인과 부모에게 직접 물어보는 것이다. 어쨌거나 아이들은 **방송인**처럼 자신의 정신적 시나리오를 타인과 소통하는 언어 능력도 함께 발달하기 때문이다. 제니 버스비 그랜트Janie Busby Grant가 주도한 우리 팀 연구에서 자신의 세 살짜리 아이가 '내일'이라는 단어를 정확히 사용하는 것을 (항상은 아니더라도) 종종 보았다고 답한 부모는 전체의 40퍼센트에 불과했다. 이 비율은 아이가 크면서 함께 늘어난다. 유치원생의 부모는 대부분 아이들이 '나중에' '곧' '~한 다음에'라는 말은 이해하지만, 좀 더 먼 시간, 심지어 '다음 주' 같은 것들은 나이가 더 들어서야 익숙해진다고 보았다.[18]

부모가 평소에 아이들과 이야기하는 방식, 가령 얼마나 구체적인 내용을 말하는지 살펴보면 아이가 과거나 미래의 사건에 대해 얼마나 상세히 말할 수 있는지를 알 수 있다.[19] 걸음마쟁이들도 대화 중에 앞으로 일어날 일에 관해 보고하는 일이 흔하며, 유치원을 졸업할 무렵이면 다가올 생일파티처럼 다양한 미래 상황에 대해 꽤 명확하게 표현할 수 있다.[20] 게다가 실제로는 아이들이 말로 표현하는 것보다 훨씬 더 많은 것을 이해하고 있다는 점을 명심해야 한다. 다른 한편으로 어떤 것은 제대로 이해하지 못하면서 말할 수도 있다. 예를 들어 아이들은 친구가 쿠키를 찾지 못하는 걸 보고 쿠키가 어딨는지 '잊어버린 것'이라고 주장하고, 다른 친구가 찾아내면 쿠키가 있는 장소를 '기억한 것'이라고 말한다. 실제 쿠키가 있는 장소를 누가 알고 있었는지는 개의치 않는다.[21]

비슷한 맥락에서 아이들이 네 살이 되면 '어제'와 '오늘'이라는 단어를 정확하게 사용할 수 있지만, 우리 팀의 연구 결과에 따르면 그 개념의 실제 의미는 잘 알지 못하는 편이었다. 가령 라일라가 어떤 동물의 색깔을 어제 처음으로 알았다고 말했고, 킴은 내일 동물원에 가면 자기도 알게 될 거라고 말했다면, 이 말을 들은 다른 아이들은 현재 동물의 색깔을 알고 있는 사람이 누구인지 정확히 짚어내지 못한다.[22] 이런 테스트는 아이들이 시간 개념을 나타내는 단어를 사용할 때 어른과 같은 의미로 사용하지 않을 수도 있다는 것을 알려준다. 그러므로 아이들과 대화로 알게 된 사실을 그들의 행동 데이터로 보완하는 것이 중요하다.

인간의 아기는 늘 현재지향적인 행동을 한다. 아기의 관심은 당장의 욕구를 충족하는 것에만 쏠려 있다. 다른 누군가에 의해 지금 당장 자신의 필요가 해결되어야 한다. 게다가 일단 걷기 시작하면 진짜 문제는 그때부터 시작된다. 뜨거운 프라이팬에 손을 뻗고, 물을 채운 욕조에 몸을 숙이고, 무작정 차로 돌진한다. 걸음마쟁이는 잠재적 위험을 예견하지 못한다.

반대로 어른은 상황의 위험성을 바로 알아차리는 편이다. 촛불이 커튼에 너무 가까우면 불이 붙을 수 있다는 것도, 가윗날을 벌린 채로 들고 달리면 병원 신세를 질 수 있다는 것도 안다. 부모는 온종일 아이에게 눈에 뻔히 보이는 위험을 알려주다가 진이 빠지고, 조심하라고 누누이 이야기해도 소용없는 상황에 좌절한다. 최근에 우리 연구실에서는 아이들이 언제쯤 잠재적 사고를 스스로 인지하고 조심하는지 조사했다. 우리는 아이들이 도자기 꽃병 옆에서 공놀이하게 하거나, 새로 산 밝은색 카펫 위에서 물감으로 그림을 그리게 하는 식으로 사고의 가능성이 높은 상황에 두었다. 그러고는 공을 던지기 전에 꽃병을 치운다든지, 붓에 물감을 묻히기 전에 카펫을 덮는 등 사고를 예방할 기회를 충분히 주었다. 또한 하얀 드레스를 입고 스파게티를 먹는 아이와 현관 근처에 구슬을 두는 꼬마의 영상을 보여주며 이런 상황에서 그 아이들에게 어떤 일이 일어날지 물었다. 다섯 살짜리 아이들은 상황의 위험성을 거의 인지하지 못했으며, 이런 능력은 좀 더 나이가 들어가면서 서서히 개선되었다. 예지력은 인간의 전형적인 특성이지만 위험을 인지하고 피하는 필수적인 기능까지 처음부터 한꺼번에 입력되는 것은 아니다.

물론 아이들도 위험을 줄이는 방식으로 행동할 때가 있다. 하지만 그것이 반드시 미래를 염두에 둔 행동이라고 볼 수는 없다. 아이에게 그림을 그리기 전에는 무조건 앞치마를 입으라고 가르치

그림 3-2 무슨 일이야 생기겠어?

면, 그때부터는 앞치마를 입지 않으면 어떻게 되는지 굳이 생각하지 않더라도 습관처럼 앞치마를 입을 수 있기 때문이다. 그래서 아이들이 정말로 미래를 생각하고 행동했는지 확인하는 실험을 계획할 때는 신중해야 한다.[23]

이와 같은 가능성을 배제하기 위해 우리는 아이들을 한 방으로 데려가서 특정 도구를 사용해야만 열 수 있는 퍼즐 상자를 보여주었다. 상자 안에는 선물이 들어 있었다. 그러고 나서 아이들을 다른 방으로 데려가 놀게 하며 주의를 흩트려놓았다. 그리고 다시 퍼즐 상자가 있는 방으로 아이들을 보내면서 방금까지 놀던 방 안에 있는 물건 중 한 가지를 가져갈 수 있다고 알려주었다. 세 살짜리 아이들은 아무 물건이나 막 집어 들었다(가끔은 운이 좋게 올바른 도구를 고를 때도 있었다). 그러나 네 살 아이들은 운에 맡기는 대신 다가올 문제해결과 보상에 도움이 될 도구를 선택했다.[24] 이런 결과는 아이들이 어떤 해결책이 필요한지 인지하고, 그 문제로 돌아갈 때를 대비할 정도로 과거의 에피소드를 잘 기억한다는 것을 증명한다. 이 실험으로 아이들이 네 살쯤 되면 머릿속에 타임머신의 기초가 마련되어 앞일을 준비한다는 것을 알 수 있다.[25]

네 살 이후의 아이들은 미래의 과제에 실패가 예상되면 이를 보완할 대비책을 사용할 수 있다. 한 연구에서 우리는 컵 25개를 뒤집어놓고 그중 몇 개는 컵 아래에 스티커를 붙여둔 다음, 아이들에게 어떤 컵 아래에 스티커가 있는지 하나씩 열어서 보여주었다. 그리고 일정 시간이 지난 후 그 스티커를 찾으라고 했다. 당연히 대부분은 스티커가 어디에 숨겨져 있는지 기억하지 못했다. 우리는 아이들에게 스티커가 있는 곳을 다시 보여주면서 이번에는 작은 토큰을 주고 스티커가 있는 컵을 토큰으로 표시할 수 있는 시간을 주었다. 또는 펜을 주고 나름의 방법을 찾아내는지 보았다. 여덟 살 정도 된 아이들만 펜을 사용해 해당 컵에 표시를 했다(보물지도에서 보물이 묻혀 있는 장소에 X라고 표시하는 것처럼).[26] 그러나 네 살 아이들도 스티커가 있는 컵이 하나만 있을 때보다 5개가 있을 때 토큰을 더 많이 사용했는데, 외워야 할 컵이 많으면 스티커의 행방을 놓치기가 쉽다는 것을 인지했기 때문일 것이다.[27]

또한 네 살 아이들은 사건이 **언제** 일어날지 인식하기 시작한다. 이 아이들은 일상에서 일어나는 일들을 공간적 타임라인에 따라 적절한 순서로 나열하는 능력을 보인다. 예를 들어 아침 식사를 저녁 식사보다 앞쪽에 넣거나, 양치질 같은 일상의 일을 내년 생일과 같은 먼 미래의 사건과 구분했다.[28] 그러나 타임라인상에서 내년 크리스마스처럼 1년 안에 일어나는 일과 결혼처럼 더 먼 미래에 일어나는 일을 구분하는 것은 여전히 어려워했다.

발달심리학자 크리스티나 어탠스Cristina Atance와 동료들은 어린아이가 점차 잠재적 미래 사건을 고려하게 되는 과정을 기록했다. 한 초기 연구에서 유치원을 졸업할 무렵의 아이들은 사진 속 장소에 갈 때 유용할 물건을 식별할 수 있었는데, 가령 눈이 오는 곳에 갈 때는 겨울 코트를 선택하는 식이었다. 하지만 나이가 더 어린 아이들은 유용하지 않은 물건을 고르는 일이 빈번했다. 마찬가지로 더 나이가 많은 미취학 아동은 자기가 어른이 되면 지금과는 다른 것을 좋아하게 될 거라는 점을 이해하기 시작한다(만화보다 요리 프로그램을 더 선호하는 것처럼). 그러나 또 어떤 연구에서는, 네 살에서 여섯 살 사이 어린이들이 청소부가 밤중에 와서 방을 싹 치울 거라는 말을 듣고서도 내일 먹을 사탕을 그 방에 두고 나오는 모습을 보였다.[29] 아이들은 미래를 생각하고 행동할 수는 있지만, 밤새 누군가가 방에 있는 보물을 치워버릴 거라는 위협처럼 계획을 변경해야 하는 개입성 사건을 추론하기까지는 시간이 걸린다.

가상의 타임머신 속 다양한 요소가 점점 제 기능을 하면서 고학년 아이들이나 청소년은 점점 더 수월하게 앞을 내다볼 수 있게 되며, 자신이 바라는 바대로 미래를 통제하는 능력이 생긴다.[30] 이런 능력이 모두에게 보편적이라는 사실은 이것이 인간이 되는 것의 일부임을 암시한다. 그런 한편, 사람마다 자신의 멘탈 타임머 신을 조종하는 능력에는 큰 차이가 있다. 그 차이는 아주 어렸을 때부터 나타나며 남은 삶의 궤적에 극적인 차이를 가져온다.

현재에 집중할 것인가, 미래를 추구할 것인가

사회심리학자 필립 짐바르도Philip Zimbardo는 과거와 현재, 미래 중에 어느 것을 가장 지향하는지에 따라 사람을 분류할 수 있다고 주장한다. 설문 조사를 바탕으로 짐바르도는 동료인 존 보이드John Boyd와 함께 과거와 현재의 '시간 조망time perspectives'을 다시 두 가지 하위 범주로 나누었다.[31] 먼저 과거에 집중하는 사람은 긍정적인 감상주의자("좋았던 그때의 행복한 기억이 자주 떠올라"), 또는 부정적인 비관론자("나는 종종 내가 그때 삶을 잘못 살았다고 생각해")로 나뉜다. 현재지향적인 사람은 쾌락주의자("지금 신나게 사는 게 중요해"), 또는 운명론자("이미 내 삶은 다 결정되었어")로 나뉜다. 어떤 학자들은 미래지향적인 경우도 부정적인 관점("내 인생의 목표를 어떻게 성취해야 할지 모르겠어"), 또는 긍정적인 관점("꾸준히 발전하면 프로젝트를 제시간에 끝낼 수 있을 거야")으로 나눌 수 있다고 본다.[32]

금연과 다이어트 시도에서 직업 선택과 삶의 만족도까지, 이런 질문에 대한 반응과 행동의 연관성을 기록한 연구는 많다. 부정적 과거지향이 우울감과 연관되고 현재의 쾌락주의가 약물 복용이나 과속 딱지와 연관되는 것은 놀랍지 않다. 미래지향적인 시간관에서는 대개 높은 교육 성취도, 성실성, 만족 지연 능력 등의 특징이 예상된다.[33]

시간관의 분명한 차이는 발달 과정에서도 상당히 초기에 나타난다. 심리학계의 고전이 된 마시멜로 실험을 생각해보자. 심리학자 월터 미셸Walter Mischel과 동료들은 아이들에게 간단한 선택권을 주었다. 맛있는 마시멜로를 지금 먹거나, 조금 기다렸다가 두 개를 먹는 것이다. 이윽고 실험자가 방을 떠나면 아이들은 유혹과 싸우기 시작한다. 놀랍게도 기다렸다가 마시멜로 두 개를 얻어낸 아이들은 학교생활도 더 잘하고 커서도 학업이든 개인적·사회적 측면으로든 성공을 이루는 경우가 많았다.[34] 아마도 맛있는 간식을 앞에 두고 참기 위해 발휘한 자기통제력을 다른 영역에서도 적용했기 때문일 것이다. 인생은 당장 받을 수 있는 보상과 참고 기다리거나 노력해야 하는 보상 사이에서 절충해야 하는 것들투성이다. 유혹에 맞서서 장기적인 목표를 추구하는 것은 여러 면에서 장점이 있는 듯하다.

마시멜로 실험으로 장래의 성공 여부를 측정할 수 있다는 발상이 유행하면서 심리학계에서 유사한 결과가 우후죽순처럼 쏟아졌다. 수십 년간 연구자들은 당장의 만족을 미루는 행동의 미덕과 충동적 행동의 위험을 기록하기 시작했다. 이런 잣대에서 현재의 쾌락을 선호하는 행위는 미래의 실패를 나타내며 인지적 개입과 질책, 자기계발서 등으로 교정해야 하는 근시안적 심리 장애로 취급되었다.

그러나 좀 더 최근에 발달심리학자 셀레스트 키드Celeste Kidd와 동료들은 이 전통적인 스토리에 도전하는 결과로 미셸의 패러다임을 비틀기 시작했다. 마시멜로 실험을 시작하기 전에 실험자는 유치원생 아이들에게 먼저 재밌는 미술 활동을 하게 해주겠다고 약속한다. 하지만 정작 활동 시간이 되면 아쉽지만 미술 도구가 뭉툭한 크레용 몇 개와 작은 스티커밖에 없다고 말한다. 그러고는 "아! 잠깐만 기다려, 가서 멋진 새로운 재료들을 찾아올 테니" 하면서 실험자는 나가버린다. 얼마 후 돌아온 실험자는 한 집단에서는 약속한 도구들을 들고 왔고, 다른 집단에서는 빈손으로 돌아와 미안하다는 사과만 했다. 이어서 진행된 마시멜로 실험에 참가한 아이들은 더 이상 쉽게 속지 않았다. 믿을 만한 실험자와 함께 있었던 아이들은 평균 12분 동안 인내심 있게 기다렸다. 그러나 믿지 못할 실험자와 함께했던 아이들은 자신의 운을 실험하지 않았다. 그 아이들은 평균적으로 고작 3분 정도 기다렸다가 눈앞의 마시멜로를 먹어버렸다. 충분히 그럴 만하다. 결국 저 믿지 못할 실험자는 이번에도 약속을 지키지 않을 테니까.[35]

마시멜로가 확실히 내 입에 들어가기 전에는 언제 어떻게 다른 이가 약속된 내 마시멜로를 낚아챌지 모르는 일이다. 세상에 불확실성은 널렸다. 빌려준 돈, 연애의 시작, 커리어 기회, 그 밖의 많은 일들이 미래라는 안개에 가려 있다. 오죽하면 아이스크림 가게 간판에도 쓰여 있을까. "인생은 알 수 없는 것. 디저트부터 드세요." 기회가 실현되지 않을 위험과는 별개로 내 자신의 목숨조차 보장할 수 없다. 우리 연구팀이 행동과학자 질리언 페퍼Gillian Pepper와 공동 작업한 연구에 따르면 특정 국가의 기대수명이 낮은 집단에서는 기다려야 받을 수 있는 큰 보상보다는 당장 얻을 수 있는 작은 보상을 선택하는 경향이 예측되었다.[36]

애틀랜타 거리의 소년범 블루 아이즈Blue Eyes는 범죄학자와의 인터뷰에서 이렇게 말했다. "빌어먹을 내일 같은 건 없어요. 오늘뿐이죠. 내일은 오지 않을지도 몰라요. 총에 맞아 죽을 수도 있고, 버스에 치여서 죽을 수도 있어요. 그러니까 지금 가져야 합니다. 바로 지금, 당장."[37] 만약 내일이 없다면 오늘은 아주 소중해진다. 경제학자들이 수행한 한 연구에서 실험자는 복음주의 기독교 라디오 방송의 토크쇼 진행자 해럴드 캠핑Harold Camping을 추종하는 이들에게 눈앞의 5달러와 몇 주 뒤에 받게 될 더 큰 돈 중에서 하나를 선택하라고 했다. 캠핑과 추종자들은 2011년 5월 21일, '휴거'의 때가 오면 온 세상이 불타고 종말을 맞이할 거라고 오랫동안 공언한 바 있다. 연구에 참여한 경제학자들은 '세상이 멸망하기 2주 전'에 캠핑의 성경 수업이 끝나고 나오는 사람들을 붙잡고 물었다. 23명의 신봉자 중 한 명을 제외한 모두가 주저 없이 한 달 뒤의 500달러보다 오늘의 5달러를 선택하겠다고 했다.*[38] 이 같은

---

* 23명 중에서 5달러 대신 다음 달에 큰돈으로 받겠다고 대답한 한 사람은 솔직히 예언을 "완전히 믿지는 않는다"고 말했다.

상황이라면 단지 당장의 보상에 집중한다는 이유로(비록 거짓 기대를 믿었다고 할지라도) 그들의 결정을 **충동적**이라거나 **근시안적**이라고 말할 수는 없을 것이다.

당연히 보상을 늦추는 것은 더 바람직한 행동이다. 그러나 그렇지 않을 때도 있다. 당장의 보상을 참는 능력보다 더 중요한 것은 미래를 파악해 자신이 나아갈 수 있는 경로 가운데 가장 좋은 길을 결정하는 능력이다. 이는 곧 예지력을 사용해 현재의 결정을 유연하게 조정하는 능력이다. 세상이 5월 21일에 끝나지 않았으니 캠핑의 추종자들은 아마 태도를 바꾸는 편이 나을 것이다. 같은 질문을 5월 22일에 물었다면 이들 역시 한 달 뒤의 500달러에 훨씬 더 혹했을 것이다. 미래지향적 태도가 현재지향적 태도보다 낫고, 만족감을 뒤로 미루는 것이 충동에 따라 행동하는 것보다 언제나 더 낫다는 직관적인 생각은 상황에 적합한 질문으로 조정되어야 한다. 핵심은 장기적 목표를 추구할 때가 언제인지, 현재를 추구할 때가 언제인지를 판단하여 구분하는 것이다.[39]

인간은 현재 처한 상황에 따라 관점과 행동을 얼마든지 바꿀 수 있는 존재이기에, 사람을 시간에 대한 태도에 따라 고정된 범주로 나누는 것은 전혀 정당하지 않다는 결론에 이른다. 대체로 현재에 좀 더 집중하는 사람이 있고, 과거를 곱씹거나 미래를 계획하는 데 시간을 더 들이는 사람이 있다. 그렇다고 해서 그들이 어떤 상황에서나 늘 같은 관점을 고집한다는 뜻은 아니다.[40] 인간 고유의 여타 심리학적 특성과 더불어 예지력은 엄청난 가소성

plasticity을 가능하게 한다. 가소성은 발달의 초기 단계에서부터 개인 간에 행동의 차이를 일으키는 바탕이 된다. 이제 어떻게 예지력의 발달로 사람들이 서로 다른 기술과 지식, 능력을 추구하게되었는지 살펴보자.

예지력은 잠재력을 열어준다

쉽게 하고 싶은 일이 있다면, 부지런히 하는 법부터 배워야 한다.
— 새뮤얼 존슨Samuel Johnson (1791)

"그는 골프계의 타이거 우즈Tiger Woods, 농구계의 마이클 조던 Michael Jordan 같은 사람입니다." 2015년에 빌 오렐Bill Orrell이 열여섯 된 아들 윌리엄에 대해 한 말이다. "그가 하는 일은 엄청난 집중력과 의지가 필요하죠." 조던처럼 노스캐롤라이나주에서 자라면서 윌리엄은 적어도 매일 한 시간씩 기술을 연마했다. 그리고 마침내 자신의 기대를 훨씬 뛰어넘었다. 2013년에서 2018년까지 그는 36개 부문에서 기록을 세웠고 세계 기록을 깼으며 주니어 올림픽에서 세 번의 금메달을 따고 농구 선수 르브론 제임스LeBron James와 함께 텔레비전 광고에 나왔다. 그의 기술이 뭐냐고? 스포츠 스태킹, 소위 컵 쌓기다. 플라스틱 컵을 정해진 순서대로 최대한 빨리 쌓았다가 해체하는 스포츠다.[41]

전 세계 많은 이들이 아주 다양한 영역에서 비범한 기술을 익혀왔다. 세계 기네스북에는 수만 시간까지는 아니더라도 수천 시간은 공들여야 가능한, 잘 알려지지 않은 업적들이 가득하다. 누구나 원하면 지금까지 아무도 주장한 적 없는 나만의 장기를 키울 수 있다. 네발달리기 100미터 기록은 이토 켄이치가 15.71초 만에 주파한 기록이 있고, 발로 화살을 쏘아 먼 과녁을 맞추는 기술은 브리트니 월시Brittany Walsh가 12미터 거리에서 성공했다. 두 손으로 달리든, 한 발로 달리든, 두 발로 원반을 멀리 던지든 지금부터 연습하면 아직 승산은 있다.[42]

전문 기술을 남들보다 월등한 수준이 되도록 익히려면 큰 비용을 들여 재주를 갈고닦아야 한다. 적어도 연습하는 시간에는 다른 경제활동을 할 수 없을 테니까.*[43] 전문성에 대한 전문가이자 심리학자인 K. 안데르스 에릭슨K. Anders Ericsson은 특정 기술을 숙달하는 데는 "주도면밀한 연습deliberate practice"이 가장 중요한 요인 중 하나라고 오래전부터 주장했다. 그는 실력이 뛰어난 젊은 바이올리니스트들은 실력이 부족한 사람들보다 훨씬 많이 연습했다는 것을 발견했다. 에릭슨이 추정하기로 그들은 불과 스무 살의 나이에 평균 1만 시간 이상의 연습 시간을 달성한다. 매일 한 시간씩 연습해도 10년에 3650시간밖에 안 되는 셈이니 이들이 청춘의 대

---

* 도쿄의 직장인인 이토는 9년 동안이나 네발짐승의 움직임을 연구했다. 그는 파타스원숭이의 민첩한 움직임을 보고 달리기 스타일을 연구한 끝에 2015년에 100미터 네발 달리기에서 세계 기록을 세웠다. 그는 자신이 관리인으로 일하던 건물에서 네발로 바닥을 걸레질하며 이 원숭이 주법을 연습했다.

부분을 이 기술에 바쳤다는 사실은 누구라도 짐작할 수 있다. 이 연구가 바탕이 되어 저널리스트 말콤 글래드웰Malcolm Gladwell은 특정 기술의 전문가가 되는 비법으로 '1만 시간의 법칙'을 제시했다.[44]

이 '법칙'은 저 마법의 시간을 들이기만 하면 누구든 어떤 기술이든 익힐 수 있다는 매력적인 암시에 힘입어 대중문화에 깊이 각인되었다. 우리는 열심히 노력하기만 하면 무엇이든 이룰 수 있다는 낭만적 감상으로 아이들을 격려한다. "할 수 있어"라는 말을 듣는 것은 좋은 일이지만, 뒤집어 생각하면 부족함이나 실패의 책임을 온전히 아이의 어깨에 얹는 셈이다. 뛰어나지 못한 건 더 열심히 연습하지 않았기 때문이니까. "너무 게을렀어"라는 말을 듣는 건 그다지 좋은 일이 아니다. 어쩌면 오래전에 묻어둔 한때의 열정이 생각났을지도 모르겠다. 누구나 집 안 구석 어딘가에 뽀얗게 먼지가 내려앉은 악기나 운동 기구 하나쯤은 있을 테니까.

우리가 실패한 게 정말 단지 게을러서였을까? 연습에 들이는 시간이 중요하다는 이 통념이 사실은 썩 옳지 않다는 걸 알게 되면 조금 위안이 될지도 모르겠다. 많은 이들이 필요한 만큼 연습했음에도 프로 수준에 도달하지 못한다. 반대로 똑같이 뛰어난 실력을 갖추고 있는 사람이라도 연습량은 서로 다른 경우가 많다. 에릭손의 연구를 다시 반복한 결과, 연습 시간이 기술 수준에 미치는 효과는 과거에 알려진 것보다 훨씬 적었다.[45] 체스와 음악 분야의 전문 기술을 다룬 어느 리뷰 논문에 따르면 전문가들 사이에서 나타나는 차이 중에서 연습량의 차이로 설명할 수 있는 부분은 3분의 1 정도였다. 마찬가지로 스포츠에서도 상위 선수들 간의 차이가 어디에서 오는지 살펴본 결과, 연습 시간으로 설명할 수 있는 부분은 고작 18퍼센트였다. 그나마도 최상위 선수들에서는 훨씬 적었다.[46]

그렇다면 아마도 프로 운동선수나 음악의 거장이 되려면 어느 정도는 타고난 재주가 바탕이 되어야 할 것 같다. 그리고 타고난 특성에 따라 무엇을 추구하고 무엇을 추구하지 않을지 판단하는 것은 지적 영역이다. 키가 152센티미터라면 농구공을 내려놓고 대신 자신의 타고난 특징이 단점이 아닌 장점으로 쓰일 수 있는 운동을 찾아야 한다. 물론 모든 역경을 이겨내고 성공한 약자들의 감동 스토리는 언제나 환영받는다. 머그시 보그스Muggsy Bogues는 키가 160센티미터였지만 NBA에서 15년이나 훌륭한 경기를 펼쳤다.

그러나 일단 지금은 최상위 실력과 세계 기록이라는 소수의 영역에서 벗어나 생각해보자. 시야를 조금만 넓히면 예지력은 모든 이에게 일반적인 기술을 보통 수준 정도로 배울 수 있는 잠재력을 열어준 것이 명백해진다. 타자 치기, 운전하기, 왈츠 추기 등은 말할 것도 없고 악기나 스포츠, 게임을 할 수 있는 것과 없는 것의 차이는 일차적으로 연습에서 결정된다. 아무리 평범해 보이는 기술이라도 새로운 능력을 얻는 데 연습은 필수적인 과정이었다.

상상력의 놀라운 힘

누군가 갑자기 심장이 멈추었을 때, 가슴뼈를 반복적으로 압박하는 심폐소생술을 실시하면 일시적으로 몸에 혈액을 순환시킬 수 있다. 현재 권고되는 바에 따르면 전문 의료인이 아닌 사람은 1분에 약 100번씩 가슴을 내리눌러야 한다. 쓰러진 사람의 목과 어깨 옆에 무릎을 꿇고 앉아 손바닥 아랫부분을 가슴 정중앙에 올려놓고 다른 손을 그 위에 올린 다음 팔꿈치는 손 바로 위에서 어깨와 일직선이 되도록 똑바로 세운다. 그다음 상체의 무게로 가슴이 5~6센티미터 정도 들어갈 때까지 아래로 밀면서 누른다. 심근경색이 일어나도 심폐소생술에 대한 기본 지식이 있는 사람이 가까이 있다면 생존할 확률이 더 커진다. 그 사람이 심폐소생술 훈련을 받았고 연습한 적이 있다면 더 좋다. 서른 번 누를 때마다 한 번 멈추고 인공호흡을 하면 희생자가 살아날 가능성이 더 커진다.[47] 심폐소생술은 언제 배워도 이르지 않다. 누군가의 생명이 내 손에 달려 있을지도 모르니까.

무엇을 배우고 연마할지 결정함으로써 인간은 미래에 장착할 능력을 적극적으로 개발할 수 있다. 달걀 요리법이나 읽기와 쓰기 같은 기본적인 기술은 대부분의 사람이 습득하지만 특정 분야의 능력은 같은 문화권 안에서도 개인차가 매우 크다. 그러니 처음 만난 상대가 어떤 능력을 지닌 사람인지 알아보기는 불가능에 가깝다. 절대음감인지, 기계광인지, 축구를 잘하는지, 샐러드드레싱을 후딱 만드는지, 자동차 타이어를 갈 수 있는지, 응급조치에 능숙한지 등등. 사람들의 재능과 성향에는 어느 정도 차이가 있을 수밖에 없지만, 예측이 불가할 정도로 종류와 수준이 다양한 가장 큰 원인은 각자 선택한 기술과 지식을 갈고닦는 데 투자한 시간과 노력에 있다. 인간은 다재다능한 기술 전환 장치로 비유할 수 있는데, 앞으로 무엇이 필요한지에 따라 미래의 능력을 바꾸어 만화경처럼 다양한 능력을 개발할 수 있다.[48]

그렇다면 우리는 미래의 기술과 재주를 스스로 결정할 수 있다는 사실을 언제 처음으로 인지할까? 최근 우리 연구팀은 세 살에서 다섯 살 아이들을 대상으로 한 가지 실험을 했다. 먼저 아이들에게 철사를 다양한 모양에 감아서 고리를 만드는 단순한 운동 기술이 필요한 놀이를 알려주었다. 그런 다음 이 과제 중에서 **한 가지** 모양만 잘 만들면 상을 주겠다고 했다. 아이들에게 연습할 시간을 주었을 때 나중에 실전에 사용할 특정 모양만 반복해서 만드는 행동은 좀 더 나이 많은 아이들에게서만 나타났다.[49]

또 다른 실험에서 우리는 같은 아이들에게 테니스 경기에 나가는 두 사람의 이야기를 들려주었다. 한 사람은 규칙적으로 경기에 참여해왔고, 다른 사람은 경기 경험이 딱 한 번 있었다. 다섯 살짜리 아이들은 경기에 자주 나갔던 선수가 이길 것이라고 인지했고 이유도 설명할 수 있었다. 비슷한 맥락에서 아이들에게 뭔가 잘하고 싶은 게 있으면 어떻게 하겠냐고 물었을 때 연습과 모의 훈련을 언급하는 경향이 있었다. 연습의 이점을 자발적으로 언급한 아이들이 이야기 과제에서도 열심히 연습한 사람이 이길 거라고 지목할 확률이 높았고, 운동 기술 놀이에서도 스스로 열심히 연습했다. 이 정도 나이가 되면 아이들은 의도적인 연습과 기술 습득의 연결고리를 다양한 맥락에서 명확하게 이해한다.[50]

물론 연습에는 단순한 반복 그 이상의 단계가 필요하다. 저글링을 하고 싶다고 해서 공 세 개를 들고 몇 번 던져본 다음 서커스단에 입단할 수는 없다. 운동 기술을 배울 때는 보통 한 동작을 반복하여(공을 한 손에서 다른 손으로 던지는 것 같은) 익숙할 때까지 연습한 후에 다음 동작을 추가한다(공 하나를 한 손으로 던진 다음 그 공이 꼭대기까지 올라갔을 때 다른 공을 다른 손으로 던지기). 마침내 더 복잡한 동작의 순서를 배워서(공 세 개 저글링하기) 몸에 밸 때까지 연습한다.[51] 결국 사람들은 작은 동작의 순서를 조합하거나 재조합하여 새로운 것을 창조한다. 노련한 기타리스트가 몇 개의 기본 코드와 주법을 조합해 무한히 많은 곡을 만들 수 있는 것처럼 서커스의 저글링 곡예사도 같은 방식으로 새로운 동작을 창작할 수 있다.

주도면밀한 학습은 몸으로 하는 일만 목표로 삼지 않는다. 인간은 머릿속에 있는 지식도 의도적으로 향상시킬 수 있다. 심리학자 어빙 비더먼Irving Biederman은 새로운 정보에 대한 열망이 강하다고 하여 인간을 '정보탐식동물infovore'이라고 불렀다.[52] 우리는 신기할 정도로 호기심이 많은 동물이라 새로운 소식을 게걸스럽게 탐한다(독일어로 호기심을 뜻하는 neugierig는 말 그대로 '뉴스에 대한 욕심'을 뜻한다). 우리 연구팀에서 이와 관련한 실험을 진행했다. 먼저 아이들에게 만화 동물 캐릭터가 그려진 빨간색 카드 한 세트와 파란색 카드 한 세트, 총 두 세트를 주었다. 빨간 카드의 뒷면에는 그 동물이 좋아하는 음식이, 파란 카드의 뒷면에는 그 동물이 좋아하는 장난감이 그려져 있었다. 이어서 아이들에게 동물이 좋아하는 장난감(음식이 아니라)을 맞히면 스티커를 받을 수 있다고 알려준 다음, 1분 동안 원하는 대로 아무 카드나 뒤집어 확인할 수 있게 했다. 네 살에서 다섯 살 아이들은 대부분 빨간색, 파란색 카드를 모두 뒤집어 보았지만, 여섯 살에서 일곱 살 아이들은 스티커를 받는 데 필요한 카드에만 집중했다. 아직 어린 나이지만 어떤 정보를 찾고 기억해야 하는지 아는 것 같았다.[53]

물론 사회는 아이들 스스로 알아서 지식과 기술을 형성하게 내버려두지 않는다. 알다시피 어른들은 아이들의 의사와는 상관없이 앞으로 그들에게 필요하다고 생각하는 것을 먼저 가르친다. 여기에는 기술을 향상시키는 방법도 포함된다. "연습은 완벽으로 가는 지름길이다." 교사는 학생에게 시범을 보이고 실수를 바로잡은 후, 다음 단계로 안내한다. 처음에는 학생이 교사의 행동을 그대로 따라 하게 하다가 서서히 원하는 결과를 생산하는 쪽으로 초점을 바꾼다. 그래서 "내 손을 보고 그대로 따라 하렴"에서 "내림라를 친 다음 올림 마를 쳐보렴"이 되는 것이다. 대체로 아이들은 스스로 학습을 계속해나가는데, 많은 문화권에서 여섯 살 무렵에 공교육이 시작되는 것도 이런 이유에서다. 그때에서야 의도적이고 장기적인 연습과 정보 탐색에 필수적인 인지 기초가 마련되기 때문이다. 주도면밀한 연습이란 본질적으로 자신을 가르치는 행위이며 그런 면에서 가르치기와 연습은 동전의 양면이다.[54]

공부와 연습은 당장의 재미와 보람을 줄 수도 있지만 의도적인 학습은 대개 어렵고 좌절감을 주며 자괴감에 빠뜨리기도 한다. 기타를 처음 배우는 사람들은 몇 개월씩 줄을 끊어먹고 손가락이 상처투성이가 된 후에야 겨우 간단한 곡을 연주하게 된다. 어떤 식으로든 지속하려는 동기가 그만두고 싶은 마음보다 커야 한다. '어느 세월에 직접 연주를 하겠나. 차라리 지미 헨드릭스 음반을 듣는 게 낫겠다'라는 당장의 만족감을 향한 충동과 경쟁할 수 있을 만큼 굳건해야 한다.

미래지향적 학습을 우선하려는 동기를 얻으려면 정신적 시간여행이 정서적으로 고양되어야 한다. 꿈에 그리던 상대에게 잘 보이는 상상을 할 때 기분이 좋은 것처럼 기타 솔로를 멋지게 연주하는 장면을 상상하면 기분이 좋아진다(아마 기타를 잘 치는 것이 상대에게 잘 보이는 데도 도움이 될 것이다). 반대로 노력이 허사가 되는 상상은 유쾌하지 않다. 우리를 추동하는 것은 이처럼 간절한 열망과 상상 속 굴욕감이다.[55] 실제로 연구 결과를 보면 사람들은 미래에 일어날 사건의 감정적 중요성을 자주 과장한다. 미래의 성취에서 얻을 행복과 실패로 인한 부정적 결과를 과도하게 부풀린다는 말이다(다음 장에서 더 자세히 살펴보자).

우리의 상상력은 장기적인 목표를 추동하는 힘일뿐 아니라 그 자체로 목표에 도달하는 데 도움이 된다. 실제로 해보지 않아도 머릿속 생각만으로 연습할 수 있다는 점은 인간 정신의 가장 놀라운 특징 중 하나다. 몸으로 동작을 반복 훈련하지 않고 단지 동작을 하는 상상만으로도 효과가 있다는 말이다. 예를 들어 피아노를 실제로 치면서 연습하든 머릿속에서 연주하는 손놀림을 상상만 하든 아무것도 하지 않는 것에 비하면 둘 다 실력 향상에 효과가 있다.[56] 운동하는 사람들도 특정 기술이나 동작을 머릿속에서 반복하면 실제 과정에서 다칠 위험이 훨씬 줄어든다고들 말한다. 스키 점프를 생각해보라.

그러나 널리 알려진 주장과는 달리 단순히 성공하는 장면을 상상한다고 해서, 예를 들어 연단에 올라가 샴페인 터트리는 모습을 계속 떠올린다고 해서 필요한 기술이 향상되지는 않는다. 우리 연구팀에서는 대학생들을 대상으로 실험에서 좋은 점수를 받는 것(결과)과 시험을 위해 열심히 공부하는 것(과정) 가운데 한 가지를 지정해서 상상하게 했다. 과정에 집중한 학생들이 결과에 집중한 이들에 비해 성적이 월등히 향상되었다.[57] 심리학자 가브리엘 외팅겐Gabrielle Oettingen의 연구는 긍정적인 미래에 대한 판타지가 오히려 역효과를 일으킬 수도 있다고 주장한다.[58] 그런 상상에 빠져 있기보다는 차라리 일이 잘못되었거나 장애물이 있을 때 어떻게 해결할지 생각하는 편이 낫다.

반복적인 시험은 필요할 때 정보를 기억해내는 데 도움이 되는 효과적인 방법이다. 덕분에 여기저기서 학생들의 아우성이 난무하는 것이다. 그러나 지식은 다른 형태로도 강화될 수 있다. 예를 들어 많은 양의 정보를 나중에 열어 보기 쉽도록 작은 덩어리로 나누어 외우는 암기술도 그중 한 가지다. 알고 있던 것이라도 써먹어야 할 순간이 오면 머릿속이 백지가 되어 떠오르지 않는 경우가 있는데 그럴 때 이런 접근법이 유용하다. 예를 들어 의료상의 응급상황이 닥치면 ABC 박사DR ABC에게 물으면 된다. 주변의 위험 요소Danger를 확인하고, 환자에게 반응Response을 요청하고, 기도Airway를 확보하고, 호흡Breathing과 혈액순환Circulation에 문제가 없는지 확인한다. 환자가 숨을 쉬지 않거나 심장이 뛰지 않으면 심폐소생술을 시작한다.[59] 환자의 가슴을 얼마나 빠르게 압박해야 하는지 벌써 잊었다면(이 장을 시작하면서 언급한 바 있다) 앞으로 이렇게 기억해보길. 밴드 비지스의 〈살아 있어줘Stayin' Alive〉의 노래에 박자를 맞추는 것이다.[60] "하, 하, 하, 하"라고 반복되는 후렴구는 특히 외우기가 쉽다. 좀 덜 낙관적인 노래를 찾는다면 록 밴드 퀸의 〈또 한 명이 세상을 떠나버렸네Another One Bites the Dust〉도 추천한다.

지금의 나와 미래의 나

우리는 모두 의학, 수공예, 기술, 과학, 교육 분야에서 다른 전문가들이 생산한 지식과 기술의 혜택을 본다. 우리는 조종사가 이착륙법을 잘 안다고 믿기에 안심하고 비행기를 탄다. 목공에게는 의자를 만들어달라고, 제빵사에게는 빵을 구워달라고, 교사에게는 가르쳐달라고 요청할 수 있다. 인간이라는 종은 다른 어떤 동물보다 폭넓게 여러 가지 전문 기술을 습득해왔다. 그러면서 무수히 많은 환경과 상황에 적응하는 힘을 얻었다. 현생 인류는 열대와 극지, 섬과 산에 정착했고, 앞 장에서 본 것처럼 새로운 세대가 습득하도록 문화적으로 유지된 전문 기술에 절대적으로 의존한다.

하지만 다른 동물들도 연습을 한다. 예를 들어 어린 포유류는 종종 실제 투쟁-도피 반응과 유사한 방식으로 놀이를 한다. 놀면서 실전에 필요한 기술을 세심하게 다듬는 것이다. 이다음에 정말로 목숨을 걸고 투쟁해야 할 순간을 대비해 자연선택이 모의 연습을 한 개체를 선호한다는 사실은 말할 필요도 없다.[61] 인간도 다른 활동을 하면서 얻는 부수적인 효과로 기술이나 재주를 익힐 때가 있다. 아이들이 던지기 게임을 하면서 눈과 손의 협응력을 향상시키는 것도 그러한 경우다. 그러나 다른 동물이 특정 기술을 향상시키려는 의도에서 자발적인 반복 연습으로 동작을 개선한다는 증거는 아직 없다. 결과적으로 동물은 인간처럼 같은 종 안에서 예측할 수 없는 능력의 편차와 다양성을 보여주지 못한다. 오리는 다 거기서 거기인 오리일 뿐이다. 물론 사람이 일반적인 조건 학습을 통해 동물을 길들이고 연습시킬 수는 있다. 강화 훈련과 품종 개량을 통해서 개를 목동견, 경비견, 사냥견, 마약 탐지견으로 변신시킨 것처럼 말이다. 그러나 앞을 내다보고 미래에 필요한 전문성을 염두에 두어 의도적으로 특정 기술을 단련시킨 것은 개가 아닌 사람이다.[62]

예지력은 우리가 미래에 어떤 모습의 자신을 맞이할 것인지 선택할 수 있게 한다. 이런 선택은 어떤 기술과 지식을 습득할지 결정하는 것에서 끝나지 않는다. 우리는 미래의 자신에 관한 여러 측면을 함께 신경 쓴다. 거기에는 말 그대로 다른 이들이 나를 어떻게 볼까도 포함된다. 우리는 필요에 따라 자신이 갖춰야 할 기술을 변경할 뿐 아니라 외형까지 변화시킨다. SF소설에 등장할 법한 다형체처럼 겉으로 보이는 모습을 바꿀 수 있다는 말이다. 많은 사람들이 그날 입을 옷을 고르는 것으로 하루를 준비한다. 거울 속 자신을 보고 매일 정성껏 크림을 바르고 향수를 뿌리고 화장을 하기 때문에 세계적으로 5000억 달러 이상의 화장품 산업이 유지되는 것이다.[63] 또한 좀 더 오래가는 몸의 변화를 위해 교정기를 차거나 주름을 펴고 피어싱과 문신을 한다. 또 머리를 자르고 파마를 하고 흰머리를 뽑는다. 어디 그것뿐인가, 다이어트를 하고 운동을 하고 보충제로 근육을 키운다. 성형수술이 발달하고 가격이 저렴해지면서 가슴을 확대하고 코를 줄이고 귀를 뒤로 고정시키는 사람들도 늘어났다. 사람들은 자기 피부에 좀 더 자신감을 갖고 싶다거나 다른 이들에게 매력적으로 보이고 싶어서, 또는 어쩔 수 없는 노화의 신호를 다만 몇 년이라도 늦춰보려는 욕망 때문에 몸에 손을 댄다.

우리가 세상에 어떻게 보이는지가 아니라, 반대로 세상이 우리에게 어떻게 보이는지를 바꾸는 변화도 있다. 우리는 의도적으로 감각을 개선하고 오류가 있는 몸을 보완한다. 콘택트렌즈와 안경은 더 멀리, 더 또렷하게 보게 해주는 장치다. 달팽이관 이식은 망가진 청각 체계를 우회하여 중요한 신경에 직접 전기 신호를 전달한다. 미래에는 생명공학, 나노기술뿐 아니라 여러 다른 '학문'의 발전 덕분에 몸을 훨씬 더 많이 개조하게 될 것이다. 사이보그네스트CyborgNest라는 영국 기업이 개발한 노스센스NorthSense라는 소형 장치는 북쪽을 향할 때 살짝 진동하는데 이 장치를 가슴 위쪽에 부착하면 착용자는 철새처럼 지구의 자기장에 따라 자신의 공간 위치를 알 수 있게 될 것이다.

외모, 감각, 능력을 바꾸려는 집착의 본질에는 자신의 미래를 상상하는 능력이 있다. 우리는 지금의 나와 미래의 자신을 연결된 존재로 보는 동시에 별개의 대상으로 취급한다.

살면서 무엇을 하고 싶은지 그리고 어떤 유형의 사람이 되고 싶은지를 알아내는 것이 가장 큰 난제일 수도 있다. 심리학자 에이브러햄 매슬로Abraham Maslow는 인간에게는 '자기실현self-actualization' 또는 가능하면 최고의 인간이 되고 싶은 강한 욕구가 있다고 주장한다. 이 개념은 다른 학자들로부터 비판받았는데 이런 주제를 엄격한 과학의 잣대로 연구하기 어렵다는 이유에서다.[64] 결국 자기실현의 개념에는 한 개인이 살아가는 최적의 방식이 있고, 그것을 측정하려면 갈 수 있었지만 가지 않은 모든 길의 결과까지 알아야 하는 불가능한 과정이 필요하다(어쩌면 나도 마침내 유명한 저글링 곡예사가 되었을지도 모르니까). 그럼에도 이 발상은 대중문화에 스며들었다. 아마도 자기계발의 개념이 각자가 타고난 잠재력의 경계 안에서 지극히 보편적인 공감대를 형성하기 때문일 것이다. 우리는 모두 자라서 어떤 모습으로 살고 싶은지 결정해야 한다. 누군가는 아직 그 질문에 답을 내리지 못했고.

앞서 살펴보았듯 아이들의 타임머신은 서서히 완성된다. 사실상 대부분의 아이들이 초등학교에 입학할 무렵이면 기본적인 능력을 획득하지만, 예지력은 아동기 이후까지 계속해서 발달한다.[65] 정신적 시간여행에 차츰 익숙해지면서 아이들은 희망과 기대란 원치 않게 무너질 수 있고 계획과 시도가 늘 결실을 보는 건 아니라는 사실을 깨닫는다. 그래서 만일을 위한 계획을 세우고 차선책을 준비한다. 그러나 미래의 불확실성은 여전히 큰 고통이다. 현대를 사는 우리는 지나치게 많은 가능성과 선택들로 인해 마비될 지경이다. 장폴 사르트르Jean-Paul Sartre의 유명한 말이 있지 않던가. 인간은 "자유로워질 저주를 받았다".[66]

사람들은 과거에 내렸던 선택을 후회하며 돌아본다. 샬리니 고탐Shalini Gautam이 주도한 우리 팀 연구에서 어린아이들에게 두 상자 중 하나를 고르게 하고 그 안에 들어 있는 선물을 준 다음, 사실 다른 상자에는 더 좋은 선물이 있었다는 걸 알려 주었더니 아이들은 자기의 선택을 후회했다. 하지만 후회의 감정은 다른 상자를 선택할 기회가 있었을 때만 나타났고 선택권을 주지 않은 채 다른 상자를 보여주었을 때는 그렇지 않았다. 어른과 마찬가지로 아이들도 자기가 선택하지 않은 결정의 결과를 상상하고 이를 실제 자신이 내린 결정과 비교하며 후회한다.[67] 후회란 몹시 안타까운 감정이긴 하지만 성장 중인 시간여행자에게는 대단히 유익할

수 있다. 과거에서 얻은 교훈으로 미래에 더 나은 결정을 하게 돕기 때문이다.[68]

가상의 타임머신은 우리에게 큰 힘을 주지만 동시에 끊임없이 새로운 도전장을 내민다. 아이들은 무엇을 추구하고 무엇을 우선순위에 놓아야 하는지 결정해야 한다. 우리 대부분은 여러 보편적인 영역에서 실력을 키워나가며, 다소 엉뚱할지라도 어떤 영역에서는 남들보다 뛰어난 역량을 보이기도 한다. 그러나 한 기술의 대가가 되기 위해서는 엄청난 헌신과 노력이 필요하다는 점에서, 한 사람이 모든 영역에서 최고의 경지에 오르길 바랄 수는 없다(많은 분야에서 다재다능한 재주꾼도 드물게 있기는 하지만). 주어진 시간은 한정되어 있고 모든 걸 다 잘할 수는 없는 법이다.

우리는 아이들이 자기의 미래를 전적으로 혼자 결정하게 두지 않는다. 처음에 아이들이 결정할 수 있는 것은 소소한 일이나 당장의 선택에 한정되며, 필수적이고 장기적인 전략은 대체로 어른의 몫이다. 사회는 아이들의 교육을 맡아 앞으로의 삶에서 활용할 기초 역량을 키워줌으로써 이익을 얻는다. 혁신의 사례처럼 부모와 사회 제도, 그리고 마침내 아이들 스스로 계속해서 앞으로 나아가게 하는 것은 미래를 인지하는 힘에서 비롯한다. 우리가 물려받은 문화유산에는 아이들이 핵심적인 정보를 배우고 익힐 수 있도록 세심하게 설계된 교육과정이 포함된다. 그리고 그 내용 자체도 시대의 변화에 따라가기 위해 계속해서 개선된다.

예지력과 문화는 전문적인 기술을 학습할 기회도 제공한다. 전기기사나 간호사가 되려는 사람은 전문 훈련 과정을 이수하고 자격시험을 치러 이 분야의 다른 전문가들이 경험한 어려움을 감당할 준비를 해야 한다. 결국 우리는 많든 적든 우리 사회의 다른 사람들이 습득한 다양한 전문 기술에 의지한다. 일례로 의료진의 노하우와 지식과 기술이 믿음직하게 전달된 덕분에 우리는 수술 중에 마취를 당연히 여기고, 다른 동물은 예외 없이 사라졌을 곳에서도 살아남은 것이다.

동물은 코알라나 쇠똥구리처럼 특수한 환경에 적응한 '전문종 specialist'이거나, 쥐나 비둘기처럼 다양한 서식지에서 살 수 있는 '일반종generalist'이다. 반면에 능력을 바꿀 수 있는 두뇌의 특성 덕분에 인간은 전문종이면서 일반종일 수 있다. 모순된 말이지만 우리는 '일반 전문종generalist specialist'이다.[69] 아이들은 서서히 예지력이라는 일반종의 능력을 획득한다. 이 능력 덕분에 다가오는 도전을 전문적으로 준비할 수 있다. 우리는 대체로 흔한 기술들을 평범한 수준으로 습득하지만, 교육과 훈련을 게을리하지 않으면 다양한 분야의 전문가가 될 수 있다. 문화는 개인의 예지력과 소통함으로써 진화하고, 그렇게 하여 상보적인 기술과 지식이 구성하는 사회를 만들어간다. 그 안에서 공동체는 구성원이 습득한 전문 기술의 혜택을 얻고 서로 끊임없이 협동한다. 인간은 자연선택이라는 '눈먼 시계공'을 통해서만 적응하지 않는다. 우리에게는 앞을 내다보고 자신을 만들어가게 하는 두뇌의 진화가 있었기 때문이다.

4

뇌가 하는 일

인간의 행동은 능동적이고, 과거의 경험은 물론 미래를 형성하는 계획과 설계에 의해서도 결정된다. 인간의 뇌는 이러한 미래의 모델을 창조할 뿐 아니라 자신의 행동을 그 모델에 종속시키는 놀라운 장치임이 분명해졌다.

— 알렉산더 루리아Alexander Luria (1973)

예순두 살의 한 남성이 요양원에서 예기치 않게 세상을 떠났다.
그의 모친은 한 연구팀에 그 시신을 기증했다. 연구팀은 남성의 뇌
를 꺼내 포름알데히드에 담그고 최첨단 자기공명영상MRI 장치로
촬영한 다음, 얇게 잘라(일부는 머리카락 굵기보다 몇 배는 가늘게)
여러 화학물질로 염색하여 유리 슬라이드에 올려놓고 초고해상
도 사진을 찍었다.

　켄트 코크런Kent Cochrane이라는 이름의 이 남성은 서른 살에 오토
바이 사고로 뇌가 심하게 망가졌다. 사고 후 켄트는 자신의 인생
에서 일어났던 사건을 하나도 기억하지 못했다. 직접 개조한 사막
용 자동차를 몰고, 밴드에서 록을 연주하고, 바에서 밤새워 카드
게임을 하던 젊은 시절의 기억이 한 조각도 남아 있지 않았다. 사
고를 당하기 두 해 전 형제의 사망 소식을 들은 순간조차 떠오르
지 않았다. 또한 그는 **내일** 무엇을 할 거냐는 질문에 아무 반응도
보이지 않았다. 한번은 저명한 심리학자 엔델 털빙Endel Tulving이 자

신의 상태를 비유적으로 표현해보라고 했을 때 그는 이렇게 대답했다. "호수 한가운데에서 헤엄치는 것 같아요. 그곳에는 아무것도 떠받쳐주는 것이 없죠."[1] 그는 과거를 잃어버리면서 미래에 대한 통제력도 상실했다.

2020년 3월, 그의 뇌를 낱낱이 분석한 결과 신경과학자들이 오랫동안 짐작해오던 것이 확인되었다. 켄트의 뇌는 손상된 부위가 여러 군데였는데 그중에서도 좌우 반구의 측두엽에 깊이 위치한 **해마**가 거의 망가져버렸다.[2] 앞서 1장에서 보았던 클라이브 웨어링도 해마가 손상되었으나, 웨어링의 경우에는 뇌 손상의 원인은 신경계로 파고들어간 단순포진 바이러스였다. 과학자들은 건강한 뇌의 활동과 켄트 코크런, 클라이브 웨어링과 같은 이들의 뇌를 비교하여 어떻게 1.4킬로그램짜리의 축축하고 물컹거리는 세포 덩어리가 미래를 그려내는지 알아내기 시작했다.[3]

샌드위치 한 조각과 커피 한 잔으로도 돌아가는 인간의 뇌가 사실은 우주에서 가장 복잡한 장치임을 아는가. 이 장치는 수십억 개의 뉴런(전기화학 신호로 통신하는 특수한 세포)이 모여 어지러운 네트워크와 회로를 조직한다. 뇌와 정신의 관계는 오랫동안 모든 철학적 문제 중에서도 가장 난해한 것으로 손꼽혀왔다.[*][4]

---

[*] 르네 데카르트René Descartes의 유명한 정물이원론은 정신과 육체가 서로 별개라는 주장으로, 사람들의 흔한 직관을 반영한 것이다. 많은 이들이 생각과 물질 사이에는 확실한 구분이 있어야 한다는 결론에 도달한다. 인지가 물질에 기반한다는 증거가 아무리 많이 축적되어도 사람들은 발달심리학자 폴 블룸Paul Bloom이 말한 것 같은 '상식적인 이원론자'가 되는 경향이 있다.

그러나 기억상실증의 사례가 충분히 증명해온 것처럼 이 생물학적 장치에 이상이 생기면 정신에 변화를 불러올 수 있다. 인지와 관련된 다른 모든 특성과 마찬가지로 우리의 기억과 예지력 역시 물질의 작용에서 비롯한 것으로 보인다. 신경계의 세포가 몸의 나머지 및 우리 주변의 세상과 함께하는 상호작용을 통해서 말이다.[5]

과거 신경과학 및 심리학 연구자들은 뇌를 단순한 반응 기관으로 취급해왔다. 가령 이런 식이다. 우리 앞에 물체가 나타나면 그것의 이미지가 눈으로 투사되고 그것이 내는 소리가 귀로 들어가면서 신호가 발생한다. 그 신호가 뇌까지 타고 올라가 단계별로 처리된 결과, 감각지각이 생성되면 그제서야 이 정보는 반응을 보내는 데 사용된다. 그러나 최근 몇 년 사이에 이 오래된 모델은 완전히 뒤집어졌다.

이제 뇌는 과거에 생각했던 것보다 훨씬 더 주도적인 역할을 한다는 사실이 밝혀졌다. 작업을 처리하는 과정에 끊임없이 예측을 생성하는 것이다. 이는 시간상의 현재 위치와 상관없이 일어나며, 모순적으로 들릴지 모르겠지만 현재를 인지하는 것까지도 포함된다. 뇌에서 감각기관이 입력한 신호를 처리하고 그 신호에 어떻게 반응할지 결정하기까지는 최소한의 시간이 걸린다.[6] 하지만 만약 입력된 감각이 완전히 처리되길 기다렸다가 근육에 행동을 명령한다면 우리는 영원히 현재보다 몇 분의 1초 늦은 과거를 살게 된다. 그러나 진화는 느림보에게 관대하지 않다.[7] 뱀이 머리를 쳐들었다는 걸 알아채기도 전에 발목을 물릴 테니까.

　뇌는 현재를 살기 위해 계속해서 다음을 예측해야 한다. 아주 간단해 보이는 동작에도 대단히 정교한 예측 과정이 필요하다. 가볍게 던진 테니스공을 받는 일은 별다른 노력이 필요하지 않을 것 같지만 상대가 던진 공이 나를 향해 날아올 때 재빨리 정확한 궤도를 예측해서 정확한 순간에 정확한 장소로 손이 찾아가게 해야 한다.[8] 이 장에서 살펴보겠지만 최근 신경학계에서는 뇌의 예측 활동이 그저 조금 특별한 인지적 특징 정도가 아니라는 의견에 힘을 싣고 있다. 그보다는 신경의 작업 절차로서 신경계를 작동시키는 핵심적인 기능으로 부상하고 있다.[9] 예측은 지각과 동작의 협응에 관여할 뿐 아니라 내일과 그 이후를 시뮬레이션하는 놀라운 뇌의 능력을 분명히 보여준다.

인간의 뇌는 뛰어난 추리꾼

　제일 좋아하는 밴드의 콘서트를 보고 있다고 상상해보자. 당신은 색색의 조명이 번쩍거리고 시끌벅적한 콘서트장 뒤쪽 어딘가에 갇혀 눈앞의 머리들이 단체로 까딱거리는 와중에 무대에서 무슨 일이 일어나는지 알아내려는 중이다. '지금 솔로를 연주하는 기타리스트가 누구지?' '저 드러머는 밴드의 원 멤버인가, 아니면 객원 드러머가 와서 치고 있나?' 사람들 틈바구니로 야금야금 무대가 보일 때마다 조금씩 정보를 얻고 그것들을 하나로 종합하여 결국 보이는 게 거의 없는 상황에서도 무대에서 공연이 어떻게 진행되는지 알 수 있다. 당신의 뇌는 뛰어난 추리꾼이니까. 뇌는 주변에서 일어나는 일을 머릿속에 그린다.

우리는 카페에서 커피를 마시는 일상적인 활동 중에도 끊임없이 모호함의 폭격을 받는다. **바깥세상**에서는 많은 일들이 벌어지고 있으나 두개골의 고요한 어둠 속에 아늑하게 자리 잡은 뇌는 거기에 직접 접근할 방법이 없다. 대신 눈, 귀, 코의 감각기관이 받아들인 데이터를 단서로 추정해야 한다. 하지만 입력된 감각이 다르게 해석될 때 문제가 발생한다. 컵받침 같은 평평하고 둥근 물체를 옆에서 보았을 때 망막은 이를 얇은 직선으로만 감지한다. 주변의 다른 단서가 없으면 이 직선은 얇은 책이 될 수도, 액자의 가장자리나 스마트폰의 옆면이 될 수도 있다. 그러나 대체로 뇌에는 현재 상황을 파악할 수 있는 약간의 정황 증거가 주어진다. 즉, 당신은 지금 카페에 있고, 커피 향이 진하게 풍기고, 방금 바리스타가 이 물체를 탁자 위에 올려놓았다.

19세기 선구적인 생리학자이자 물리학자인 헤르만 폰 헬름홀츠Hermann von Helmholtz는 아주 단순한 지각 행위에도 주변에서 일어나는 일에 대해 학습된 추측이 동원된다는 개념을 맨 처음 구체적으로 밝혔다.[10] 헬름홀츠는 지각을 추론의 과정이라고 보았다. 뇌는 감각기관을 통해 세상의 실제 현실을 수동적으로 전달받는 기관이 아니기 때문이다. 감각계는 인도의 옛이야기에서 앞이 보이지 않는 사람 여럿이 코끼리의 각 부위를 만진 다음 마침내 코끼리의 형태를 알아낼 수 있었던 것처럼 소량의 데이터를 사용해 기타리스트와 드러머, 커피와 컵받침의 존재를 추론한다.

그렇다면 뇌는 외부 환경에서 유입되는 감각 데이터의 원천을 어떻게 이처럼 훌륭히 추측할 수 있을까? 한 가지 흥미로운 가능성은 뇌가 특정 학파의 통계학자처럼 행동한다는 것이다. 장로교 목사 토머스 베이즈Thomas Bayes의 이름에서 따온 베이즈 통계학에서 확률은 특정 사건이 일어날 가능성을 얼마나 강하게 믿는지에 따라 결정된다. 동전을 100번 던졌다고 해보자. 동전은 공정하니까 앞면과 뒷면이 50대 50으로 나올 거라고 믿는다. 그런데 막상 결과를 보니 100번 중에 90번 앞면이 나오는 게 아닌가. 베이즈 추론의 편리한 점은 그 결과를 역으로 적용해 사건의 숨은 동인에 대한 믿음을 수정하고 다음번 예측을 업데이트한다는 것이다. 처음에는 앞면이 나올 가능성을 50이라고 생각했으나 이제는 동전이 어떤 식으로든 조작되었다고 보고 다음번에도 앞쪽이 나올 가능성이 크다는 쪽으로 추론 결과를 바꾸는 것이다. 이와 비슷하게 뇌는 먼저 기본적인 예측을 하고, 새로운 데이터가 들어오면 이 예측이 뒷받침되는지를 확인한 후 그 결과에 따라 다음번 예측을 업데이트한다.[11]

그림 4-1을 보자.[12] 무엇인지 알겠는가? 아마 큰 얼룩이나 그림자처럼 보일 것이다.

이제 책장을 넘겨 다음 페이지에서 사진을 본 다음 다시 이 그림으로 돌아오자.

차이가 느껴지는가? 지각의 변화가 제대로 일어났다면 이제 저

그림 4-1 무엇이 보이는가?

그림은 누가 봐도 얼룩 고양이이지 아까처럼 의미 없는 흑백 얼룩으로 보이지는 않을 것이다. 입력된 감각 자체는 저 그림을 보는 두 번 모두 똑같았으나 그사이에 뇌는 저 그림의 정체에 대한 새로운 증거를 입수했다. 그래서 두 번째 보았을 때는 저 그림을 새로 해석하게 되었고 업데이트된 시각 경험으로 인식한 것이다.[13]

이처럼 지각의 세밀한 조율을 가능하게 하는 가장 중요한 메커니즘이 '오류의 선별적 사용'이다. 뇌는 예측한 내용과 실제 일어난 일의 차이를 이용해 자기가 믿고 있던 사실을 갱신한다. 포도인 줄 알고 입에 넣었는데 올리브였다거나, 길 건너편에 있는 친구를 보고 손을 흔들었는데 알고 보니 모르는 사람인 경험이 있다면

그림 4-2 이 사진을 보고 다시 그림 4-1을 보면, 그 그림이 다르게 보일까?

감각 예측의 오류가 무엇인지 잘 알 것이다. 오류를 깨닫자마자 다음번에 입에 넣는 것은 짭짜름한 맛이고, 길 건너편의 낯선 이는 반가운 미소가 아닌 어리둥절한 얼굴로 쳐다볼 거라고 예상하게 된다. 이런 것들은 눈에 잘 띄는 예이지만 그 외에도 뇌는 우리가 저지르는 미묘한 예측 실수를 꾸준히 처리하면서 감각의 원천에 대한 가설을 수시로 업데이트한다.

감각계가 스스로 예상하지 못했던 정보에 우선순위를 부여한다는 주장에는 다양한 증거가 있다. 예를 들어 인지신경과학자 마르타 개리도Marta Garrido, 제이슨 매팅글리Jason Mattingley와 동료들은 연속된 음조에서 갑자기 특정 음이 벗어날 때처럼 기대한 것과 실제 관찰한 것이 일치하지 않는 순간에 신경 활동의 뚜렷한 스파이크가 발생하며 이는 다른 과제에 집중하고 있을 때도 마찬가지라는 사실을 증명했다.[14] 뇌에서 일어나는 예측 과정에는 컴퓨터가 저장 공간을 아끼고 전송 속도를 높이기 위해 하는 일과 비슷한 면이 있다.[15] 컴퓨터 알고리즘은 먼저 영상 파일의 개별 픽셀 정보를 모두 인코딩하고, 그 이후에는 자원을 터무니없이 낭비하는 대신 지난번 프레임에서 달라진 픽셀의 정보만 새로 인코딩하여 영상 데이터를 압축한다. 뇌 역시 마찬가지다. 예측하지 못한 입력의 처리에만 집중하니 그만큼 효율적일 수밖에 없다.

그렇다면 우리가 무언가 자각한다는 것은 볼 것이라 예상한 것과 실제 눈을 통해 흘러 들어온 정보가 합해진 결과라고 할 수 있다. 그것이 고양이라는 것을 안 이상, 그 얼룩은 영원히 고양이다. 그런 예측의 부호화는 여러 감각 영역에서 보고된 바 있다. 그러나 지각하는 능력은 뇌가 기능하는 방식의 일부일 뿐이다. 여기에 추가로 뇌는 행동을 유도한다.

미래의 지도를 그릴 줄 아는 능력

2016년 3월 19일, 서울 포시즌스 호텔에서 이세돌 기사의 일생일대 대결이 시작되었다. 전 세계 1억 명이 넘는 시청자가 그날의 대국을 지켜보았다. 바둑은 고대 중국에서 기원한 일종의 보드게임으로, 현존하는 가장 복잡한 게임으로 알려졌다. 이세돌은 세계 챔피언이자 시대를 통틀어 최고의 바둑 기사 가운데 한 사람으로 손꼽힌다. 그러나 이번 대국의 상대는 인간이 아니라 컴퓨터 프로그램 '알파고'였다. 알파고는 구글 딥마인드가 제작한 학습 알고리즘이다.

바둑은 커다란 격자판 위의 교차점에 두 선수가 번갈아 가면서 흰 돌과 검은 돌을 두는 방식으로 진행되고, 바둑판이 다 채워지면 누구의 돌이 더 넓은 영역을 차지하는지 계산하여 승자를 결정한다. 규칙은 간단하지만 바둑판에서는 우주에 있는 모든 원자 수보다 더 많은 배열의 조합이 가능하다.[16] 알파고의 알고리즘은 인간 바둑기사의 경기로 훈련하고 이후 자기 자신을 상대로 수백만 번을 경기하면서 학습을 강화한다. 동작과 실행은 긍정적(보상) 또는 부정적(벌칙) 결과를 가져올 수 있다. 강화학습 reinforcement learning을 하는 컴퓨터는 미래의 보상을 최대로 얻기 위해 비슷한 상황에서 가장 긍정적인 결과를 이끌었던 행위를 반복한다. 알파고는 이세돌을 4대 1로 이길 만큼 바둑을 제대로 배웠다. 컴퓨터가 처음으로 세계 챔피언을 이긴 기록이었다. 이세돌 기사는 2019년에 바둑계를 은퇴하면서 이런 식의 학습 프로그램은 "이길 수가 없기 때문"이라고 말했다.[17] 알파고 같은 인공지능 시스템의 강점은 생물학적 두뇌가 수백만 년 동안 개발시킨 논리를 활용한 강력한 학습 방식에서 온다.

동물의 뇌에서 강화학습은 도파민 뉴런이라는 세포의 활성화로 이루어진다. 도파민은 보상과 관련된 '쾌락' 물질 정도로 알려져 있는데, 실제 작동하는 방식은 상황에 따라 미묘한 차이가 있다. 동물의 뇌에서 도파민은 단순히 보상을 전달하는 역할에 머물지 않는다. 도파민 뉴런은 예상했던 것보다 보상을 더 많이 받은 상황에서 더 많이 점화된다(반대로 생각했던 것보다 보상이 적은 상황에서는 덜 점화된다).[18] 보상 예측에 오류가 일어나면 도파민 뉴런은 뇌의 다른 부분에 신호를 전송하는데 이는 우리가 방금 본 감각 예측 오류 신호와 같아서 그에 따라 미세하게 행동을 조정할 수 있다. 만약 새로 출시한 마카다미아 초콜릿을 보고 별 기대 없이 먹었다가 예상외로 맛있었다면 도파민이 엄청나게 쇄도하면서 예상치가 업데이트되고 다음번에는 다른 간식 대신 이 초콜릿을 찾게 된다.

이러한 보상 예측 오류 메커니즘은 동물이 주변 환경을 효율적으로 익히고 소기의 목적을 달성하기 위해 행동을 조정하도록 유도한다. 물론 인간을 비롯한 모든 동물은 단순히 세계를 예측하고 거기에서 배우는 것에 그치지 않는다. 우리에게는 목표가 있다.[19]

앞에서 해마 조직이 정신적 시간여행과 중요한 연관성이 있다는 점을 보았다. 그런데 해마는 공간여행에도 핵심적인 기관이다. 특히 목표 지점을 찾아가는 데 있어서는 더욱 그렇다. 2014년에 존 오키프John O'Keefe, 마이브리트 모세르May-Britt Moser, 에드바르 모세르Edvard Moser는 해마와 그 주위에서 뇌의 GPS로 기능하는 특별한 뉴런을 발견하여 노벨 생리의학상을 받았다.[20] '장소세포place cell'라는 이 뉴런은 동물이 특정 장소에 있을 때만 점화되며, 이름도 그럴듯한 '머리방향세포head direction cell'는 동물의 머리가 어느 방향을 가리키느냐에 따라 점화된다. '경계세포border cell'는 환경에서 특정 거리 및 방향에 경계 부위가 나타날 때면 반응하는 것처럼 보이며, '격자세포grid cell'는 특정 간격으로 점화되어 길 찾기의 기준틀을 생성하고 유지한다. 이런 세포들이 전체적으로 협응하여 점화함으로써 공간상의 위치를 그리는 작은 회로가 형성되는데, 이것이 곧 위치, 거리, 방향을 부호화한 정신적 지도가 된다. 개별 세포가 점화하고 함께 배선되어 생성된 이런 지도야말로 동물이 A에서 B로 가는 길을 한 번도 가 본 적이 없어도 손쉽게 찾을 수 있는 이유다.[21]

공간에 대한 사고는 시간에 대한 사고로 이어진다. 쥐가 미로를 돌아다닐 때 쥐의 위치에 상응하는 해마의 장소세포는 때로 짧고 빠른 주기로 점화한다. 고작 10분의 1초 정도로 지속되는 한 번의 주기에서 장소세포는 현재 위치의 바로 뒤에서 시작해 조금 앞까지의 경로를 추적하는 순서로 활성화된다. 신경과학자 애덤 존슨Adam Johnson과 A. 데이비드 레디시A. David Redish는 여기에서 한걸음 더 나아갔다. 이들은 쥐의 머릿속에서 '정방향 훑기forward sweeping' 방식으로 사전 재생되는 장소의 나열은 쥐의 현재 위치에서 앞쪽으로 더 멀리 확장되며, 심지어 갈림길에서는 두 가지 확실한 목표(갈림길의 한쪽 끝에 있는 딸기와 다른 쪽 끝에 있는 바나나) 사이에서 양쪽을 번갈아 가며 오간다고 기록했다.[22]

심리학자 에드워드 톨먼Edward Tolman은 갈림길에 도달한 쥐가 마치 어느 쪽으로 갈지 고민하는 태도로 양쪽 경로를 번갈아 본다는 것을 이미 1930년대에 알아냈다. 톨먼은 쥐가 두 선택지를 모두 상상하고 있다고 추정했는데 그것이 바로 정신적 시행착오다.[23] 현재 신경과학 연구는 이런 신기한 행동을 해마 세포에서 일어나는 정방향 훑기와 연결한다. 쥐가 두 경로를 번갈아 쳐다볼 때 그것은 단지 길을 탐색한다는 신호만은 아니다. 그런 행동은 쥐가 이미 미로의 배열은 알고 있지만 그날은 음식이 어디에 있는지 모를 때 가장 자주 일어난다. 갈림길의 두 경로 중 한 곳에서 음식이 여러 번 발견되면 쥐의 머리 동작과 장소세포의 정방향 훑기는 서서히 달라지며, 대부분 동시에 변화한다. 쥐가 미로를 여러 차례 돌았는데 음식이 매번 같은 장소에서만 발견된다면 점점 쥐는 갈림길에서 양쪽을 모두 보는 대신 선택할 경로만 쳐다보게 되며, 장소세포는 그 앞만 훑는다. 그리고 음식을 어디에서 찾을지 정확히 알게 되면 그때부터는 선택의 기로에서 양쪽을 보지 않고, 해마에서도 정방향 훑기가 거의 일어나지 않는다.[24]

톨먼과 같은 시기의 학자들은 쥐가 머릿속에서 시행착오를 시행한다는 주장을 받아들이지 않았다. 대부분 확고한 행동주의 심리학자인 그들은 심리학의 과학이 정신 작용처럼 확인할 수 없는 것보다는 관찰할 수 있는 자극과 그에 대한 반응에만 집중해야 한다고 주장했다. 심지어 어느 학자는 "이론적으로야 쥐가 무슨 생각인들 못 하겠는가"라고 비꼬아 말했다.[25] 그러나 레디시와 지금의 신경학자들이 보기에 저 말은 정곡을 제대로 찌른 것이었다. 다음 장에서 동물의 예지력을 직접 다루면서 보겠지만, 이 이야기에는 겉으로 보이는 것보다 더 많은 의미가 있다. 뇌세포를 보는 것만으로 동물의 정신에서 무슨 일이 일어난다고 말할 수 있을까?

연구자들이 인간을 대상으로 이러한 단일세포 기록 연구를 하지 않는 데는 그럴 만한 이유가 있다. 뇌세포의 전기 활성을 측정하려면 살아 있는 상태에서 두개골을 열고 뇌에 전극을 삽입해야 한다. 신경과학자들은 실험동물이 장비를 장착한 채 공간을 돌아다니게 하고 실시간으로 신경 점화 패턴을 측정한다. 이런 방식은 윤리적 딜레마를 일으킬 수밖에 없고 실험을 위해 희생하는 것과 얻게 될 결과를 신중하게 저울질하게 한다. 드물지만 인간의 뇌에서 개별 뉴런의 신호를 직접 측정할 기회가 있는데 이를 통해 동물 연구로는 부족한 부분을 채울 수 있다. 예를 들어 뇌전증 환자의 경우 뇌에 직접 전극을 심어 의식이 있는 상태로 신경세포의 활동을 기록해 발작의 원인을 찾기도 한다.[26] 이 연구 과정에서 인간의 뇌에도 장소세포와 격자세포로 구성된 지도 체계가 있다는 것이 밝혀졌다. 또한 우리에게는 '시간세포time cell'도 있는데, 어떤 경험의 특정한 순간에 점화되는 것으로 보아 시간의 흐름을 추적하는 것 같다.[27]

신경과학자 로드리고 키안 키로가Rodrigo Quian Quiroga의 연구팀은 일련의 독창적인 실험을 통해 인간의 내측 측두엽(해마가 위치한 구역)에는 가령 '에펠탑'이나 '제니퍼 애니스톤'과 같은 구체적인 개념에 반응하는 세포가 존재한다고 증명했다.[28] 아놀드 슈워

제네거' 개념세포는 정장을 입은 전 캘리포니아 주지사의 사진을 보거나 영화 〈터미네이터〉에서 주인공이 가죽 재킷에 선글라스를 쓰고 나오는 장면을 보면서 아놀드 슈워제네거"라는 단어를 들을 때 점화된다. 심지어 그의 얼굴 사진을 떠올릴 때도 이 세포가 점화된다. 이 사실은 과학자들이 피실험자에게 과거에 보았던 것을 기억하라고 요청한 다음 최초의 인코딩과 후속 기억에서 어떤 개별 뉴런이 활성화되는지 관찰하여 알게 되었다.

개념세포는 추상화abstraction의 인코딩이 가능하다는 점에서 중요하다. 이 말은 별개로 입력된 개념을 하나로 묶어낼 수 있다는 뜻이다. 우리는 그가 운동을 하고 있든, 기자회견을 하고 있든, 샷건을 휘두르고 있든 상관없이 모두 같은 슈워제너라는 것을 알 수 있다. 또한 우리는 기억을 어수선하게 늘어놓지 않고도 개략적으로 어떤 개념을 생각할 수 있다. 탈맥락화된decontextualized 신경 코딩은 미래를 상상하는 데 매우 중요한데 이것은 우리가 새로운 맥락에서 결합할 수 있는 요소를 제공하기 때문이다. 아놀드가 출마한다면 그는 어떤 대통령이 될까?

이처럼 감각 신호의 원인을 포착할 뿐 아니라 실행 가능한 행동과 그 결과의 인과관계 지도를 그려내는 내부 모델은 우리에게 아주 큰 혜택이 된다. 인간의 뇌는 외부 현실의 지도, 개념 관계의 지도, 미래의 지도를 그릴 줄 아는 성실한 지도 제작자다.

기억력은 예지력과 연결된다

인지신경과학자 대니얼 샥터Daniel Schacter와 도나 로즈 애디스Donna Rose Addis의 연구팀은 한 실험에서 피실험자들에게 특정 과거를 기억하거나 미래를 상상하도록 요청한 뒤 신경 영상 촬영으로 뇌의 활성도를 조사했다. 마음속에서 미래를 그리는 간단한 방법에는 기억의 재조합이 있다. 지난번 마트에 갔던 때를 떠올리면서 내일 마트에 갈 일을 상상하는 것이다. 그러나 지금까지 살펴본 것처럼 인간은 예지력 덕분에 훨씬 많은 일을 할 수 있다. 인간은 기억 속 요소를 조합하여 전에 경험한 적 없는 사건을 떠올린다. 이 실험에서는 먼저 피실험자에게 그들이 사전 면담에서 말했던 기억의 목록을 제공했다. 가령 작년 어느 바에서 좋아하는 밴드의 공연을 보면서 맥주를 마신 기억, 지난달에 친구 탈리아와 함께 자전거를 타고 쇼핑하러 갔던 기억, 지난주에 팀과 함께 축구 경기를 뛰었던 기억 등. 그런 다음 실험자는 이 이야기의 세부적인 내용을 뒤섞은 다음, 무작위적으로 조합한 몇 가지 요소를 피실험자에게 주고 그것을 바탕으로 미래의 사건을 상상하라고 지시했다. 이를테면 탈리아, 바, 축구. 영상 촬영 기구 안에서 피실험자는 '다음 달에 탈리아와 바에 가서 축구를 볼 것이다'와 같은 경험한 적 없는 미래를 상상했다. 이들의 두뇌 활성을 촬영한 결과, 실제 과거 에피소드를 기억할 때와 동일한 뇌 구역이 활성화되었다.[29] 과거로 가든 미래로 향하든 멘탈 타임머신은 상당 부분 동일한 인지 시스템을 공유한다.[30] 클라이브 웨어링과 켄트 코크런처럼 그 시스템이 망가진 사람들이 양방향 여행 모두에서 고전하는 이유다.

신경 영상 촬영 중에 피실험자들이 정말로 기억을 떠올리고 상상했는지 확인하려면 이들의 구두 보고서에 의존할 수밖에 없는데 이는 검증하기 어려운 부분이다.[31] 그럼에도 이런 접근법은 다수의 일관된 결과로 이어졌다. 그중에는 나이가 들수록 멘탈 타임머신이 과거나 미래 시나리오 속 에피소드의 세부 사항(**언제, 어디에서, 무엇을**)을 덜 생산한다는 사실도 포함된다. 알츠하이머병을 비롯한 치매 환자를 연구한 인지신경과학자 뮈리언 아이리시Muireann Irish 역시 기억 손상과 관련된 뇌의 위축이 미래를 상상하는 능력에도 심각한 손상을 일으킨다는 사실을 입증했다.[32]

유용한 일을 하려면 궁극적으로 뇌의 활동이 행동을 유도해야한다. 어맨다 라이언스Amanda Lyons, 줄리 헨리Julie Henry, 피터 렌델Peter Rendell이 이끄는 우리 연구팀에서는 기억 영역에 신경 손상이 있는 사람들은 미래의 문제를 해결하는 행동에도 장애가 있다는 점을 발견했다. '가상의 일주일'이라는 과제에서 피실험자들은 게임상에서 시간을 보내며 그때그때 주어지는 문제를 다양한 행동으로 해결한다. 어떤 문제는 당장 해결하지 못해도 이후에 해결 수단을 발견하면 그 문제로 다시 돌아갈 때를 대비해 그것을 보관할 기회를 주었다. 예를 들어 집에 고양이 사료가 뚝 떨어진 상황에서 그날 장을 보러 갔다가 우연히 반려동물 사료 코너를 지나가게 하는 것처럼 말이다. 우리는 노인을 비롯해 물질 사용 장애substance use problem가 있는 사람들, 조현병이 있는 사람들이나 뇌졸중을 겪은 사람들이 모두 위에서 언급한 고양이 사료처럼 과거의 문제를 기억했다가 미래를 위해 해결책을 마련해두는 일에 미숙했다는 점을 발견했다.[33] 이런 연구 결과는 예지력이 중증 기억 상실에만 영향을 받는 게 아니라는 것을 알려준다. 기억력의 완만한 쇠퇴도 미래를 상상하고 그에 따라 행동하는 능력의 손상과 연결된다.[34]

시간 속에서 자신을 앞뒤로 투사하려면 당연히 그 대상이 되는 자아가 필요하다. 걸음마쟁이들도 기본적으로 자기가 누구인지 인지한다. 이 아이들도 평소에는 거울로 보지 않으면 볼 수 없는 자기 신체 부위를 거울에서 확인하고 머리카락에 붙은 스티커를 떼어낸다.[35] 침팬지, 고릴라, 오랑우탄 같은 대형 유인원 역시 거울을 통한 이런 식의 자기인식 과제를 반복해서 통과했다. 인간과 진화적으로 가장 가까운 이 종들에게는 적어도 현재 자신이 어떻게 보이는지 예상하는 능력이 있다. 그 말은 자기인식 시각화에 쓰이는 우리 뇌의 요소가 무엇이든 간에 이를 그들과 공유하고 있다는 뜻이다.*[36] 물론 인간의 자기인식에는 거울 속 자신의 상像을 알아보는 것 이상이 관여한다.[37] 우리는 기억과 계획, 포부라는 독

---

* 엠마 콜리어-베이커Emma Collier-Baker와의 연구에서 우리는 소형 유인원(긴팔원숭이와 큰긴팔원숭이)의 다리에 몰래 가루 설탕을 발랐다. 당연히 유인원들은 그것을 보자마자 먹어 치웠다. 하지만 가루 설탕을 이마에 발랐을 때는, 다시 말해 거울로만 볼 수 있는 부위에 발랐을 때는 거울에 비친 모습을 보고도 먹지 않았다. 대신 마치 '다른 유인원'을 찾으려는 듯 거울 뒤를 확인했다. 소형 유인원이 거울 자기인식 과제에 일관되게 실패한다는 사실은 시각적 자기인식을 담당하는 뇌의 메커니즘이 인간과 대형 유인원은 공유하지만 그다음으로 가장 가까운 친척과는 공유되지 않음을 암시한다.

보적인 수집품을 보유하고 있으며, 앞 장에서 보았듯이 미래의 자아를 의도적으로 만들어가는 능력이 있다. 우리는 자신이 좋아하는 것과 싫어하는 것, 태도와 성격, 강점과 약점을 인식할 수 있고, 살면서 이 모든 것들이 어떻게 변해왔으며 앞으로 어떻게 변할지를 숙고할 수 있다.[38]

심리학자 엔델 털빙이 켄트 코크런에 관해 이런 말을 한 적이 있다. "여러 면에서 그는 다른 사람보다 행복할지도 모른다." 이유는? "미래를 걱정할 필요가 없기 때문이다. (…) 그는 죽음을 염려하지 않는다."[39] 예지력이 장착된 우리는 언젠가 죽음이 우리를 옭아매어 종말에 도달하리라는 사실을 외면하기 어렵다. 이런 깨달음은 죽음을 부정하거나, 한 번 사는 세상이라는 쾌락주의에 빠지거나, 신에게서 구원을 찾거나 또는 의연하게 받아들이는 등 사람에 따라 매우 다른 반응으로 이어진다.[40] 자신의 죽음을 깨닫는 것은 인간 고유의 현상이며 인간 활동의 원천이다. 그것은 궁극적으로 가상의 시간과 공간을 돌아다니는 능력에서 왔으며, 포괄적인 서사와 개인의 인생사를 형성한다.

못 말리는 시간여행자

잠시 현재에 관해 명상해보자. 일반적으로 명상은 호흡처럼 지금 순간에 일어나는 단순한 현상에 정신을 집중하는 행위다. 심리학자 루벤 라우코넨Ruben Laukkonen과 헬린 슬래그터Heleen Slagter에 따르면 명상은 예측을 멈추지 않는 정신을 서서히 가라앉히는 과정이다. 고도로 훈련된 전문가들은 깊은 명상 상태에서 무아의 경지에까지 오른다고 보고한다.[41] 그러나 초심자들은 현재의 순간에서 정신이 얼마나 자주 벗어나는지를 깨닫고 놀란다. 이내 생각은 저녁에 뭘 먹을까, 헬스장 멤버십이 조만간 만료될 텐데 등으로 산만해져 고작 몇 분 집중하기도 어렵다. 우리는 못 말리는 시간여행자들이다.

신경 영상 촬영 중에 참가자들에게 아무것도 생각하지 말고 쉬라고 요청했을 때도 마찬가지였다. 쉬는 중에도 과거를 기억하고 미래를 상상하라고 요청했을 때와 동일한 뇌 영역이 활성화되었다. 정신의 시간여행은 너무 근본적이어서, 달리 신경 쓸 게 없을 때 우리는 이 상태를 기본값으로 설정하는 경향이 있다. 뇌가 바깥세계에 집중하지 않고 휴식할 때 가장 활성화되는 뇌의 영역을 '디폴트 모드 네트워크default mode network'라고 한다.[42]

공상이 기본값일 때의 단점은 분명하다. 수업 중에, 독서 중에, 운전 중에 정신이 정처 없이 헤매고 다닌다면 조금 거슬리는 일에서부터(이 책에서 방금 놓친 이 부분을 다시 읽어야 하는 번거로움) 큰 사고(정지 표지판을 놓친다거나)까지 좋지 못한 결과를 초래할 수 있다. 한 연구에서 교통사고로 응급실에 온 사람들을 조사한 결과 '딴생각'을 하다가 사고가 난 경우가 만취 또는 졸음운전으로 인한 사고와 더불어 가장 큰 비율을 차지했다. 한편 인지심리학자 마이클 코벌리스가 《딴생각의 힘》에서 강조한 것처럼 현재라는 틀에서 멀리 벗어나는 탐험은 '창의력 배양기'로써 강력한 영감의 원천이 될 수 있다. 샤워할 때나 산책할 때처럼 어떤 문제를 생각 없이 내려놓았을 때 더 훌륭한 해결책을 얻기도 한다. 실험실에서 진행된 연구에 따르면 새로운 동네로 이사한 뒤 친구를 사귀는 일 같은 다양한 문제를 해결할 때 딴생각이 늘어나는 것은 도움이 될 수 있다.[43]

잡념이 상황에 따라 혹독한 대가를 치르게 하거나 이득을 줄 수 있는 것은 분명하다. 그러나 적어도 우리는 자신이 딴생각에 빠지는 것을 막고 생각의 흐름을 통제하려고 시도한다. 심리학자 폴 셀리Paul Seli의 연구팀은 한 실험에서 피실험자들에게 단순하고 지루한 과제를 주었다. 한 바퀴 도는 데 20초가 걸리는 시곗바늘을 보면서 바늘이 12시 위치에 올 때마다 키보드의 스페이스바를 누르는 것이다. 그러면 약간의 현금을 얻을 수 있다. 단, 바늘이 12시 를 지나고 0.5초 안에 스페이스바를 눌러야 한다. 실험자들은 피 실험자가 과제를 수행하는 중간에 '사고 탐침기'를 끼워 넣었다. 시계를 멈추고 화면에 문제를 띄우면서 피실험자에게 이 과제와 상관없는 것을 생각했는지 질문하는 것이다. 피실험자들의 정신 은 무작위적으로 헤매지 않았다. 시곗바늘이 12시에 가까워질 때 면 딴생각을 덜 하고, 나머지 시간에 딴생각을 더 하는 식으로 미 세하게 조정되었다. 이 발견은 사람들이 딴생각을 하고 있다는 사 실을 스스로 인식할 뿐 아니라 약간은 통제할 수도 있다는 것을 보여준다. 필요할 때는 과제에 집중하고 나머지 15초가량의 자유 시간에는 이런저런 생각과 함께 방황하는 것이다.[44]

정신이 미래로 향하는 때를 스스로 결정하는 것은 메타인지, 즉 생각에 관한 생각의 한 표현이다. 우리는 마음껏 타임머신을 타고 다녀도 된다고 생각되는 시간에 해변이나 휴가에 대해 공상한다. 1장에서의 버스 여행을 생각해보자. 버스가 목적지에 가까워지면 정류장을 놓치지 않기 위해 야자나무와 피나콜라다, 남아 있는 과제에 대한 공상을 서둘러 접는다. 우리가 딴생각에 가하는 이런 통제는 실제 꿈과는 크게 차이가 난다. 꿈에서 우리는 깨어 있으면서 미래를 상상할 때와 비슷한 방식으로 정신적 시나리오를 시뮬레이션한다. 하지만 꿈을 꾸는 중에는 보통 의도적으로 생각하지도, 꿈을 통제하지도 못한다. 물론 자각몽을 꾸는 사람도 있다. 자각몽은 자신이 꿈나라에 있다는 걸 알고 있는 상태를 말한다. 하지만 대부분은 한밤의 환각이 그저 꿈이었다는 것을 잠에서 깨고 난 다음에야 인식한다. 그리고 깨어나자마자 프로이트식으로 내용을 곱씹으며 무슨 의미였는지를 고민한다.

깨어 있는 정신이 공상에 빠지도록 의도적으로 허락하는 능력은 디폴트 모드 네트워크가 뇌의 또 다른 핵심 네트워크인 '전두두정엽 통제 네트워크frontoparietal control network'와 소통하는 방식과 관련이 있다. 이 네트워크는 어려운 문제를 풀고 주의력을 요하며 계속 기억해야 하는 항목이 있어서 스스로 통제하고 노력이 필요한 과제 중에 활성화된다.[45] 임상 인지신경과학자 클레어 오캘러헌Claire O'Callaghan이 주도한 공상에 대한 연구에서 치매가 있는 사람들은 과거와 미래라는 가상 세계에서 생각이 표류하는 대신 주변 세상에서 가하는 자극을 더 많이 생각했다. 이처럼 생각이 좀 더 '자극 위주'로 변화하는 과정은 디폴트 모드 네트워크와 전두두 정엽 통제 네트워크가 얼마나 강하게 연결되었는지, 그 강도의 변화와 연관이 있다.[46]

전두두정엽 통제 네트워크의 중앙 허브는 인간이 진화하면서 빠르게 확장된 전전두피질prefrontal cortex에 위치한다. 전전두피질은 이제 충분히 딴생각을 했으니 계획을 실행할 때가 되었다고 결정한다. 또한 자신의 인지 능력을 숙고하고 장기적인 목표를 추구하기 위해 그와 경쟁하는 다른 요구를 억제하는 실행 제어와도 관련이 있다.[47] 그러나 우리에게 타임머신에 올라탈 때를 결정할 일말의 통제력이 있다고는 해도 그 여행에서 우리가 느끼는 기분까지 제어하기는 어렵다.

멘탈 타임머신의 고급 기능

인간은 현재 사물의 이미지만큼이나 과거 또는 미래의 이미지에 즐거워지기도, 고통스러워지기도 한다.

—바뤼흐 스피노자Baruch Spinoza(1677)

인간의 정신이 단순한 상상만으로 미래에 예상되는 기쁨과 고통의 감정을 끌어낼 수 있다는 것이 얼마나 대단한 능력인지 간과하기 쉽다. 우리는 미래의 사건을 시뮬레이션하면서 촉발되는 감정을 이용해 실제 그 사건이 일어나면 어떤 기분일지를 예측한다.[48] 이런 식으로 멘탈 타임머신의 고급 기능은 감정이라는 오래된 생물학적 시스템에 편승해 주변 세상의 사물, 실체, 사건이 좋은 것인지(그래서 다가가야 하는지), 아니면 나쁜지(그래서 피해야 하는지)를 평가하게 한다.

뇌가 심상mental imagery을 실제 지각된 이미지와 비슷하게 처리한다는 증거는 많다. 다행히도 우리가 그 둘을 혼동하는 일은 거의 없다.[*49] 예를 들어 사람들에게 사과를 보여주었을 때와 사과를 상상하게 할 때 동일한 신경 영역이 비슷한 패턴으로 활성화되었다. 후자의 경우는 자극이 외부가 아닌 내부에서 온다는 차이가 있을 뿐이다.[50] 감정도 마찬가지다. 즐겁거나 무서운 것을 상상하면 실제 눈앞에 자극원이 있을 때와 동일한 생리학적 효과를 불러와 손에 땀이 나고 가슴이 두근거린다. 상상하거나 예견된 감정은 실제 감정만큼이나 강할 수 있다.[51] 독일에서는 '기대하는 기쁨이 가장 큰 기쁨Vorfreude ist die schönste Freude'이라고까지 말한다.

우리 연구팀에서는 사람들에게 감정을 자극하는 미래의 사건을 상상하게 하는 것만으로 이들이 현재의 만족을 스스로 지연

---

* 흥미롭게도 어떤 사람들은 전혀 심상을 떠올리지 못한다. 예를 들어 사과, 자동차, 집을 머릿속에서 전혀 그리지 못하는 것이다. 이처럼 심상을 그리지 못하는 증상을 아판타시아aphantasia(무상상)이라고 한다. 그러나 이들도 심상의 강도를 나타내는 정규분포 곡선의 맨 끄트머리를 차지하고 있을 뿐이다. 심상을 떠올리는 데 어려움을 겪는 사람들은 당연히 미래를 상상할 때도 생생한 감각적 세부 내용이 부족하다.

하게 만들 수 있다는 사실을 발견했다.[52] 참가자들은 당장 또는 조금 나중에 받을 수 있는 보상 중에 결정해야 했다. '지금 10달러? 아니면 한 달 후에 15달러?' 단, 결정을 내리기 전에 우리는 이들에게 보상을 미룰 경우 생일파티나 병에 걸리는 등 보상을 받을 시기에 일어날지도 모르는 감정적인 사건을 상상하게 했다. 그 내용이 긍정적이든 부정적이든 사람들은 미래를 상상할 때 지연된 보상을 선택할 가능성이 더 컸다. 뇌 영상 실험으로 보았더니 이렇게 지연된 보상으로 선택을 바꾸는 것은 감정 평가emotional evaluation와 관련된 전전두피질 영역과 해마의 연결성에 연관되었다.[53] 이런 발견은 미래에 받을 보상의 영향력을 생생하게 예상함으로써 뇌가 더 훌륭한 가치에 보상을 주고, 미래를 고려하지 않는 타고난 성향을 상쇄할 수 있다는 점을 시사한다.

그렇지만 예상되는 감정이 미래에 실제로 느끼게 될 감정을 늘 정확하게 예측하는 것은 아니다. 사회심리학자 대니얼 길버트Daniel Gilbert와 동료들은 멘탈 타임머신이 감정적 편견을 비롯해 어떻게 우리를 잘못된 길로 이끌 수 있는지를 수년 동안 추적했다. 먼저 인간은 어떤 사건에 대한 자신의 감정적 반응이 실제보다 더 오래 지속될 것으로 예상하는 경향이 있다.[54] 예를 들어 사람들은 내기에서 돈을 따거나 근사한 저녁을 먹으러 나갔을 때 기대했던 것보다 감정의 강도가 약했고, 특히 좋은 기분은 예상보다 빨리 사라진다고 말한다. 찰스 다윈이 부러움에 관해 쓴 구절을 보면 그는 바로 이런 특이한 감정을 이해했던 것 같다. "다른 사람이 가진 것을 탐내는 마음은 아마 이름을 댈 수 있는 그 어떤 것보다 오래 지속되는 욕망일 것이다. 하지만 바라던 것을 실제로 소유했을 때 느끼는 만족감도 대개는 그 욕망보다 강도가 약하다."[55]

부정적인 감정에 대한 이런 편향이 존재하는 이유는 인생에 닥친 역경에 자신이 얼마나 잘 대처할 수 있는지 제대로 판단하지 못하기 때문이다. 예를 들어 연애 중인 사람에게 만약 이 관계가 끝난다면 어떤 기분일지 점수를 매기라고 했을 때 사람들은 실제 헤어졌을 때의 감정보다 더 나쁘게 예측했다. 하지만 실제로 연인과 결별하면 뇌에서 발동하는 스토리텔링 메커니즘이 우리를 정상으로 돌아가게 한다. '어차피 우리는 서로 맞지 않았어.' '세상에 널린 게 남자이고 여자인데 뭐.'[56] 인간은 특히 자신에게 스토리를 들려주는 능력이 탁월하다. 지금 상황이 그렇게까지 최악은 아니라고 (또는 왜 자신이 내내 옳았는지) 쉽게 정당화할 수 있다는 뜻이다.

실제보다 결과를 더 나쁘게 또는 좋게 예상하는 것에는 궁극적으로 유리한 면이 있다. 우리 연구팀의 공동연구자 비욘 밀로얀 Beyon Miloyan이 지적했듯이 이런 성향은 사람들이 눈앞의 걱정에서 벗어나 나쁜 일을 피하거나 좋은 일을 성취하는 데 집중하게 한다.[57] 앞에서 설명한 주도면밀한 연습을 생각해보자. 앞 장에서 보았듯이 세상에는 자신에게 주어진 시간에 힘들게 피아노 연습을 하는 것보다 당장의 즐거움을 주는 일이 훨씬 더 많이 있다. 그러나 숙련된 피아니스트가 되고 싶다면 첫 콘서트를 마치고 청중의 박수를 받으며 무대 앞으로 나와 인사하는 순간의 충만한 자신감을 상상하는 것이 동기 부여에 도움이 될 것이다.

어떤 사건, 예컨대 팔다리를 잃는 것이 얼마나 끔찍할지 과장해서 생각하는 행동의 진화적 논리 역시 명확하다. 그런 악몽이 일어나지 않게 하려고 최선을 다할 테니까. 우리 팀의 연구 결과에 따르면 부정적인 감정을 강조하여 예상하는 편향은 어릴 때부터 시작된다. 심지어 네 살짜리들도 간단한 게임에서 지는 것이 얼마나 기분 나쁠지 과장하여 말했다.[58] 적이 성문 앞까지 쳐들어오거나 집에 불이 나는 것 같은 좋지 않은 일을 대비할 때 감정을 과장하는 성향은 강력한 동기 부여 요소가 될 수 있다. 다만 이것은 양날의 검이 되어 많은 이들이 실제로 일어나지도 않을 일을 걱정하며 살아가게 한다. 로마의 스토아학파 철학자 세네카Seneca는 2000년 전에 이렇게 말했다. "예지력. 인류에게 주어진 이 가장 커다란 축복은 저주로 바뀌었다. (…) 기억은 지나간 두려움의 격통을 불러오지만, 예지력은 채 익지도 않은 것을 가져오기 때문이다."[59]

휴대전화를 보았더니 가족한테서 십수 통의 전화가 와 있을 때처럼 주변에서 일어난 일이 끔찍한 추측을 불러올 때가 있다. 또는 단지 딴생각에 빠져 있다가 무서운 지점까지 이르기도 한다. 알찬 하루를 보내고 집에 와 무사히 침대에 누워 있다가도 우리 뇌는 뜬금없이 문젯거리들을 소환한다. 통장 잔고를 따져보기도 하고, 해외에 나가 있는 사랑하는 이를 염려하며, 내일 회의 때 질문에 제대로 답하지 못해 당황하는 상황 등을 걱정한다. 이때 본능과 상상은 함께 엮인다. 뇌의 공포 체계는 시뮬레이션된 현실에 반응해 부정적 예측이 불러오는 감정의 힘으로 원래 머릿속을 차지한 다른 생각을 극복하게 한다. 인간의 뇌는 마치 화재경보기처럼 지나치다 싶게 경계하도록 배선되었다. '나중에 후회하는 것보다 지금 과하게 조심하는 것이 낫다'를 추구하게끔 설계된 덕분에 문이 세게 닫히는 소리만 들어도 소스라치게 놀라고, 뱀의 형상을 보면 기함하는 것이다. 이는 또한 왜 우리 뇌가 위험의 소지를 여러 가지로 시뮬레이션하는지 설명한다.[60]

정신의 공간여행

1943년에 출간된, 선견지명이 돋보이는 책《설명의 본질The Nature of Explanation》에서 철학자이자 심리학자인 케네스 크레이크Kenneth Craik는 시나리오 작성 중인 정신이 미래에 일어날 다수의 가능성을 다루는 방식을 설명했다. "유기체가 외부 현실, 그리고 가능한 행동의 '소형 모델'을 머릿속에서 장착하고 있다면 다양한 대안을 준비하고 (…) 닥쳐올 긴급 상황에 대해 더 완전하고 안전하며 자신 있는 방식으로 반응하는 것이 가능할 것이다."[61]

자기 머릿속에서 만든 모델은 언제라도 쉽게 탐험할 수 있다. 지금 독자에게 집에 창문이 몇 개냐고 물으면 전에 세어본 적이 없어도 아마 이 책에서 고개도 들지 않고 대답할 수 있을 것이다. 당장 해보시길. 마음의 눈이 집 안 곳곳을 날아다니며 창문의 개수를 셀 수 있을 테니까. 이것이 정신의 공간여행이다. 이 능력으로 시간을 역행하여 예전에 꽃병을 떨어뜨린 적이 있는 곳으로 돌아가거나 소화기를 둔 장소를 찾아볼 수도 있다. 행위와 결과를 반복적으로 상상하여, 말하자면 긴급 상황에서 어떻게 대응할지 그려봄으로써 우리는 좀 더 준비될 수 있다. 그런 다음 그 시나리오가 현실이 되면 우리는 이미 앞으로 일어날 일을 완전히 파악한 상태이므로 무엇을 해야 할지 준비된 상태로 현실을 맞이하게 된다.

인지신경과학자 롤랑 브누아Roland Benoit의 실험에 따르면, 엘리베이터처럼 지루하고 감정을 드러내기 힘든 상황에서 좋아하는 사람 또는 싫어하는 사람과의 소통을 상상하는 것만으로도 참가자들은 그 장소를 좋아하거나 싫어하게 되었다. 상상 속 사람으로부터 상상 속 장소로의 가치 전달은 감정과 가치를 통합하는 전전두피질 영역의 활성화로 인해 이루어진다.[62] 또 하나의 최근 실험에서 피실험자들은 특정 음이 들릴 때마다 전기 충격을 받았는데 이후에 자극 없이 그 음을 열다섯 번 상상하는 것만으로도 그 음에 대한 공포가 완화되었다. 이때도 소리에 대한 두려움의 강도가 서서히 변하는 과정에 전전두피질이 관여했다.[63] 심리치료사들도 비슷한 방식을 사용해 사람들이 원치 않는 연상을 잊게 돕는다. 예를 들어 '체계적 둔감법Systematic Desensitization'에서는 거미공포증처럼 특정 공포증이 있는 사람이 거미를 보았을 때 견디게 하는 첫 단계로 거미를 의도적으로 상상하게 한다.

온전히 머릿속으로 학습할 수 있는 이런 능력은 엄청난 잠재력을 열어준다. 불편한 현실의 결과를 직접 경험하지 않고도 적응하게 만들기 때문이다. 상상을 통해서라면, 실제로 시도했다가는 죽을지도 모르는 일들에서도 교훈을 배울 수 있다. 살얼음판에서 스케이트를 타려고 했다가 얼음이 깨지는 상황을 상상하게 되면 자연스럽게 그 위험을 피하게 된다.*

그러니 급진적 행동주의 심리학자들은 잘못 알고 있는 셈이다. 그들은 관찰할 수 있는 자극과 행동의 관계에만 집중한 나머지 인간이 이토록 강력해질 수 있었던 중요한 이유를 놓치고 말았다.[64] 인간의 뇌는 우리로 하여금 무한히 작거나, 헤아릴 수 없이 크거나, 상상 속에만 존재할 수 있는 모델을 구상하게 한다. 양자물리학자, 천문학자, 소설가를 생각해보라. 손 하나 까딱하지 않고도 우리는 어제를 돌아보고 내일을 생각하며 앞일을 계획할 수 있다.

정신적 시간여행의 신경학적 기초에 관해서는 아직 밝혀내지 못한 부분이 많이 있다. 신경 촬영 연구에서 포착한 신호들을 어떻게 해석할지, 단일세포의 작용에 관해 알아낸 사실을 뇌의 특정 구역, 또는 뇌의 전체 네트워크와 어떻게 연결할지, 특히 물질의

---

* 죽을지도 모르는 사건에 대한 생각에는 희한한 매력이 있다. 절벽의 바위에서 한 발짝만 더 나가거나 운전대를 살짝만 틀어도 모든 것이 끝날 수 있다고 생각하면 평소 자살 충동을 느끼지 않는 사람도 무의식적으로 그 시나리오의 전개를 상상하게 된다. 프랑스에서는 이런 감각을 "공허의 부름 l'appel du vide"이라고 한다.

활동이 어떻게 몇 분 후에서 몇 년 후까지 미래를 투사하며, 또 어떻게 의식과 사고하는 정신을 만들어냈는지 등의 심오한 질문이 남아 있다.[65]

우리가 이 장을 시작하면서 논의했던 단순한 지각과 학습 행위조차 처음 보았을 때보다 훨씬 밝히기 어려운 과학의 난제임을 알게 되었을 것이다. 우리는 평소 주변 세계를 너무나 매끄럽고 친밀하게 지각하기 때문에 그 과정에서 얼마나 많은 일이 일어나는지 무시하기 쉽다. 유입된 감각 데이터와 세계에 대한 기존 모형 사이에는 매 순간 광대한 연산의 춤사위가 펼쳐진다. 뇌세포의 전기화학을 통해 이 춤을 기록하는 것은 인지신경과학의 큰 도전 과제다.

우리가 손에 넣은 데이터는, 예측이라는 행위를 뇌가 동물계 전체에서 기능하는 방식의 핵심으로 보게 한다. 우리는 뇌가 예측을 통해 미래를 예상할 뿐 아니라 과거에서 배우고 현재를 인지하는 것을 보았다. 뇌는 모형 제작자로서 주변 환경을 잘 알아 동물이 최대로 번성하고 최대한 위험에서 멀어지게 안내한다. 그러나 가능한 미래의 서사를 짜고, 잠재적 사건에 감정적으로 반응하고, 오로지 마음의 눈으로 미래의 가능성을 배우고, 시간 속에서 자의식을 쌓고, 마침내 자신의 필멸을 인식하는 것까지, 우리가 이 장에서 만난 많은 능력은 인간이라는 특별한 종의 뇌가 가진 독자적인 영역이다. 정말 이 지구에서 정신적으로 4차원 세상에 접근할 수 있는 건 인간뿐인 걸까?

다른 동물은 그저 현재에 갇혀 있는가

야생의 짐승은 눈앞에 위험이 보이면 도망치고,
일단 벗어나고 나면 더 이상 걱정하지 않는다. 그
러나 우리는 지나간 일과 다가올 일로 인해 똑같
이 고뇌한다.

— 세네카(65년경)

올드 톰은 오스트레일리아의 에덴이라는 작은 바닷가 마을에서 데이비드슨 가족을 수십 년간 도왔다. 겨울이 시작될 무렵이면 먼 남쪽에서 올라와 데이비드슨 가족의 포경 기지로 가서 투폴드 베이에 수염고래를 몰고 왔다고 일러주었다. 그러면 고래 사냥꾼들은 배를 타고 가서 고래를 잡았다. 피차 윈윈인 관계였다. 데이비드슨 가족은 귀중한 고기와 기름, 뼈를 얻었고 올드 톰과 그의 팀원은 적은 양이지만 진미를 얻었다. 1930년에 올드 톰이 세상을 떠나자 그를 기리는 박물관이 세워졌다. 현재도 그 박물관에는 그의 7미터짜리 뼈대를 전시한다. 살아 있을 때 올드 톰은 6톤짜리 몸을 끌고 나가 데이비드슨의 포경 기지 바깥에서 꼬리를 요동치면 인간들이 노를 저어 나와 톰의 무리가 큰 사냥감을 죽이는 일에 협조하고 그 맛난 혀와 입술을 남겨준다는 사실을 알게 되었다. 고래 사냥꾼들은 올드 톰과 나머지 범고래 무리가 제 몫을 가져갈 때까지 고래 사체를 배에 붙잡아 매두었다.[1]

세네카의 가정처럼 우리는 정말 미래를 생각하는 유일한 종일까? 범고래, 오랑우탄, 까마귀 같은 영리한 동물의 사례를 보면 꼭 그렇지도 않다. 인간은 지구상에서 단연코 가장 똑똑한 동물이지만 그렇다고 뇌가 가장 큰 동물은 아니다. 고래의 뇌는 7킬로그램이 넘는 어마어마한 무게를 자랑하지만 인간의 뇌는 1.4킬로그램 정도에 불과하다. 그러나 고래는 그만큼 몸집도 크기 때문에 뇌의 상대적인 크기를 비교하는 게 더 옳다. 인간의 뇌는 전체 몸무게의 약 2퍼센트를 차지하지만 고래의 뇌는 1퍼센트에도 미치지 못한다. 하지만 상대적인 뇌의 크기에서도 인간을 능가하는 동물이 있다. 어떤 땃쥐는 뇌가 몸무게의 10퍼센트나 된다.

이쪽에서는 대형 포유류에, 저쪽에서는 소형 포유류에 밀리자 연구자들은 세 번째 기준을 제안했다. 이른바 대뇌화 지수 Encephalization Quotient라는 것이다. 포유류는 덩치가 큰 종일수록 뇌도 크지만, 몸집에 비하면 상대적으로 뇌의 크기가 더 작아진다는 사실을 고려한 수치이다. 인간의 우위를 끝끝내 입증하려는 통계적 수작이라고 할지는 몰라도 아무튼 이 틀에서 비로소 인간은 최상위 자리에 우뚝 선다. 우리는 비슷한 크기의 포유류에서 기대

---

* 야생에서 범고래는 이주하는 수염고래를 사냥한다. 수세대 동안 유인 네이션의 타우아족 사람들은 범고래가 고래를 투폴드 베이로 몰고 와서 좌초시킨 덕분에 편하게 사냥했다. 이후 유럽 포경선에 탑승하게 된 타우아족은 경애하는 범고래가 그들이 작살로 잡은 먹잇감의 혀를 즐기게 두었다. 데이비드슨 가족은 이 방법을 받아들여 다른 고래 사냥꾼과 달리 범고래를 내쫓지 않았다. 결국 범고래들은 적극적으로 이 가족을 돕게 되었다.

되는 것보다 7배나 많은 양의 뇌를 보유한다. 돌고래는 인간에 크게 뒤지지 않아 4배가 큰 뇌를 장착했다. 돌고래가 대단히 영리한 동물이라는 사실은 이미 잘 알려진 사실이고, 암살자 고래로 악명 높은 범고래는 실제로 돌고래 중에서도 몸집이 가장 큰 종이다. 아마 돌고래는 인간처럼 앞일을 내다볼 가능성이 가장 큰 비인간 동물일 것이다.[2]

돌고래의 예지력을 물속의 야생 서식지에서 연구하는 건 쉬운 일이 아니지만 연구자들을 기대에 부풀게 하는 모습이 관찰된 적이 있다. 올드 톰처럼 인간과 협력해 사냥하는 능력이 발견된 데다가 범고래 무리가 표류하는 얼음 위에 갇힌 바다표범을 떨어뜨리려고 일부러 파도를 일으키는 장면이 목격된 것이다. 돌고래는 물속에서 공기 방울을 일으켜 물고기 떼를 한곳에 몰아 구체로 만든 다음 돌아가면서 배를 채운다. 또 바다 밑바닥을 뒤질 때면 부리에 해면을 물고 다니는데 날카로운 암석이나 매가오리의 가시에 베이지 않으려는 의도가 분명하다.[3] 범고래가 물고기를 미끼삼아 갈매기를 공격 범위 안으로 유인하는 흥미로운 사례도 있다. 그러나 고래목이 의도적으로 계획한 행동은 무엇이며, 그중 어떤 행동이 유용하게 쓰이는지 구분하기는 어렵다.[4] 그러려면 잘 통제된 연구가 필요하다.

미국 플로리다주 디즈니월드에서 과학자들은 병코돌고래 밥과 토비의 계획성을 실험했다.[5] 먼저 주둥이로 적당히 무거운 고리를 들어 올리는 방법을 보여준 다음, 고리 4개를 상자에 떨어뜨리면

그림 5-1 작살에 맞은 고래를 끌고 가는 고래잡이배와 그 옆을 새끼와 함께 따라가는 올드 톰.

맛있는 물고기를 상품으로 받게 된다는 것을 가르쳤다. 밥과 토비가 이 기술을 완전히 익히고 난 후 실험자들은 난이도를 높였다. 이제 고리는 상품 상자에서 6미터 반경에 흩어져 있어서 발품을 팔아야 했다. 과제에 성공하긴 했지만 필요한 4개의 고리를 모두 한 번에 모아오는 대신 고리와 상자 사이를 여러 번 왔다 갔다 했다. 수십 번의 시도 끝에 실험자들은 고리를 반경 46미터까지 넓히는 데 성공했다. 거리가 길어지자 고리까지 오는 일이 힘들어졌는지 밥과 토비는 이동 거리를 단축하기 위해 슬슬 한 번에 고리 여러 개를 옮기기 시작했다. 하지만 필요한 4개가 아니라 어떨 때는 2개, 3개, 심지어 5개를 모아올 때도 있었다. 수를 세는 일이

익숙하지 않다는 말이다.[6] 그렇긴 해도 한 번에 하나 이상의 고리를 운반하며 적어도 앞을 내다보는 최소한의 능력이 있음을 증명했다.

다른 과제에서 돌고래들은 상자에 고리 한 개만 넣으면 되었는데 대신 상품을 얻으려면 고리를 넣고 그 안에 막대를 꽂아야 했다. 조건이 한 가지 더 있었다. 고리를 넣은 다음 15초 안에 막대를 꽂지 않으면 미닫이문이 튀어나와 문이 닫히고 상자에 접근할 수 없었다. 하지만 그 정도는 식은 죽 먹기라 돌고래들은 제시간에 연결 동작을 완수하는 기술을 빠르게 익혔다. 그러자 이번에 연구자들은 막대를 상자에서 24미터 떨어진 거리에 떨어뜨려놓았다. 밥과 토비는 고리를 장치에 떨어뜨린 다음 잽싸게 헤엄쳐 가서 막대를 회수해왔다. 그러나 계속해서 문이 닫히자 끝내 포기해버렸다. 예지력이 있다면 간단히 해결될 문제다. 먼저 가서 막대부터 찾아 여유 있게 돌아온 **다음**, 막대가 준비된 상태에서 고리를 떨어뜨리고 막대를 꽂으면 될 일이다. 돌고래는 거기까지 생각이 미치지는 못했다. 이들은 준비하지 않았다.

돌고래도 분명 어느 정도까지 계획을 세울 수 있었다. 그러나 여러 번의 시도를 통해 배울 기회가 있었는데도 실수가 계속되는 걸로 보아 예지력이 제한된 것 같다. 앞으로 보겠지만 이런 결과는 동물의 계획성을 연구하는 실험에서 전형적으로 나타난다. 이들이 기본적인 능력을 갖추었다는 증거가 있다. 동물은 그저 생각 없는 자동 로봇이 아니다. 그러나 다른 한편으로 이들의 수행력은 일관적이지 못하고 인간이라면 어린아이에게도 별일 아닌 과제조차 풀지 못할 때가 많다.

다른 동물의 정신적 능력에 대해서는 학계에서도 다소 의견이 충돌된다. 어떤 이들은 동물의 행동에 대한 **풍부한(부풀린)** 해석에 이끌려 복잡한 인지 능력을 기꺼이 부여한다. 반면 어떤 이들은 **깐깐한** 해석을 선호한다.[7] 그리고 많은 이들이 상황에 따라 두 관점 사이에서 오락가락한다. 사람들은 의인화를 쉽게 적용하여 반려동물에게 감정, 기억, 기대 같은 온갖 정신 활동을 투사한다. 그러나 같은 사람이 농장의 가축은 감정도 생각도 없는 동물로 취급하기도 한다.

과학자라고 하여 선입견에 면역이 된 것은 아니므로 자신의 연구에 영향을 주는 어떤 편견도 갖지 않도록 조심해야 한다. 앞일을 예측하는 것처럼 보이는 신통한 동물이 있다는 부풀린 주장이 충격적이고 흥미진진할 수는 있으나 무턱대고 받아들여서는 안 된다. 그런 주장은 철저하게 설계된 연구로 검증해야 하고 독립적으로 실험했을 때 똑같은 결과가 반복되어야 한다. 동물의 계획성에 대해 덥석 결론부터 내리기 전에 그들이 관찰한 행동을 설명할 수 있는 다른 대안들을 체계적으로 제거해나가야 한다. 이제부터 보겠지만 동물은 단순히 과거에 보상받았던 행동을 반복할 수도 있고, 그저 본능에 충실했을 뿐인 행동이 앞일을 살핀 영리한 행동처럼 보일 수도 있다. 이 장에서 우리는 과학이 다른 종들의 예지력에 대해 밝혀온 내용을 살펴볼 것이다.

그림 5-2 오늘을 사는 여우원숭이. 햇살의 온기에 완전히 심취한 것처럼 보인다.

진화적 군비 경쟁

동물은 현재에 집중해서 살아가는 것 같다. 그림 5-2에서 구름 뒤에 나타난 태양의 따뜻한 햇볕을 쬐고 있는 여우원숭이를 보라. 얼마나 오롯이 즐기고 있는가.

그렇다고 해서 이 동물들이 오로지 현재에만 묶여 있다는 뜻은 아니다. 크든 작든 대부분의 종이 빛과 온도와 먹이를 구할 가능성 등 주기적으로 변동하는 자연 패턴에 직면한다. 대장균 같은 미물조차 미래를 준비한다. 사람의 몸속에서 젖당이 풍부한 소화

관을 통과하는 대장균은 이어서 엿당이 풍부한 지역에 도달하기 두어 시간 전에 엿당 소화 유전자를 켠다. 그러나 이런 준비는 다음 순서로 엿당이 나올 거라고 대장균이 예상했기 때문이 아니다. 어쩌다가 이런 순서로 유전자를 활성시킨 대장균 균주가 살아남아 그러지 못한 균주 또는 너무 일찍 혹은 너무 늦게 유전자를 켠 대장균보다 더 많이 번식하게 된 것뿐이다. 만약 장기적으로 이 패턴이 동일하게 유지된다면, 다시 말해 숙주 포유류의 소화관에서 항상 젖당 다음에 엿당이 온다면 자연선택은 마치 대장균이 일부러 머리를 쓴 것처럼 보이는 행동을 유도할 수 있다. 여기에서 기억해야 할 것은 이런 식의 준비성은 적절한 유전적 변이와 순서가 고정된 환경적 조건만 맞으면 얼마든지 진화할 수 있다는 사실이다.[8]

하루 또는 계절의 변화와 같은 장기적인 규칙성에 맞춰 행동하는 생물은 그렇지 않은 생물에 비해 상당한 이점이 있다. 혹독한 겨울철을 대비해 음식을 저장하는 청설모만큼 준비성을 제대로 보여주는 사례도 없다. 청설모가 엄동설한에 먹을 것도 없이 배고픔에 떨고 있을 자신을 상상했다고 우겨도 할 말은 없다. 그러나 이 동물이 그런 이유로 먹이를 저장하는 것은 아니다. 겨울이 뭔지도 모르고 생전 겪어본 적도 없는 어린 청설모도 식량을 모아서 쟁인다. 즉, 청설모가 통찰이 아닌 본능에 따라 행동한다는 뜻이다. 다시 말해 청설모는 겨울이면 먹이가 부족해지는 반복된 역경에 대한 행동적 해결책을 진화시킨 것이다. 이런 식의 적응은 이주하는 동안 먹지 못할 것을 대비해 고래가 몸에 지방을 저장하는 것이나 산불이 지나가면 사용할 수 있도록 오스트레일리아의 나무들이 잔뜩 불거진 나무 덩이줄기 안에 에너지를 저장하는 것과 다를 바가 없다. 그래서 동물은 앞으로 다가올 어둠과 추위를 굳이 떠올리지 않고도 밤과 겨울을 준비할 수 있는 것이다. 이런 행동 뒤의 메커니즘은 평소에는 든든하지만, 상대적으로 융통성이 부족하여 새로운 고난이 닥치면 큰 도움이 되지 못한다.

융통성의 부재는 둥지 밖으로 굴러 나간 알을 본 어미 회색기러기의 반응이 대표적인 예다. 먼저 어미는 두 발로 서서 알을 향해 목을 길게 뻗은 다음 부리 아래쪽으로 조심스럽게 둥지까지 알을 굴려 온다. 그러고 나서 알을 다리 쪽으로 당기면서 천천히 뒷걸음질해 둥지로 향한다. 이때 머리를 양쪽으로 살짝 움직이며 알의 균형을 맞추고 알 무더기에서 다시 굴러 나오지 않게 한다. 당연히 어미 거위의 이런 행동에는 중요한 미래지향적 기능이 있다. 부주의한 실수로 알을 깨뜨려서 자기 유전자를 물려줄 소중한 기회를 놓치는 일이 없게 하려는 것이다. 그렇다고 해서 어미가 마음속에서 '소중한 내 새끼' 하며 알을 굴려 오는 것은 아니다. 어느 장난기 있는 실험자가 자식을 애지중지하는 어미의 주의를 딴데로 돌린 다음 부리 밑에 있던 알을 없애버려도 어미는 개의치 않고 하던 행동을 완수한다. 노벨상 수상자 콘라트 로렌츠Konrad Lorenz와 니콜라스 틴베르헌이 어미 거위 둥지 근처에 알 모양의 다른 물체를 두었을 때도 어미는 똑같은 방식으로 행동했다. 심지어 큐브 모양의 장난감처럼 전혀 알을 닮지 않은 물체조차 정성껏 굴려 왔다.[9] 엄마 거위는 특정 자극에 자동으로 촉발되는 행동 프로그램이 장착된 것처럼 보인다.

어미 새에 농간을 부리는 것이 노벨상 수상자만은 아니다. 뻐꾸기는 다른 새의 둥지에 알을 낳아 탁란하는 새인데 남의 둥지에서 부화한 뻐꾸기 새끼가 보통 제일 먼저 하는 행동이 숙주의 알을 제거하는 것이다. 그 후에 어미 새는 꼼짝없이 먹이를 가져다가 남의 새끼 입에다가 넣어준다. 심지어 새끼가 어미 새보다 몇 배나 커서 둥지 밖으로 튀어나올 지경인데도 말이다. 뻐꾸기 새끼는 그게 누구 입이든 상관없이 둥지에서 입을 크게 벌리고 삐악거리는 붉은 주둥이에 먹이를 넣는 양부모의 고정된 행동 패턴을 악용하는 것이다.

뻐꾸기와 그들의 숙주는 어떤 의미에서 진화적 군비 경쟁 중이다.[10] 잠재적 숙주에게는 탁란한 새끼와 알을 찾아서 내쫓아야 하는 선택압이 있다. 예를 들어 둥지 주변에서 배회하는 뻐꾸기를 발견한 개개비는 현재 둥지를 버릴 가능성이 크다.[11] 반면 어떤 뻐꾸기는 다른 새의 둥지에 알을 낳은 다음 맹금류의 소리를 흉내내는데 그러면 숙주의 주의가 산만해지며 뻐꾸기 새끼가 쫓겨나지 않을 가능성이 크다. 이런 복잡한 행동은 틀림없이 미래지향적이지만 고심하여 계획하지 않아도 일어날 수 있다.

삶은 매 순간 위험천만하다. 위협을 예측하는 동물은 선제 방어를 통해 자신과 새끼가 화를 모면할 기회를 늘릴 수 있다. 땅 위

그림 5-3 오스트레일리아 퀸즐랜드주의 샘슨베일에서 고정된 행동 패턴에 갇혀버린 굴뚝새 암컷(오른쪽)이 부채꼬리뻐꾸기 새끼(왼쪽)에게 먹이를 먹이고 있다.

를 움직이는 그림자가 보이면 새끼 새는 보통 위를 쳐다본다. 머리 위에 날고 있을지도 모르는 맹금류 같은 잠재적 위협을 확인하기 위해서다. 뻐꾸기와 그 숙주, 포식자와 먹잇감은 진화적 군비 경쟁에서 서로 대항하여 위협이나 사냥의 기회를 먼저 감지하도록 진화한다.[*12]

종마다 취약한 포식의 방식이 다르기에 동물들은 각자에게 위험한 위협을 감지하고 대처하는 다양한 방법을 진화시켜왔다. 풀을 뜯는 가젤은 수평선을 훑어보는 경향이 있는데 포식자인 대형 고양잇과 동물의 지상 공격을 발견할 가능성이 커지기 때문이다.

한편 많은 원숭이가 시선을 하늘에 고정하는데, 원숭이는 위에서 덮쳐오는 맹금류의 공격에 취약하기 때문이다. 동물은 자기에게 특별히 위험한 상황에 더 경계한다. 낮에 주로 활동하는 원숭이는 밤에 더 주의하며, 쥐 같은 야행성 동물은 한낮에 더 경계한다. 풀을 뜯는 동물은 개방된 지역에서 특히 경계하지만 큰 무리 안에서는 경계의 강도가 낮아진다. 무리 안에 있으면 잡아먹힐 가능성이 줄고 감시하는 눈도 많아서 포식동물을 탐지할 가능성도 커지기 때문이다.

동물은 포식자나 병을 일으키는 미생물, 또는 먹이나 물 등 필수 자원의 부족이나 산불, 홍수, 폭풍 같은 재난의 위협을 받는다. 사회성이 높은 종에서는 무리 내 충돌이 치명적인 따돌림으로 이어질 수도 있고, 심지어 짝을 찾지 못하는 것도 유전적 가계가 중단된다는 면에서 커다란 위협이다.[13] 위험이 반복된다는 점을 생각하면 종마다 이런 상황을 다루는 고유한 방법이 진화한 것도 놀랍지 않다. 이런 행동이 겉으로는 예지력의 결과로 보일지 모르지만 기본적으로는 본능에 충실한 것에 불과하다.

---

* 사냥에 나선 포식자를 보았을 때, 먹잇감은 전형적으로 다음 세 가지 방식으로 대응한다. 첫째, 눈에 띄지 않게 숨거나 시선을 끌지 않기 위해 꼼짝하지 않는다. 둘째, 뛰든, 날든, 굴을 파고 들어가든, 높은 곳에 올라가든 안전한 곳으로 피해 최대한 빨리 위험에서 벗어난다. 셋째, 전투에 대비하여 방어 태세를 갖춘다. 해변에서 수영을 하고 있는데 갑자기 거대한 등지느러미가 물살을 가르며 다가오고 있다고 상상해보자. 알아서 지나가주길 바라며 그대로 움직이지 않고 있거나, 최대한 빨리 헤엄쳐서 도망치거나, 주먹을 불끈 쥐고 싸울 준비를 하지 않겠는가. 즉 **얼어붙거나 도망치거나 싸운다.**

동물의 연합학습

물론 동물도 고정된 프로그램만 실행하지는 않는다. 동물도 연합학습을 통해 국지적 환경에서의 특정 위협과 기회에 관한 기댓값을 설정한다.[14] 예를 들어 1장에서 보았듯이 이반 파블로프는 자신의 개들이 종소리를 먹이와 연관 짓는다는 것을 알아챘는데 실제로 개들은 특정 신호가 간식 신호라는 것을 알고 침을 흘려 대비한 것이었다.[15] 1960년대에 있었던 또 다른 전형적인 실험에서 연구자들은 개를 두 구획으로 나눠진 우리 안에 넣고 희미한 빛을 짧게 비춘 다음, 둘 중 한 곳의 바닥에 전기가 흐르게 했다. 개는 고통스러운 전기 충격을 피하려고 재빨리 다른 쪽으로 뛰었다. 이윽고 그 개는 조명이 흐려지자마자 옆쪽으로 점프하여 감전을 피했다. 즉 개는 빛이라는 단서를 이용해 불쾌한 상황을 예측하고 그것을 피하는 법을 배운 것이다.[16]

20세기 전반에 걸쳐 행동주의 심리학자들은 대개 쥐나 비둘기 같은 실험 대상의 자생 환경을 제거하고 이 동물이 경험하는 자극과 강화 요소를 통제했다. B. F. 스키너B. F. Skinner는 훗날 자신의 이름으로 알려지게 될 상자 안에서 동물을 연구하여 이 접근 방식을 옹호했다. 스키너 상자 안에서 동물이 특정 방식으로 행동하면, 예컨대 빛이 초록색으로 바뀌었을 때 원판을 쪼면 먹이로 보상받는다. 반면에 다른 행동은 벌을 받는다. 동물은 어떤 상황에서 어떤 행동이 어떤 결과를 일으키는지 쉽게 배운다.**[17] 인간은 이런 능력을 이용해 말이 마장마술에서 일련의 동작을 정확하게 수행하게 하고, 공항에서 개가 마약을 탐지하도록 훈련한다(제2차 세계대전에 비둘기를 유도미사일에 사용하려는 스키너의 발상은 실행되지 못했지만).

이제 우리는 동물이 특정 행동과 보상을 연결할 뿐 아니라 보상의 종류에 특정한 기대치를 부여한다는 것까지 알고 있다. 한 연구에서 꼬리감는원숭이가 실험자에게 조약돌을 건네면 오이를 받을 수 있다는 걸 알게 되었는데, 같은 행동을 한 다른 원숭이가 더 맛있는 포도를 받는 것을 본 이후로 그 과제를 거부했다. 오이로는 충분하지 않았던 것이다. 이 결과를 발표한 논문의 제목은 "원숭이들이 불공정한 거래를 거절하다"였고 이 풍부한 해석은 유명한 밈이 되었다.[18] 그러나 공정성을 들먹이지 않아도 되는 빡빡한 해석도 있다. 원래 원숭이들은 포도가 눈앞에 있을 때는 오이를 거부하는 경향이 있다. 침팬지에게도 비슷한 실험을 한 결과, 실험자가 더 좋은 보상이 있는데도 주지 않는다고 의심하게 되면 꼭 주위에 다른 동물이 존재하지 않아도 거래를 거부했다. 그렇다면 이것은 단순히 다른 개체와의 비교에서 비롯된 불공정에 대한 저항이 아니라 원하는 것을 주지 않는 것에 관한 문제다.[19] 그러나 여전히 이 결과는 영장류가 특정한 종류의 보상을 기대할 수 있으

***

** 체계적인 보상과 처벌의 효과는 대단히 신뢰할 만하다. 가장 심도 있는 학습은 보상을 얻기 위해 얼마나 많은 행동을 취해야 할지 정확히 예상할 수 없을 때 일어난다. 슬롯머신이 중독성이 있는 이유도 돈을 계속 넣는 한 때때로 보상을 받기 때문이다. 전문용어로 이를 '가변비율 강화계획variable ratio reinforcement schedule'이라고 한다.

며 그 기대치는 상황에 따라 빨리 변할 수 있음을 보여준다.[20]

연합학습은 진정한 인과관계를 인식하지 않고도 일어날 수 있다. 고전이 된 한 연구에서 스키너는 비둘기에게 그들의 행동과는 전혀 상관없이 15초마다 한 번씩 먹이를 주었다. 그런데 시간이 지나자 비둘기들은 특정한 행동을 반복하기 시작했다.[21] 한 비둘기는 시계 반대 방향으로 회전했고 다른 비둘기는 머리를 들어 올렸다. 이유는 간단했다. 마침 보상이 주어진 순간에 하고 있던 행동이 강화되면서 다시 그 행동을 시도할 가능성이 커진 것이다. 이는 그 행동이 다음 15초 뒤에 다시 일어나서 강화될 가능성이 더커진다는 측면에서 자기 영속적 과정이다. 이와 비슷하게 사람들도 특정 행위가 보상으로 이어질 때 다음번에 그 행위를 반복하는 경향이 있다. 운동선수 중에는 경기를 시작하기 전에 배지에 키스하거나 부적을 차고 또는 엉뚱한 의식을 치르는 이들이 많은데, 물어보면 특별한 인과적 이유는 없다. 경기 전에 느끼는 압박감 속에서 행운의 여신을 불러오려는 것뿐이다.

따라서 예측과 기대가 연합학습에 필수이기는 하지만 동물이 반드시 인과관계를 인식하는 것은 아니라는 말이다. 동물은 고작 몇 분만 지연돼도 사건 간의 연관성을 잊어버리는 경우가 비일비재하다.[22]

하지만 미래의 보탬이 되는 장기 기억을 지니고 있는 동물이 있기는 하다. 어떤 학자는 이 동물들이 미래의 행동을 안내하기 위해 **무엇**이 **어디**에 있는지는 물론이고 **언제**, **어떤 일**이 일어나는지에 관한 정보까지 저장한다고 주장한다. 비교심리학자 니콜라 클레이턴Nicola Clayton과 동료들은 조류 중에서도 식량을 비축하는 본능이 있는 덤불어치가 먹이를 숨긴 시기에 따라 감춰둔 먹이를 수색하는 방식을 조정한다는 것을 발견했다.[23] 네 시간 전에 숨겨둔 밀웜과 견과가 있다면, 새는 밀웜이 있는 곳으로 간다. 밀웜을 더 좋아하기 때문이다. 반면 5일 전에 숨긴 식량을 찾는다면 같은 조건에서는 밀웜이 아닌 견과를 찾는다. 그즈음이면 밀웜은 이미 상했을 테니까. 덤불어치는 묻어둔 식량의 위치는 물론이고 식량이 먹기 좋은 상태인지 아닌지도 아는 것 같다. 이는 먹이를 숨길 당시의 상황을 다시 떠올렸기 때문일 수도 있지만 반드시 그런 건 아니다. 이 행동 역시 연합학습에 의해 유도될 수 있다. 기억은 시간이 지나면 희미해지는 경향이 있으므로 새들은 숨겨놓은 먹이의 위치가 얼마나 선명하게 기억나는지와 그것을 회수했을 때 얼마나 맛있는지를 연관 짓게 되었는지도 모른다. 가령 밀웜은 기억이 가물거릴 때 찾아가서 먹으면 맛이 없기 때문에, 숨긴 장소에 대한 기억이 선명할 때만 밀웜을 파헤치도록 행동이 강화되었을 수도 있다. 반대로 견과는 숨긴 위치에 대한 기억이 희미할 때 가더라도 매번 같은 품질의 보상을 받을 수 있었을 것이다. 이처럼 간단한 학습으로도 새들의 행동을 설명할 수 있으니 굳이 새들이 머릿속으로 먹이를 은닉한 곳을 방문한다고 가정할 필요는 없다.[24]

　동물의 일화 기억 여부에 관한 논쟁이 과연 마침표를 찍을 수 있을까?[*][25] 동물도 인간이 과거를 기억할 때 떠올리는 회상적 경험을 하는지 어떻게 확인할 수 있을까?[26] 우리 눈으로 확인할 수 있는 것은 동물의 행동밖에 없으니 말이다.

그러나 과거나 미래로의 정신적 시간여행이 뇌와 정신에 연결되어 있으며 또한 예지력은 확실히 조정 가능하다는 사실로 미루어 볼 때, 만약 동물에게 정신적 시간여행의 능력이 있다면 언젠가는 그들의 예지력이 작동하는 순간을 목격할 수 있지 않을까 싶다.[27]

상호배타적 가능성에 대한 이해

앞일을 생각하고 가능성을 비교하는 과정에서 인간은 세상이 동시에 일어날 수 없는 상호배타적 상충관계로 가득하다는 것을 깨닫는다. 우리는 케이크를 먹는 것과 남겨두는 것을 동시에 할 수 없다. 케이크를 먹어버리면 남겨둘 게 없다는 뜻이고 남겨둔다는 건 지금 먹을 수 없다는 뜻이기 때문이다(상하거나 누가 먹어버릴지도 모른다). 3장에서 보았듯이 미래를 위한 현명한 선택의 능력에는 당장의 만족을 미루는 능력뿐 아니라 기다릴 때와 실행할 때

---

[*]   사람의 경우, 반드시 과거로의 멘탈 타임머신을 타야만 언제 어디서 무엇이 일어났는지 알 수 있는 것은 아니다. 예컨대 자신이 태어난 순간이나 역사적 사건처럼 머릿속에서 꼭 다시 경험하지 않아도 과거에 일어난 사건의 정보를 알 수 있는 경우가 많다. 게다가 일화 기억의 상당 부분은 언제, 어디서, 무슨 일이 일어났는지 세부 사실이 정확하지 않은 편이다. "그 일이 2년 전 새해 전야에 일어났던가, 아니면 3년 전이었던가? 그게 우리 집이었어, 아니면 너희 집이었어?"

를 결정하는 능력도 있다. 즉, 다양한 목적과 기회, 위협과 가능성을 다루는 융통성 있는 의사 결정 능력이 그것이다. 다른 동물도 여러 가지 대안을 시뮬레이션할까? 당장의 만족과 지연된 만족을 비교하고 위험과 이익을 저울질하여 그 결과에 따라 행동할까?

분명 어떤 동물은 만족을 지연할 수 있다. 예상되는 먹이가 아주 바람직하고 지연 시간이 아주 짧을 때는 말이다. 비둘기와 쥐는 지연 간격이 몇 초 이내라면 당장의 작은 보상보다 몇 초 뒤의 큰 보상을 선택했다.[28] 원숭이는 몇십 초 정도 더 기다릴 수 있었다.[29] 우리의 가장 가까운 친척인 침팬지는 더 작은 보상을 들고 몇 분을 먹지 않고 기다리다가 더 큰 보상과 교환했다. 또는 손을 뻗어 먹이를 하나도 잡지 않으면 보상이 점점 누적되는 상황에서도 먹이를 몇 분을 기다릴 수 있었다.[30] 하지만 인간처럼 온갖 유형의 잠재적 보상을 며칠, 몇 년, 심지어 평생에 걸쳐 의도적으로 지연한다는 실험적 증거는 없다. 우리는 오직 몇십 년 뒤에야 보상받을 수 있는 기술을 익히기 위해 지금 열심히 일한다. 만일의 경우가 생겼을 때나 은퇴했을 때를 대비해, 또는 둥지의 알을 후손에게 물려주기 위해 오늘의 지출을 삼간다.

수십 년의 헌신적인 관찰에도 불구하고 우리는 여전히 인간과 가장 가까운 동물 친척들의 일상적인 행동에서 선견지명의 분명한 징표라고 할 만한 것을 찾지 못했다. 침팬지 수컷이 암컷 옆에 잠자리를 준비하는 것을 본 제인 구달은 이 수컷이 다음 날 아침 짝짓기 기회를 노린 것이었는지를 고심했다.[31] 이와 비슷하게 침팬지는 근처에 근사한 아침 식사 옵션이 있는 장소에 즐겨 잠자리를 마련한다.[32] 그렇지만 이런 경우에도 미래지향적인 의도가 뒷받침된 것인지 밝히기는 어렵다. 침팬지가 자신이 탐내는 것 옆에 있고 싶어 하는 이유를 미래의 쓸모가 아닌 현재의 욕구로 설명할 수 있기 때문이다. 심지어 수컷 오랑우탄이 특정 방향으로 큰 소리를 내어 다른 오랑우탄들에게 무리의 이동 방향을 알려준다고 주장하는 연구도 있었으나,[33] 여기에도 쉽게 배제할 수 없는 깐깐한 해석이 있다. 오랑우탄은 다른 오랑우탄에게 이동 계획을 전달하려는 의도가 있든 아니든 자기가 향하는 방향과 소리치는 방향을 모두 바라보는 습성이 있다는 것이다.

지난 장에서 보았듯이 내측 측두엽에 있는 세포들은 머릿속 지도처럼 함께 협업하여 포유류가 미래의 긍정적 사건을 가까이하고 부정적 사건은 멀리하게 한다.[34] 심지어 단일세포 촬영 결과에 따르면 설치류의 해마 세포는 쥐가 미로를 통과할 때뿐만 아니라 미로에서 나와 트레드밀을 뛰거나 그저 쉬고 있을 때도 특정한 순서에 따라 점화된다. 이는 쥐가 머릿속에서 과거의 공간 이동을 재생하거나 잠재적 미래의 경로를 준비하는 것임을 시사한다. 토머스와의 공동 연구로 멘탈 타임머신이라는 개념을 세상에 처음 소개하고 인간 진화에서 이 장치의 독특한 역할을 주장한 마이클 코벌리스는 이와 같은 신경과학 연구 결과를 접한 이후로 기존의 견해를 바꾸어 어쩌면 쥐들도 정신적 시간여행을 할 수 있을지 모른다고 생각하게 되었다. 하지만 안타깝게도 이런 신경 패턴이 정신적 경험이나 미래 사건을 예상하는 능력과 연관되었는지는 둘째 치더라도, 이 신경 패턴의 정확한 기능이 무엇인지조차 아직은 명확하지 않다.[35]

설치류 해마에서 각 시퀀스가 재생되는 시간은 전형적으로 몇 분의 1초에 불과하여 시간 속을 아주 빠르게 이동한다. 그러나 인간의 정신적 시간여행은 대개 더 오래 걸린다. 마치 샤워 중에 결승 골을 어떻게 넣을지 상상해보는 것처럼 우리는 과거나 가능한 미래의 장황한 시나리오를 불러와 눈앞에 일어나는 일처럼 머릿속에서 재생할 수 있다.

그렇긴 하지만 갈림길을 맞닥뜨린 설치류의 해마가 왼쪽과 오른쪽 사이를 빠르게 번갈아 점화되어 결국 어느 방향을 선택할지 알려준다는 건 흥미로운 사실이다. 이때 일어나는 일을 다음과 같은 예로 바꿔볼 수 있다. 운전 중 교차로 진입 직전의 애매한 시점에 신호등이 노란불로 바뀌는 상황이라고 해보자. 빨간불로 바뀌기 전에 진입할 수 있을지 쉽게 판단하기가 어려울 것이다. 브레이크를 밟을까, 아니면 그냥 달릴까? 빨리 결정해! 이런 시나리오에서 우리는 **갈피를 못 잡고** 심지어 두 개의 상반된 힘이 양쪽에서 내 행동을 통제하기 위해 경쟁하는 것을 느끼며 브레이크와 액셀러레이터 사이에 둔 오른발을 이러지도 저러지도 못한다. 그리고 나중에 아마도 안도의 한숨과 함께 상호배타적인 이 두 가지 행위를 하나의 사건으로 통합한다("나는 운 좋게 브레이크를 밟았어. 그냥 달렸으면 저 파란 차가 나를 옆에서 들이박았을 거야").

물론 인간은 사건이 일어난 이후뿐만이 아니라 그 순간의 열기가 닥쳐오기 훨씬 전부터 미래의 가능성을 통합할 수 있다. 만약 평소 아주 좋아하던 밴드가 할머니의 여든 살 생신날 밤에 마지막 공연을 한다면, 파티와 공연 중 하나밖에 참석하지 못한다는 걸 잘 알기 때문에 고민한다. 그러나 쥐는 갈라진 미로에서 어느 쪽이 더 좋은지 갈피를 못 잡는 것일 뿐 인간처럼 이 두 가능성이 상호배타적이라는 것을 이해하지는 못한다.

야생에서 베짜기새 종들은 둥지에 두 개의 입구를 만드는 습성이 있는데 조류학자들에 따르면 이는 베짜기새의 고유한 행동으로 "포식자가 한쪽 입구로 침입해 들어오면 거주자는 다른 입구로 나가버린다".[36] 그러나 인간 사냥꾼이라면 한쪽 문 앞에만 진을 치는 대신 이 새가 도망칠 수 있는 모든 잠재적 탈출로 앞에 함정을 설치할 것이다. 인간은 상호배타적인 가능성을 볼 수 있기 때문이다. 즉 대상이 어느 문으로도 나올 수 있다는 것을 알고 있다는 말이다.

1장에서 우리는 Y 자를 거꾸로 세운 관 실험으로 이와 비슷한 능력을 살펴보았다. 당시 우리는 아이들만이 아니라 비인간 영장류도 함께 실험했다. 먼저 침팬지와 오랑우탄에게 수직으로 세운 관을 보여주고 위쪽의 구멍에서 간식을 떨어뜨려 아래쪽에서 관 밖으로 떨어질 때 잡을 수 있게 했다.[37] 몇 번 만에 모든 유인원은 간식이 관의 아래쪽에서 다시 나타날 거라고 쉽게 예상했다. 이 동물들은 출구 밑에 손을 대고 떨어지는 간식을 잡을 수 있었다.

그림 5-4 회색머리집단베짜기새의 둥지. 바닥에 구멍이 두 개 있다.

다음으로 우리는 미래를 조금 예측하기 어렵게 만들었다. 조금 전의 일자형 관을 베짜기새의 둥지처럼 바닥에 두 개의 출구가 있는 갈라진 관으로 대체했다.

기억하겠지만 네 살이 되면 대부분의 아이들이 즉시 그리고 지속해서 양손으로 두 출구를 모두 막아 선물을 확보한다. 반면에 침팬지와 오랑우탄은 이런 간단한 형태의 플랜 B를 보여주지 못했다. 대체로 두 출구 중에서 하나만 막았고 보상도 절반만 받았다. 이후에 여러 번 실험했음에도 이 테스트에 서로 상호배타적인 두 결과가 있다는 걸 이해하지 못하는 것 같았다.

이어지는 연구에서 우리는 이 과제를 새로운 버전으로 변형하여 아이들을 영장류나 원숭이와 비교했다. 한 가지는 갈라진 관

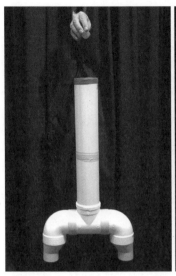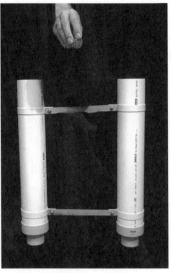

그림 5-5 맨 처음에 시도했던 갈라진 관 과제(왼쪽)와 실험자가 나란히 있는 두 관 중에서 한쪽에 보상을 떨어뜨리는 변형된 과제(오른쪽).

을 투명한 플렉시 글라스로 만들어서 보상이 이동하는 경로가 눈에 보이게 만들었다. 다른 관은 그림 5-5의 오른쪽 사진처럼 두 개의 평행한 관을 두고 실험자가 가운데에서 보상을 들고 있다가 잽싸게 두 관 중 한쪽에 보상을 떨어뜨렸다.[38] 어떤 식으로 변형되든 아이들의 수행 능력은 나이에 따라 점점 개선되었지만 다른 영장류는 나이와 상관없이 한쪽 출구만 덮는 경향성을 보였다. 드물게 몇몇 개체가 양쪽 출구를 다 막았는데 이는 이들에게 과제를 해결할 신체적 역량이 충분하다는 것을 보여준다. 그러나 이들도 곧 원래대로 돌아가 한쪽만 덮었다.[39] 그들의 문제는 마음이나 손이 아니었다. 저 동물들은 실험을 이해하지 못했다.[40]

이 주제로 더 많은 연구가 이루어져야 하겠지만 비인간 동물, 심지어 현재 우리와 가장 가까운 대형 유인원조차 상호배타적 가능성을 예견하고 그에 따라 대비할 수 있다는 결정적 증거는 아직 없다. 이는 동물이 지닌 정신 능력의 근본적인 한계일지도 모른다. 그런 능력이 없이는 만일의 사태를 계획하고, 다른 행동과 비교하고, 자신의 실수를 후회하는 일은 없을 것이다.

동물의 예지력

침팬지가 영리하다는 것은 이견이 없는 사실이고 돌고래처럼 적어도 간단한 방식으로 미래를 생각할 수 있는 것은 분명하다. 우리가 연구하던 침팬지들은 어쩌다가 동물원 우리 밖으로 포도가 떨어지면 재빨리 막대기를 가져와서 그걸로 포도 알을 자기 쪽으로 굴렸다. 때로는 다른 곳에 가서 가지를 꺾어오거나 잎을 떼어내 적당한 도구를 만들어 사용했다. 당장 눈앞에 포도가 없어도 마음의 눈으로 문제를 계속 보고 있었다는 뜻이다.[41] 야생의 자연 서식지에서 침팬지는 돌을 사용해 견과를 깨는 등 여러 도구를 사용한다. 어떨 때는 100미터 이상 떨어진 곳에서 망치로 쓸 만한 돌을 집어온 다음 열매를 따고 그 돌로 껍데기를 부순다.[42]

스웨덴 푸루비크 동물원의 수컷 침팬지 산티노는 아침이면 돌과 콘크리트 조각들을 모아서 잘 쌓아두었다가 동물원에 찾아온 방문객에게 던졌다.[43] 산티노는 아침에 무기를 수집할 때는 차분해 보이다가도 나중에 사람들이 오는 것을 보고 돌멩이를 던질 때는 털이 곤두서며 꽤나 동요된 모습이었다. 뉴스에 나올 법한 이 사례는 산티노가 미래에 맞닥뜨릴 불편한 심기와 뭔가 던지고 싶을 욕망을 예상하고 그에 맞춰 준비하는 것처럼 보인다.

인간에게 이런 정도의 예상은 당연하다. 우리는 변화하는 몸 상태에 주기적으로 대비한다. 예컨대 지금은 목이 마르지 않아도 내일 아침을 위해 오렌지 주스를 산다든지 추워지기 전에 따뜻한 옷을 장만한다. 심리학자 노버트 비숍Norbert Bischof와 도리스 비쇼프쾰러Doris Bischof-Köhler는 이처럼 현재 상태와는 상반된 미래의 동기 상태motivational state를 상상하는 능력이 인간의 예지력을 특별하게 만든다고 주장했다.[44] 물론 먹이를 저장하거나 둥지를 지어 미래의 필요를 준비하는 동물들은 많다. 그러나 그런 행동이 미래에 일어날 상태를 염두에 둔 것은 아닐 것이다. 산티노가 그날 오후 자기의 기분이 언짢아질 것을 예상하여 그때 던지려고 미리 돌을 쌓아두었다면 비쇼프쾰러의 가설과는 맞지 않는다. 그러나 이는 다른 동물원이나 야생에서 관찰된 바 없는 것이고 잘 제어된 연구를 통해 어떤 다른 요인이 이런 희한한 행동을 이끌었는지 확인할 필요가 있다.[45]

현재 우리에게 있는 데이터는 대형 유인원에게 미래의 식욕을 채울 도구를 확보할 수 있게 기회를 제공한 소수의 연구에서 비롯한 것이다.[46] 이런 연구 중에 가장 유명한 것은 세계적 권위의 과

그림 5-6 록햄프턴 동물원의 침팬지 캐시와 홀리는 우리 연구에 많이 참여했다.

학 저널인 《사이언스》에 게재되어 상당한 파문을 일으켰다.[47] 이 연구에서 실험자는 보노보와 오랑우탄을 훈련시켜서 먹이 장치에서 플라스틱 도구를 사용해 포도를 얻게 했다. 그런 다음 유인원들을 훈련장에서 내보내고 남아 있는 도구를 모두 치우고서 한 시간 뒤에 다시 데려왔다. 시도한 횟수 중에서 거의 절반 가까이 유인원은 자기에게 필요한 도구를 들고 나갔다가 다시 돌아와서 장치를 작동하고 간식을 얻었다. 보노보 한 마리와 오랑우탄 한 마리는 심지어 하룻밤이 지나고 나서도 도구를 가지고 돌아왔다.

이 유인원들이 정말 앞일을 내다보고 계획한 것으로 보일 수도 있지만 그들이 선택한 것은 항상 같은 도구였기 때문에 정말로 미래의 상황을 예견한 것인지, 아니면 단순히 그 도구를 보상과 연관 지었기 때문인지는 명확하지 않았다(이는 아이가 자기가 제일 좋아하는 장난감을 늘상 끌어안고 다니는 것과 일면 비슷하다. 그 장난감은 과거의 평안함과 연관되기 때문이다).

동물에게 놀라운 선견지명이 있다는 주장은 그 이후로도 상당한 환호를 받으며 여러 차례 부상했다. 그러나 안타깝게도 더 간결한 다른 설명이 나타나 그러한 풍부한 해석에 의구심을 제기했다. 2017년 《사이언스》에 발표된 또 다른 연구에서는 까마귀가 미래의 사건을 계획한다고 주장했는데, 그 증거는 돌을 주워와서 상자에 떨어뜨리고 보상을 받는 방법을 배운 다섯 마리의 까마귀였다.[48] 이 까마귀들은 주의를 산만하게 하는 여러 물건 중에서도 정확히 돌을 집었는데 몇 분 정도는 물론이고 17시간이나 지난 다음에 상자가 다시 나타났는데도 같은 행동을 보였다. 연구자들은 까마귀가 융통성 있게 앞일을 계획한다고 결론 내렸다.

그러나 이런 결과는 처음에만 그럴듯해 보일 뿐이다. 실험을 시작하기 전에 새들은 이미 여러 번의 시도를 통해 그 돌은 보상을 회수하는 데 사용될 수 있고 다른 물건들은 그렇지 못하다는 것을 배운 상태였다. 그러므로 실험을 시작했을 때 까마귀들은 어떤 미래의 상황을 예상해서가 아니라 그 돌이 높은 가치가 있기 때문에 선택했을 가능성이 있고 실제로도 그랬을 것이다. 그 돌은 이미 먹이와 관련된 도구로 각인되었다. 사실 새들은 보상의 기회가 언제 다시 주어질지 알 길이 전혀 없었다. 17시간이라는 간격은 완전히 임의적이며 새들은 시간을 잴 방법이 없다. 따라서 첫 번째 시도에서 이 까마귀들이 의존한 것은 과거에 배운 연관성이 전부다.[49]

큰까마귀와 다른 까마귓과 새들은 영리하기로 유명하며 특히 앞서 살펴보았듯이 철사로 고리를 만들어 양동이를 들어 올리는 재능을 보여준 뉴칼레도니아까마귀는 실제로 다양한 문제를 해결하는 역량을 보여주었다. 구부러진 잔가지로 나무 틈바구니에서 굼벵이를 찾는 등 가지나 잎으로 도구를 만들어 사용하는 모습이 관찰된 것이다. 비교심리학자 알렉스 테일러Alex Taylor와 러셀 그레이Russell Gray의 연구팀은 이 새의 인지 능력을 광범위하게 조사했다.[50] 동물의 선견지명을 보여준다고 주장하는 연구에 대한 비평을 여러 차례 써온 토머스는 최근에 이들 연구자를 비롯해 과거에 뉴칼레도니아까마귀의 잠재적 계획 능력에 관한 연구에서 부풀린 해석을 내놓았던 니콜라 클레이턴과 함께 팀을 꾸렸다.[51]

실험하기 전에 새들은 세 가지 개별 장치에서 각각 다른 도구(튜브 속에 집어넣는 막대기, 발판에 떨어뜨릴 돌, 먹이가 나오는 장치를 작동하는 고리)를 사용해 음식 얻는 방법을 훈련했다. 그 후 실제 테스트에서 까마귀들에게 각 방에 저 세 장치 중에 어떤 장치가 있는지 간단히 보여주었다. 그런 다음 5분 뒤에 다른 방에서 여러 도구 중에 하나를 고르게 했다. 까마귀들이 도구를 선택하면 또다시 10분을 기다리게 한 다음, 장치가 있는 방으로 들여보냈다. 예를 들어, 까마귀에게 튜브를 보여준다면 이 까마귀는 막대기를 골라야 다음에 돌아왔을 때 보상을 받을 수 있다. 매번 장치가 달라지므로 같은 도구가 어떨 때는 작동하고 어떨 때는 작동하지 않게 된다. 대조군과 비교했을 때 뉴칼레도니아까마귀 네 마리 중 세 마리가 용케도 상황에 맞는 도구를 골랐다. 이러한 결과는 까마귀가 과거에 유용했던 물건을 고를 수 있을 뿐 아니라 더나아가 미래의 특정 사건에 유용할 도구를 선택할 수 있다는 것을 증명했다.

물론 여기에는 많은 질문이 남아 있다. 만약 이들이 도구를 선택하기 전에 먹이 장치를 눈앞에서 제거하거나 파괴하면 새들의행동은 어떻게 달라질 것인가? 장치가 망가진 바람에 이제는 쓸모가 없어진 도구 대신 가치는 덜하지만 당장 얻을 수 있는 먹이를 선택할까? 무엇이 까마귀의 행동을 이끌었고 그 능력의 한계는 어디까지인지 식별하려면 더 많은 연구가 필요하다. 그러나 적어도 이런 긍정적인 발견은 동물의 행동을 부풀려 해석하는 것이전혀 터무니없지는 않다는 가능성을 제기한다.

특히 대형 유인원은 실험 과제가 토큰을 옮기는 것이든, 노를비트는 것이든, 도구를 준비하는 것이든 앞을 내다보는 기본적인능력을 갖추고 있음을 보여준다.[52] 그렇기는 해도 이 동물의 선견지명은 과제가 아주 조금만 더 어려워져도 힘을 잃는 것 같다. 유인원의 행동은 이 장을 시작할 때 만났던 병코돌고래 밥이나 토비

그림 5-7 뉴칼레도니아까마귀 한 마리가 도구를 사용해 실험 장치에서 보상을 얻고 있다.

와 다르지 않다. 이들도 아주 초보적인 수준에서는 계획을 세울 수 있다. 그러나 같은 과제를 여러 번 경험한 다음에도 최적의 선택과는 거리가 먼 행동을 하고, 두 단계짜리 간단한 해결책을 생각해내지 못했다. 따라서 지금까지 살펴본 바 동물의 선견지명은 인간의 능력에 비하면 상당히 제한적이며 심지어 동물의 성공에는 많은 실수가 동반한다.

'정신적 시나리오'와 '연결하려는 욕구'

과제가 좀 더 복잡해질 때 이를 수용하는 능력이 따라 잡지 못하는 패턴은 인간이 지닌 인지 능력의 전형적인 특징으로 여겨지는 다른 영역에서도 발견된다.《간극: 우리를 다른 동물과 구분하는 것의 과학The Gap: The Science of What Separates Us from Other Animals》에서 토머스는 언어와 지능을 비롯해 타인의 생각에 대한 추론, 문화, 도덕 그리고 정신적 시간여행까지, 인간을 나머지 생물과 근본적으로 구분한다고 여겨지는 가장 흔한 요소에 관한 증거를 조사했다.[53] 상세한 분석 끝에 확실히 밝혀진 바, 다양한 생물종, 특히 대형 유인원들은 모든 영역에서 얼마간의 능력이 있었다. 예를 들어 침팬지는 통찰력을 발휘해 문제를 해결하고, 고통받는 다른 침팬지를 위로하고, 심지어 앞에서 보았듯 사회적 전통을 유지한다. 그렇지만 이 데이터에는 인간의 정신을 특별하게 만드는 요소도 함께 들어 있었다.

인간을 특별하게 만드는 요소로 두 가지 특징이 모든 상황에서 계속해서 등장했다. 첫째, **시나리오 속 시나리오 제작**nested scenario building은 대안을 상상하고 그것을 더 큰 서사에 끼워 넣는 능력을 말한다. 이는 앞에서 연극의 은유로 빗대어 설명했던 것인데, 그 자체로 하나의 능력이라기보다 구성 요소들이 상호 간에 어우러지며 나타나는 특성이다. 이런 마음속 연극은 우리로 하여금 현재에서 벗어나 다른 시간에 일어나는 사건을 상상하게 하고, 이는 간접적으로 인간 고유의 소통 형태, 문제해결, 상대방의 마음 읽기부터 문화와 도덕성 등에 큰 역할을 한다. 예를 들어 우리는 상상력을 동원해 다른 사람의 입장이 되어볼 수 있고, 그 사람이 어떻게 느끼고 생각하고 선택의 무게를 가늠할지 시뮬레이션할 수 있다.

두 번째는 정신적 시나리오를 교환하기 위해 우리의 정신을 하나로 **연결하려는 욕구**다. 우리에게는 이해하고 이해받고 싶은 깊은 욕구가 있다. 그리고 무한히 열려 있는 인간의 언어는 기본적으로 내면의 연극을 외부에 퍼뜨리기 위해 진화했다. 우리는 언어를 사용해 자기 경험을 말하고 미래의 계획을 공유하며, 우리가 회상하거나 예상하는 에피소드에 대해 스스로 질문을 던지거나 답을 한다. 또한 자기 이야기를 하고 과거, 미래 그리고 다른 이들이 공유하는 가상의 이야기들로부터 배운다. 이렇게 이야기를 서로 교환해 우리는 더 나은 예측을 하고 자신의 설계에 맞춰 미래를 꾸려나가기 위해 행동을 조정한다. 결국 미래에 관해 알아낼 가장 좋은 방법은 이미 그것을 경험한 사람에게 묻는 것이다. 오스트레일리아인들이 명절을 어떻게 보내는지 알고 싶거나, 여객기 조종사가 구체적으로 어떤 일을 하는지 알고 싶을 때 가공의 시나리오를 상상할 수도 있지만 가장 좋은 방법은 그걸 잘 알고 있는 사람, 예컨대 시드니에 다녀온 사람이나 여객기 조종사와 이야기하는 것이다. 지금껏 확인된 바로는 다른 동물이 그들의 소통 수단을 이용해서 추억을 되짚거나 먼 미래를 위해 집단 차원에서 계획을 공유한다는 증거는 없다.

정신적 시나리오를 구성하고 공유하는 인간의 능력에 남다른 무언가가 있다는 증거는 많다. 그러나 다른 동물의 예지력과 한계를 정확히 판단하려면 더 많은 연구가 이루어져야 한다. 동물은

인간 어린아이처럼 은유적 연극을 무대에 올리는 데 필요한 구성
요소가 부족하거나 또는 다른 방식으로 제한된 것으로 보인다.

머릿속에 사건을 품은 채로 또 다른 정신적 시나리오를 시험해
보려면 무대와 비슷한 것이 필요하다고 앞서 설명했다. 여기에는
여러 정보를 연관시킬 수 있는 작업 기억 능력이 넉넉히 요구된다.
이를 명확하게 측정해낼 비언어 테스트는 없지만, 대형 유인원의
작업 기억 능력은 2~3비트 정도밖에 안 되기 때문에 이들이 처리
할 수 있는 정보의 양은 심각하게 제한될 것이다.[*54] 이 정신적 무
대에서 사물과 배우가 어떻게 행동하는지 예상하려면 추가로 물
리적·사회적 세상을 지배하는 규칙을 알아야 한다. 흥미로운 징
후가 있기는 해도 대부분의 연구 결과에 따르면 비인간 동물은 타
인의 마음에 무엇이 있고 사물의 움직임을 지배하는 물리적 힘이
무엇인가 따위의 직접 관찰할 수 없는 세상의 측면을 추론하는
능력에 심한 제약이 있다.[**55]

---

[*] 침팬지는 터치스크린 기억력 테스트를 아주 잘 수행했다. 그러나 이 과제가 정
    신적으로 정보를 조작하는 표준 작업 기억력의 측정치가 될 수는 없다. 에이
    아이Ai라는 이름의 침팬지가 성인 인간보다 더 수행력이 뛰어났다는 대단한 발
    견도 인간에게 침팬지에서처럼 충분한 연습 시간을 주면 결국 침팬지와 맞먹
    는 수준을 보인다는 연구 결과로 이내 도전받았다.

[**] 예를 들어 어떤 종은 자기의 욕망과 믿음 등의 정신 상태를 타인에게 귀속하는
    '마음이론'의 기본 틀을 갖추고 있을 수도 있다. 비교심리학자 크리스토퍼 크루
    페네Christopher Krupenye와 가노 후미히로狩野文浩가 이끄는 연구팀은 적외선 시
    선 추적기를 사용해 어떤 인간이 엉뚱한 곳에서 숨겨진 물건을 찾고 있으면 대
    형 유인원은 그곳에 물건이 없는 줄 알면서도 인간이 엉뚱하게 찾고 있는 장소
    를 바라본다는 것을 알아냈다.

5 다른 동물은 그저 현재에 갇혀 있는가

연극 제작에서 극작가의 비유는 유한개의 기본 요소를 결합하고 재구성하여 사실상 무궁무진한 조합을 만들어내는 인간의 능력을 말한다. 다양한 미래를 상상한다는 맥락에서든 언어, 수의 계산이나 음악 등의 분야에서든 다른 동물에게 이런 생산적인 능력이 있다는 증거는 없다.[56] 그렇지만 동물 집단이 과거의 사건을 머릿속에서 되새기고 심지어 공상하는 것은 가능한 일이며 또 실제 그럴 가능성도 크다. 어쨌거나 여러 포유류가 디폴트 모드 네트워크와 유사한 시스템을 장착한 것으로 추정되기 때문이다.[57] 그러나 그런 정신적 경험을 이해하고 그것을 더 큰 이야기의 일부로 인정하려면 이 동물들은 우리가 연출가라고 부른 기본 요소를 갖추고 있어야 한다. 감독은 어떤 정신적 시나리오가 과거 또는 잠재적 미래에 **관한** 것인지 인지하고 평가해야 한다.[58] 인간이 아닌 동물이 그런 중첩된 생각을 할 수 있다는 징표는 없다.

정신적 시간여행이 진화하려면 정신 활동은 어떤 식으로든 생존과 유전자 전파의 기회를 높이는 쪽으로 동물의 행동에 영향을 주어야 한다. 생각은 총괄 제작자에 의해 실행되어야 한다. 또한 정신적 시나리오 구성의 이점을 온전히 이용하려면 당장의 충동을 억제하고 장기적인 목표를 지향하기 위한 어느 정도의 실행 기술이 필요하다. 예를 들어 앞서 언급한 돌고래 실험에서 멀리 있는 막대기를 구해오기 전에는 고리를 상자에 떨어뜨리지 말아야 하는 것처럼, 유혹을 억제하고 특정 하위 목표를 다른 목표보다 먼저 오게 설정하는 것은 쉬운 일이 아니다. 간단한 만족감 지연 과제에서 동물은 상대적으로 아주 짧은 시간 동안 유혹을 참아냈다는 사실을 기억하자.

마지막으로, 우리는 인간이 자신의 예지력을 숙고함으로써 얻어내는 힘도 살펴보았다. 예상했던 시나리오가 **단지** 상상에 불과하다는 사실을 깨닫고 나면 우리는 그것을 평가하고, 수정하고, 깎아내리고, 논의하고, 유혹에 빠지기 쉬운 자기 자신을 포함해 미래의 온갖 부족한 점을 보완하려고 노력하게 된다.[59] 그에 반해 비인간 동물이 예측의 한계를 성찰하고 그에 따라 대비한다는 증거는 아직 없다.[60] 이들은 두 갈래로 갈라진 관의 실험에서처럼 간단한 상황에서도 비상책을 세운다는 징후를 보이지 않았다. 중요한 일을 잊을 경우를 대비해 리마인더를 설정하는 행동도 없었다.

여러 개의 컵 가운데 하나 밑에 음식을 숨기고 어느 정도 시간이 지난 다음에 침팬지에게 선택의 기회를 주는 단순한 기억 과제에서도 우리는 그들이 올바른 컵을 가리키는 것을 본 적이 없다. 어떤 동물은 미래의 한계를 보완하는 듯한 방식으로 행동하지만 그 역시 상대적으로 고정된 진화 시스템으로 보인다. 예를 들어 군대개미는 이동하는 길에 남긴 페로몬을 이용해 길을 찾는데, 어쩌다 그 흔적이 폐쇄된 고리 모양을 그리면 끝없이 돌다가 죽기도 한다.[61] 인간이라면 하다못해 헨젤과 그레텔이 조약돌과 빵 조각이라도 떨어뜨려 경로를 표시하듯 가능한 모든 수단을 사용해 건망증을 보완할 것이다.

우리가 동물의 예지력에서 발견한 가장 큰 한계는 결국 정신적 연극의 한 요소(실은 여러 개라고 하는 것이 맞겠지만)가 부족한 결과일 것이다.

인간만의 고유한 특징

> 짐승은 현재에 일어나는 충동의 화신이다. (…) 반면에 인간의 시야는
> 과거와 미래로까지 범위가 확장된다.
> — 아르투어 쇼펜하우어Arthur Schopenhauer (1851)

예지력이 인간의 고유한 능력이라는 세네카나 쇼펜하우어 같은 철학자들의 주장은 진정 옳은 걸까? 인간 예외주의에 대한 단정적인 주장은 역사적으로 수많은 오류를 불러왔기에 그 의도를 의심하는 건 당연하다. 모든 종은 다른 종과는 구분되는 고유한 특징이 있다. 인간이 다른 종과 다른 이유를 찾는 논의의 밑바탕에는 과학과 상관없이 인간의 우월성이나 신성한 기원, 또는 비인간 동물을 대하는 인간의 태도를 정당화하기 위한 목적이 있다고 주장하는 사람이 많다.

다윈이 진화론을 내놓고 공통 조상이라는 개념으로 세상의 통념에 맞섰을 때, 해부학자이자 고생물학자이며 런던 자연사박물관 초대 관장(그리고 dinosaur[공룡]이라는 말을 만든 것으로도 유명한)인 리처드 오언 경Sir Richard Owen은 우리 종의 특별한 지위를 강력히 옹호했다. 다윈이 인간의 가장 가까운 친척이라고 믿은 아프리

카 유인원의 표본이 처음 영국에 도착했을 때, 인간과 다른 동물을 가르는 차이점에 대한 대중들의 관심이 점점 증폭되었다. 당시 오언은 인간의 고유함이 유인원에게 없는 특별한 뇌 구조에서 온다고 주장했다. 그러나 '다윈의 불독'으로도 알려진, 다윈의 거침없는 옹호자 토머스 헉슬리Thomas Huxley가 유인원의 뇌도 잘 들여다보면 전체적으로 인간의 뇌와 유사한 구조적 특징을 보인다고 증명하는 바람에 그의 주장은 힘을 잃었다. 다윈의《인간의 유래와 성선택》의 2쇄에 포함된 에세이에서 헉슬리는 이렇게 썼다. "그렇다면 유인원의 뇌와 인간의 뇌 사이에서 유사하게 나타나는 근본적인 특징에 관해서는 논쟁의 여지가 없다. 심지어 침팬지와 오랑우탄, 인간에서 대뇌 반구의 이랑과 고랑이 배열되는 상세한 방식에서조차 나타나는 밀접한 유사성도 마찬가지다."[62]

진화는 지속적으로 일어나는 과정이라는 증거가 발견된 후에도 철학자와 과학자, 그리고 일반인까지 나서서 인간이 근본적으로 다른 존재임을 주장하는 새로운 이유를 계속해서 내놓았다. 그뿐 아니라 그런 측면에서 인간이라는 종에게 새로운 이름을 즐겨 지어주었다. 이름만 봐도 무슨 뜻인지 알 수 있는 예가 몇 가지 있다. 호모 에스테티쿠스Homo aestheticus, 호모 크레아토르Homo creator, 호모 도메스티쿠스Homo domesticus, 호모 에코노미쿠스Homo economicus, 호모 제네로수스Homo generosus, 호모 그람마티쿠스Homo grammaticus, 호모 이미탄스Homo imitans, 호모 유리디쿠스Homo juridicus, 호모 로기쿠스Homo logicus, 호모 메타피시쿠스Homo metaphysicus, 호모 레시프로칸스Homo *reciprocans*, 호모 센티멘탈리스*Homo sentimentalis*, 호모 소시올로지쿠스 *Homo sociologicus*, 호모 테크놀로지쿠스*Homo technologicus* 등.

'앞을 생각하는 사람'이라는 의미의 호모 프로스펙투스*Homo prospectus*도 제안된 적 있지만 우리는 기꺼이 호모 사피엔스를 고수 했다.[63] 이런 새로운 이름들은 결국 인간이 남다른 존재라는 오언 의 주장과 같은 운명이 되었다. 예를 들어 제인 구달은 인간은 도 구를 사용하는 유일한 동물도, 자기 종족을 죽이기 위해 협업하 는 유일한 동물도 아니라는 것을 입증했다.[64] 침팬지도 도구를 만 들고 동족을 죽인다. 한두 가지 형질로 인간을 구분하겠다는 주 장은 대부분 이를 뒷받침하는 증거가 좀 더 엄격히 조사되고 나 면 버티지 못했다. 물론 향후 연구를 통해 동물들이 지닌 예지력 이 현재 밝혀진 것보다 더 뛰어나다는 것이 밝혀질 가능성도 얼 마든지 있다.[65]

동물의 왕국은 미래를 향해 준비된 온갖 놀라운 능력을 전시 한다. 오스트레일리아 퀸즐랜드주에 서식하는 포르티아속屬의 깡 충거미한테는 다른 거미를 사냥할 훌륭한 계획이 있는 것처럼 보 인다. 이 거미는 범죄 영화에 나오는 다이아몬드 도둑처럼 갑자 기 천장에서 내려와 먹잇감을 놀라게 한다. 심지어 먹잇감으로 점 찍은 거미의 집에서 우회로를 택하거나 바람이 불어 정신없을 때 만 그 위에서 움직여 발각되지 않게 조심하기도 한다.[66] 수년간 수 많은 종에서 이런 확실한 예지력의 행동이 기록되었다. 예를 들어 문어, 오징어, 갑오징어 같은 두족류의 인지 능력에 관해 우리가 얼마나 무지한지 생각해보자. 일부 두족류는 몸의 색깔과 행동을 바꾸어 소통하거나 속일 줄 아는 것처럼 보인다.[67] 거미처럼 이들도 뼈대가 없는 무척추동물이며 이들의 능력은 우리와 별개로 진화했다. 이 동물들이 무엇을 할 수 있고 어떻게 하는지 알아내려면 더 많은 연구가 필요하다.

인간은 다른 생물과 수억 년의 가계家系를 공유한다. 이 이유만으로도 인간은 적어도 우리의 가장 가까운 친척과 많은 특징을 공유한다고 예상할 수 있다. 다윈의 '변화를 동반한 계승descent with modification'이라는 개념은 점진적인 변화를 암시한다. 그렇다고는 해도 인간이 침팬지와 마지막 공통 조상을 공유한 시기가 약 600만 년 전이었다는 점으로 미루어 볼 때 그때 이후로 이른바 인간만의 고유한 특징이라는 것이 많은 영역에서 나타난 것도 놀라운 일은 아니다.

많은 종이 그들에게 반복되어 일어나는 상황에 대비하는 행동 성향이 진화해왔다. 연합학습은 적어도 두 사건이 몇 초 간격으로 연결되는 경우, 일시적 규칙성을 예측하게 한다. 최근 증거에 따르면 심지어 까마귀는 미래의 특정 상황을 몇 분 먼저 준비할 수 있다. 그러나 비인간 종이 먼 미래의 사건에 대한 정신적 시나리오를 생성하거나 소통하고 또 그것들을 서사로 연결하여 더 나아가 상호배타적 미래를 추론한다는 설득력 있는 증거는 없다. 동물이 반란을 모의하고 악당들의 사악한 음모를 저지할 계획을 짜는 건 아이들의 동화 밖에서는 일어날 수 없는 일이다. 오직 인간만이 그러한 위업을 달성할 능력이 있는 것으로 보이며, 그 덕분에 우리 종은 다른 동물 위에 군림하여 이익을 도모했고, 어쩌면 그렇게 스스로를 위험에 빠뜨리기도 한 것이다. 또한 우리는 그런 예지력의 축복을(또는 저주를) 받지 못한 종들을 어떻게 대해야 하는지에 관한 질문도 마주하고 있다.

다음 장에서는 우리의 조상에게 이러한 능력이 언제, 어떻게 발현되었는지 설명할 것이다. 과연 이들은 어떻게 4차원을 발견하고, 하늘에서 불을 훔치고, 미래를 상상하는 힘을 얻었을까?

4차원의 발견

"그러나 들어보시오. 인간이 겪었던 괴로움과, 내가 어떻게 어리석었던 인간에게 사고력과 이성을 주었는지. (…) 인간이 소유한 모든 기술은 프로메테우스로부터 비롯되었다는 짧은 한마디로 모든 문제를 아우를 수 있소."(프로메테우스)

— 아이스킬로스(기원전 525~기원전 456)

고대 그리스인들은 인간이 다른 동물과 구분되는 신적인 힘을 지니게 된 것은 예지력의 결정체인 프로메테우스가 인간에게 그 능력을 부여했기 때문이라고 믿었다. 그 가운데서도 가장 중요한 능력이 바로 불을 통제하는 힘이었다. 하지만 고고학 연구에 따르면 우리 선조들은 《사슬에 묶인 프로메테우스》의 저자 아이스킬로스가 상상한 것보다 훨씬 일찍부터 불을 다루기 시작한 듯하다. 고고학자들은 이스라엘의 게셰르 베노트 야코브라는 호숫가 유적지에서 과일, 곡물, 부싯돌, 나무를 포함해 불에 탄 다양한 물질을 발견해 그곳에서 여러 해 동안 불이 사용되었다는 것을 알아냈다. 그 유적지는 거의 80만 년 전의 것이었고, 그 말은 우리가 호모 사피엔스가 되기 훨씬 전부터 불을 통제했다는 뜻이다.[1]

　불은 호미닌이 어둠 속에서 앞을 보게 하고 추위 속에서 몸을 따뜻하게 유지해주었다. 또한 포식자를 물리치고 연기를 피워 사냥감을 유인하는 막강한 무기가 되었다. 불의 비밀을 발견한 이들은 숲 전체를 파괴하면서 자신을 둘러싼 자연 세계를 급격하게 변화시켰다.

예지력이 없었다면 누구도 화덕의 불을 오래 유지하지 못했을 것이다. 결국엔 불도 지속해서 관리해야 하고 그러려면 불에 태울 재료를 미리 모아두어야 한다. 내일 저녁에도 불 주위에 앉아 있고 싶다면 잉걸불이 꺼지지 않게 유지해야 한다. 그 불이 꺼지면 또다시 자연이 불을 일으킬 때까지 한참 동안 기다려야 하니까. 영화감독 장 자크 아노Jean Jacques Annaud의 1981년 수상작 〈불을 찾아서〉에서 묘사된 것처럼 고대 호미닌에게 오랫동안 고이 살려온 신성한 불꽃을 잃는 것은 처참한 재앙이었을 것이다.[2] 이 영화는 적의 침입으로 잉걸불이 꺼진 후 그 소중한 자원을 되찾아 오기 위해 길을 나선 세 남자의 뒤를 쫓는다. 마침내 이들은 불을 다루는 능력이 뛰어난 부족의 한 여성을 구출하고, 그렇게 이 궁극의 프로메테우스적 힘을 배운다.

불을 피우는 것은 생각보다 쉽지 않은 일이다. 야외에서 나뭇가지나 부싯돌로 직접 불을 피워본 적 있는 사람이라면 금방 고개를 끄덕일 것이다. 수석이나 황철광을 서로 부딪치면 불꽃이 일어난다는 걸 알아도 불을 얻기까지는 끈질긴 각오로 임해야 한다. 바싹 마른 부싯깃을 불꽃에 대어 불씨를 일으킨 다음 부채질하여 불을 키운다. 우리는 정확히 언제 인간이 처음으로 불을 지피게 되었는지 알지 못한다.[3] 그러나 마침내 아이스맨 외치처럼 불을 만드는 도구를 주머니에 넣어서 다닐 정도로 앞일을 내다보고 밤마다 모닥불의 온기를 기대하게 되었다는 것은 알고 있다.

불 주위에서 시간을 보내면서 우리 선조는 불의 여러 가지 유용한 기능을 배우게 되었다. 익히 알려진 것처럼 많은 음식물이 불에 구웠을 때 훨씬 맛있어진다. 음식을 익힐 수 있게 되면서 새로운 영양원을 개척해 뿌리식물을 소화하고 고기의 기생충을 죽일 수 있었다. 인류학자 리처드 랭엄Richard Wrangham은 《요리 본능》에서 익혀 먹기를 인류의 결정적인 진화 단계라고 강력히 주장했다.[4] 양질의 음식이 있다는 것은 계속해서 먹을 것을 찾아다닐 필요가 줄어들어 소중한 시간을 다른 활동에 쓸 자유가 생겼다는 뜻이다. 또한 열량 증대는 인류의 뇌가 확장하는 밑거름이 되기도 했다. 그러나 불은 식생활에만 영향을 준 게 아니다. 가령 자작나무 껍질을 석회암 자갈 옆에서 태우면 돌 위에 타르가 쌓이는데[5] 이 끈적한 물질은 돌에 나무 손잡이를 붙이는 데 쓰이는 등 단순한 재료를 이어 붙여 복잡한 도구를 만드는 데 사용되었다.

매일 밤 모닥불 주위에 옹기종기 모이면서 일상적인 사회 교류의 무대가 마련되었고 사람들은 그날 있었던 일들을 서로 나누기 시작했다. 함께 이야기를 주고받으면서 사람들은 (타인과 연결되고자 하는 인간의 유별난 욕구를 만족시키면서) 생각을 한데 모으고, 과거를 이해하고, 미래를 더 잘 계획하게 되었다. 비단 고대 그리스인만이 아니라 전 세계의 신화에서 자기들의 선조가 처음으로 불의 주인이 된 이야기를 전한다. 예를 들어 오스트레일리아 연합국가 쿨린에 거주하는 워룬제리족 사이에서는 카라트구르크 일곱 자매로부터 불을 훔친 사기꾼 까마귀 이야기가 전해진다. 이 자매의 빛나는 불쏘시개는 밤하늘의 플레이아데스성단에서 볼 수 있다.[6]

오늘날의 인류 문명은 난방, 교통수단, 전기 발전, 강철 제련까지 불 안에서 형성되었다. 그러나 불의 통제는 예지력이 불러온 혁명적 기술의 한 예에 불과하다. 앞일을 내다보는 능력은 무기와 그릇과 지도와 쟁기를 만드는 것으로도 이어졌다. 사람에게 불을 가져다준 프로메테우스가 '모든 기술'의 근원이었노라 선언한 아이스킬로스의 말은 과장이지만 완전히 틀린 말도 아니다. 우리는 이 장에서 예지력이 인류 진화의 주된 원동력이었다는 사실을 살펴볼 것이다. 예지력이 진화하면서 새로운 기술과 사회적 역학 관계가 나타났고, 그것은 다시 예지력을 한층 더 발전하도록 밀어붙이는 압력을 가했다.

한 달짜리 연대표로 축소해본 인류의 시간

'내일'은 하룻밤 사이에 발명된 개념이 아니다. 어떻게 우리 조상이 네 번째 차원인 시간을 생각하게 되었는지 알고 싶다면 먼저 저 방대한 시간 동안 서서히 일어난 변화부터 생각해야 한다.[7] 진화의 시간을 나타내는 큰 수들은 크기를 어림하기가 어렵다. 현생 인류와 침팬지가 공유하는 마지막 공통 조상이 600만 년 전에 살았다는 사실을 떠올려보자. 이것만도 실로 어마어마하게 긴 시간이다. 그러나 그보다도 훨씬 더 먼저 일어난 중요한 사건과 비교적 최근이지만 여전히 아주아주 먼 과거에 일어난 일들이 있다. 이 많은 일들을 모두 그저 **옛날 옛적**이라는 말로 뭉뚱그릴 수 있다면 얼마나 편할까.

여러분이 이 심원의 시간을 쉽게 이해할 수 있도록 생명의 40억 년 역사를 한 달로 축소해보자. 이 압축된 연대표에서 최초의 다세포생물은 2주 전에 나타났다. 그리고 진화는 7일 전에 성性을 창조했다. 유성생식에 이어서 어떤 동물은 마침내 약 3~4일 전에 척추가 발달했다. 최초의 포유류는 고작 어제 나타났으며 영장류가 속한 포유류는 불과 10시간 전(실제로는 약 6000만 년 전)에 진화했다. 우리가 현생 침팬지와 마지막으로 조상을 공유하고 갈라진 이후의 긴긴 시간도 이 척도에서는 고작 60분 전이다.

저 마지막 한 시간 동안 우리 조상은 불을 능란하게 다루게 되었고 마침내 불을 사용해 로켓을 타고 우주로까지 올라가게 되었다. 인류는 일직선으로 진화하지 않았다. 그보다 우리 조상의 계보는 복잡한 가계도의 한 잔가지에 불과하다. 진화계통수에서 우리 가지에 속한 생물을 '호미닌'이라고 부르는데 이 말은 현생 침팬지로 이어지는 계보에서 갈라진 후 출현한 인간의 모든 조상과 사촌을 학술적으로 일컫는 용어다. 그림 6-1에 현재까지 밝혀진 인류의 가계를 정리해놓았다.*

우리 자신, 호모 사피엔스는 이 축약된 연대표에서 지금으로부터 2분 전에 이 행성에 처음 나타났다.[8] 동굴 벽화는 30초 전에 그려졌고, 최초의 태양력이 나온 건 6초 전이었다. 지금까지 알려진 가장 오래된 계산 장치인 고대 안티키테라 기계는 2초 전에, 기계 시계는 0.5초도 안 되는 시간을 남기고 발명되었다. 최근에 호모 사피엔스가 이뤄낸 성과만 보면 우리가 대단한 별종인 것처럼 느껴지지만 사실상 우리는 선사시대 대부분의 시간 동안 우리와 매우 유사한 다른 이족보행 호미닌 동료와 지구를 공유했다.

200만 년 전(또는 우리 연대표에서 약 20분 전) 상황을 생각해보자. 호모속의 초창기 구성원들이 처음 등장한 시기다. 호모 에렉투스는 이미 침팬지 뇌의 두 배가 되는 용량을 지닌 큰 뇌의 소유자였다. 이들의 신체 비율은 우리와 상당히 비슷하여 아마 이들이 현생 인류와 섞여서 걷고 있다면 찾아내는 데 꽤나 애를 먹을 것이다. 물론 자세히 보면 기울어진 이마와 뾰족한 턱이 없는 특징으로 보아 현생 인류와 바로 구분할 수 있다.[9]

호모 에렉투스는 석기 도구를 휘두르는 작은 체구의 호모 하빌리스*Homo habilis*에서부터 건장하고 튼튼한 턱을 자랑하는 파란트로푸스 로부스투스*Paranthropus robustus*까지 호미닌 가문의 적어도 여섯 종과 아프리카 환경을 공유했다. 또한 아프리카 평원을 오랫동안 아름답게 꾸며온 작은 호미닌 중에서도 마지막 종인 오스트랄로

---

* 유적지에서 주로 작은 뼈조각으로 발견되는 유해와 탐정 활동처럼 진행되는 고고학 연구의 특성을 생각할 때, 정확히 얼마나 많은 종이 호미닌에 속해 있었는지 확실히 알기는 어렵다. 현재까지 인류의 계보가 잘 정립되었으나 현재 고고학 발견의 빈도로 미루어 볼 때 앞으로 더 많은 호미닌 종들이 식별될 것이고 유전 분석을 통해 우리 가계도에서 누가 누구와 더 근연관계인지에 대한 새로운 단서가 나올 것으로 예상된다.

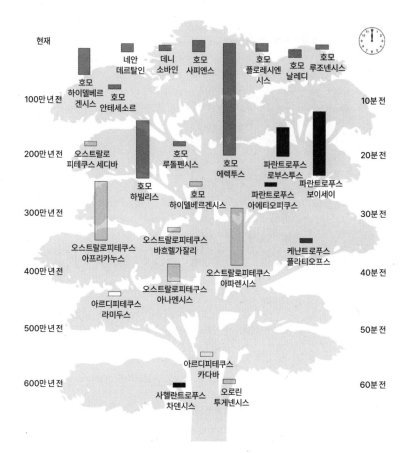

현재

네안
데르탈인

데니
소바인

호모
사피엔스

호모
플로레시엔
시스

호모
날레디

호모
루조넨시스

호모
하이델베르
겐지스

호모
안테세소르

100만 년 전 / 10분 전

오스트랄로
피테쿠스 세디바

호모
루돌펜시스

호모
에렉투스

파란트로푸스
로부스투스

파란트로푸스
보이세이

200만 년 전 / 20분 전

호모
하빌리스

호모
하이델베르겐시스

파란트로푸스
아에티오피쿠스

오스트랄로피테쿠스
바흐렐가잘리

케난트로푸스
플라티오프스

300만 년 전 / 30분 전

오스트랄로피테쿠스
아프리카누스

오스트랄로피테쿠스
아파렌시스

400만 년 전 / 40분 전

오스트랄로피테쿠스
아나멘시스

아르디피테쿠스
라미두스

500만 년 전 / 50분 전

아르디피테쿠스
카다바

사헬란트로푸스
차덴시스

오로린
투게넨시스

600만 년 전 / 60분 전

그림 6-1 지난 600만 년(앞서 소개한 축약된 연대표상에서는 60분) 동안 나타난 호미닌 종들. 긴 막대는 화석이 넓은 연대에 걸쳐 보고되었다는 뜻이다. 반면 아주 짧은 막대는 대부분 오직 한 시기(또는 단일 표본)에서만 화석이 발견된 경우다. 어떤 종이 어떤 후손을 낳았는지 관계가 명확하지 않기 때문에 막대 사이에 연결선을 추가하지는 않았다.

그림 6-2 복원된 호모 에렉투스.

피테쿠스 세디바*Australopithecus sediba*도 이 시기에 존재했다. 이 종들 중 여럿은 크게 번성하여 100만 년 동안 거뜬히 살아남았다. 호모 에렉투스가 고향인 아프리카 땅을 떠나 호미닌으로서는 처음 구세계로 이주하게 된 것도 아마 이 직립보행하는 사촌들과의 경쟁을 피하기 위해서였을 것이다.[10] 호모 에렉투스는 인류의 초기 예지력 발전에 대해 감질나는 단서를 남긴 선구적인 조상이었다.

인류가 살아남을 수 있었던 이유

우리의 여정은 한 달짜리 연대표 기준으로 한 시간 전에 살았던, 우리와 침팬지의 공통 조상에서 시작된다. 이 공통 조상은 인간과 침팬지의 조부모의 (조부모의 조부모의 조부모의 조부모의 조부모의 조부모의 조부모의…) 조부모라고 여겨지는 가장 최근 생물이다. 이 오래된 시기의 화석 기록이 남아 있지 않아 이 생물에 관해 알려진 바는 별로 없지만 아마 나무 위의 삶에 적응한 유인원이었을 것이다. 그렇다면 인류가 침팬지와는 다른 길을 걷게 된 계기는 무엇이었을까?

결정적인 첫 단추는 우리 조상이 숲을 떠난 것이었다고들 흔히 말하지만, 사실 떠난 것은 우리가 아니라 숲이었을지도 모른다. 이 시기에 지각 운동은, 지금도 여전히 대륙의 나머지와 동아프리카를 갈라놓고 있는 대지구대를 형성하기 시작했다.[11] 그러다 보니 지구대 동쪽은 더 이상 우림을 유지할 만큼 비가 내리지 않았고 그래서 이 유인원들은 나뭇가지를 타고 다니는 대신 땅에 내려와 걸어다녀야 하는 압박을 받았다. 전반적인 환경이 사바나 초원으로 바뀌면서 우리 조상들은 지구대 반대편에 있는 사촌과는 근본적으로 다른 상황에 직면하게 되었다.

유인원은 나무에서 떨어질 위험이나 가끔 높이 올라오는 표범의 먹이가 될 위험만 없다면 나무에서 꽤 안전하게 삶을 영위했을 것이다. 반면 사바나는 사방에 위험한 포식자 천지다. 초원을 배회하던 대형 고양잇과 동물들은 어리바리한 호미닌을 보고 웬 떡이냐 싶었을 것이다. 그러나 그런 가공할 위험 속에서도 초원에 좌초된 유인원 가운데 일부는 끝내 살아남았다.

사자가 배회하는 초원에서 지내는 생활을 어떻게 감당해야 할까? 이런 상황에서 만약 한 가지 도구만 가져갈 수 있다면 뭘 챙기 겠는가? 많은 사람이 주저 없이 장전된 총을 선택할 것이다. 포식 자가 가까이 오기 전에 멀리서 상처를 입힐 수 있을 테니. 아마 초 기 호미닌도 비슷한 생각을 하지 않았을까? 당연히 총 같은 화기 가 없었을 테니 대신 물체를 던져 위협했을 것이다. 숨거나 높은 곳에 올라가는 것에 더하여 멀리 떨어진 상태에서 상대에게 해를 가하는 것은 곤경에서 벗어나는 새로운 방법이었다.[*12] 침팬지 산 티노가 그랬듯 유인원도 물체를 던질 수 있다. 다만 적중률은 그 다지 높지 않았을 것이다. 실력이 그저 그런 호미닌 한 사람이 돌 을 던져봐야 배고픈 사자를 쫓아낼 확률은 낮을 수밖에 없다. 그 러나 여럿이 합심하여 돌을 던지는 호미닌 무리 앞에서라면 고양 잇과 짐승도 잠시 공격을 멈추고 잡아봐야 한 입 거리도 안 되는 이런 드센 먹잇감을 쫓는 것이 옳은 일인지 다시 생각할 것이다. 평원을 달리는 영양이 차라리 덜 골치 아팠을지 모른다.

처음에 우리 선조들은 포식자를 쫓아내기 위해 막대기든 돌이 든 손에 잡히는 대로 던졌을 것이다. 그러나 주위에 적당한 투척 물이 없으면 애초에 이런 방어 전략을 생각할 수도 없다. 따라서 자연의 선택압은 공격을 미리 준비하는 쪽을 선호했을 것이다.[13]

---

* 원거리 사냥이 특이하긴 하지만 인간만의 고유한 기술은 아니다. 물총고기에서 독물총코브라까지 이런 방식으로 공격하거나 방어하는 동물은 종류도 다양 하다. 유조동물(발톱동물)은 풀 같은 점액을 뿜어 먹이를 잡는데 이 방법은 이 미 수백만 년이나 된 기술이다.

평소에 돌을 들고 다니는 사람은 포식자가 돌진하는 걸 보고서야 부랴부랴 던질 것을 찾는 사람보다 공격에서 살아남을 가능성이 더 크다. 이와 마찬가지로 떼 지어 다니며 함께 수비하는 이들은 혼자 다니는 사람보다 자연선택에서 더 유리했을 것이다.

그러므로 인류의 특징에서 대비와 협력이 증가한 첫 단계는 우리 선조가 사바나 환경에서 살기 위해 적응한 과정에서 찾을 수 있다. 저녁거리로 잡아먹히지 않은 자들은 동료보다 선견지명이 있고 협동적이어서 일찌감치 위협을 감지하고 좀 더 효과적으로 방어할 방법을 고안해냈는지도 모른다. 반대로 말하면 준비되지 않고 협력하지 않는 자는 자연선택의 날카로운 발톱에 솎아내졌다는 뜻이다. 사실 이런 이야기는 확실한 고고학적 증거가 없는 어디까지나 가설일 뿐이다. 손을 해부학적으로 분석한 결과가 던지기(또는 몽둥이질)에 대한 초기 진화를 뒷받침할 수 있지만 한낱 돌멩이라도 정확히 언제부터 호미닌이 던질 것들을 들고 다녔는지는 밝혀지지 않았다.[14]

초기 호미닌이 돌멩이를 들고 다녔든 아니든 케냐의 로메크위 안에서 발견된 증거는 330만 년 전 이들이 바위를 사용해 다른 바위를 내리쳤다는 것을 보여준다.[15] 침팬지는 돌멩이를 사용해 견과류 껍데기를 부수어 열지만, 이 호미닌은 같은 기술로 석기 도구를 만들었다. 이 초기 도구로 정확히 무엇을 했는지는 아직 밝혀지지 않았다. 올도완 석기라는 작은 석기 도구는 250만 년 전 고고학 기록에서 발견되었으며, 동물 뼈에 새겨진 절단흔을 보면

이 도구들이 동물의 사체를 처리하는 데 사용되었다는 것을 알 수 있다.[16] 올도완 석기는 호모속의 첫 번째 구성원인 호모 하빌리스와 관련 있다. 호모속 중에서도 구인류에 속하는 이 초기 인간들은 나무처럼 잘 썩어서 오늘날까지 흔적이 남지 않는 재료로도 많은 도구를 만들었을 것이다. 그러나 이때까지만 해도 구인류가 좀 더 나중의 미래에 사용할 도구를 준비했다고 볼 만한 증거는 상대적으로 부족하다.[17]

하지만 180만 년 전에 호모 에렉투스가 제작한 아슐리안 석기의 등장으로 판도가 바뀌었다. 아슐리안 석기는 프랑스 생아슐에서 처음 발견되어 붙은 이름으로, 그중에는 대칭의 양날손도끼도 있다. 이런 도구를 만들려면 적합한 원자재를 선택하는 것에서부터 물체를 대칭으로 만들기 위한 정밀한 타격까지 여러 단계의 계획이 필요하며, 도구를 제작하는 사람은 예지력이 있어야 한다. 즉 실제로 도끼를 만들기 전에 무엇을 어떻게 할지 미리 상상해야 한다는 말이다. 아슐리안 도구를 만든 이들은 먼저 돌망치를 휘둘러 대강의 모양을 잡고, 양쪽을 번갈아 가며 내리쳐서 가장자리를 만든다. 그다음 조심스럽게 두드려 얇게 펴고 대칭 형태와 날을 다듬고 모양을 만들어 마무리한다. 직접 시도해보면 이것이 얼마나 정교한 기술인지 알 것이다. 2장에서 소개한 것처럼 이 기술을 배운 현대인은 수십 시간을 훈련하고서도 기술을 완전히 익히지 못했다.[18] 요컨대 이런 도구는 다른 동물에게서 볼 수 없는 정교한 수준의 예지력이 호모 에렉투스에게 있었음을 나타낸다.[19]

아슐리안 도구를 만드는 데는 시간과 노력과 기술이 많이 들기 때문에 한 번 만든 도구를 멀리까지 들고 다니면서 계속 사용한 것처럼 보였다고 해도 이상할 게 없다.[20] 이는 상당한 계획성을 암시한다. 그런데 유명한 고인류학자 루이스 리키Louis Leakey와 메리 리키Mary Leakey가 발굴한 케냐의 올로르게사일리에에는 이런 눈물 모양의 원시적인 석기가 수천 개나 흩어져 있었다. 왜 호모 에렉투스는 저렇게 멀쩡한 도구들을 버린 걸까?[21] 도구가 필요하면 저 중에서 하나 주워다 쓰면 될 일인데 말이다. 한 가지 가능성은 이것이 도구 제작 기술을 연습한 흔적이라는 것이다.[22] 일단 기술에 익숙해진 호모 에렉투스는 망가진 도구는 다시 만들면 된다고 생각해서 굳이 전부 들고 다니지 않았을지도 모른다. 호모 에렉투스는 도구를 던지고 맞추고 도망치는 데 적합한 몸의 구조를 갖추었을 뿐 아니라 무장하고 재장전할 준비까지 되어 있었던 것 같다.[23]

기록된 역사의 300배는 족히 되는 100만 년이라는 시간 동안 고대 호미닌은 부지런히 이 다용도 양날손도끼를 만들었다. 호모 에렉투스는 새로운 방식으로 미래를 보았고, 서로 가르치고 배울 수 있었으며, 한 세대에서 다음 세대로 지식을 물려주었다. 그러나 이 시기에는 혁신은 일어나지 않았다. 수천 세대를 거치면서도 도끼가 점차 얇아지고 좀 더 세련되어졌다는 점을 제외하면 도구의 구조는 놀라울 정도로 처음 그대로였다.

혁신을 선호하는 현생 인류의 성향을 생각하면 다만 얼마간이라도 동일한 기술을 계속해서 고수했다는 걸 상상하기 어렵다.

그림 6-3 양날손도끼는 호모 에렉투스와 호모 하이델베르겐시스와 관련 있는 아슐리안 석기 가운데 하나다. 양날손도끼는 만드는 데 상당한 예지력이 필요했으며, 이들은 이 도구들을 들고 다니면서 반복해서 사용했다.

누구라도 돌도끼나 망치에 막대를 부착해 다른 모양을 시도하고 그 결과 성능이 더 좋은 도구가 만들어졌다면 이내 유행을 탔을 법한데 말이다. 인류 역사에서 비교적 최근에 제작된 어떤 무기를 들여다봐도 대개 몇 세대 만에 더 정교해지거나 다른 신무기로 대체되었다는 것을 알 수 있다. 호모 에렉투스가 크게 도약했다는 증거가 있기는 해도 이들의 멘탈 타임머신과 문화는 현생 인류와는 상당히 거리가 있는 것처럼 보인다. 예지력과 문화 사이의 역동적인 피드백 고리가 아직 본격적인 물살을 타지 않은 것이다.

2018년 올로르게사일리에에서의 후속 연구로 마침내 30만 년
전 무렵 석기 도구에 전면적인 변화가 일어났다는 사실이 밝혀
졌다. 도구는 더 작아졌고 도끼의 날은 더 정교하며 끝이 뾰족해
졌다. 재료도 변했다. 많은 도구가 약 24킬로미터 떨어진 곳에서
나는 윤기 있는 흑요석으로 만들어졌다. 어떤 석기 한 점은 마지
막으로 만들어진 지점에서 96킬로미터나 떨어진 곳에서 캐온 흑
요석으로 만든 것으로 추정되었다. 마라톤을 두 번 달리는 거리
다. 이는 재료 조달에 상당히 공을 들였다는 뜻이다(또는 초기 무
역망이 발달했거나).[24]

이때는 호모 하이델베르겐시스라고 알려진 구인류가 널리 퍼져
있던 시기다. 독일 하이델베르크에서 처음 기록된 이 사람들은 키
가 180센티미터 정도에 눈썹뼈가 두껍고 두개골이 커서 현생 인
류의 뇌 크기 범위에서 제일 낮은 쪽에는 들어갈 정도의 뇌를 수
용할 수 있었다. 이들은 60만 년 전에서 15만 년 전까지 살았고 이
들의 화석은 아프리카, 아시아, 유럽 전역에서 발견되었다.[25]

호모 하이델베르겐시스는 더 먼 미래를 볼 줄 알아야 가능한
새로운 기술을 사용해 석기 도구를 만들기 시작했다. 아슐리안 석
기와 달리 이들이 만든 르발루아 석기는 몸돌core에서 날카롭고
평평한 격지flake를 추출하는 방식으로 제작되었다.[26] 이 도구를 제
작하는 데는 더 길고 복잡한 준비 단계가 필요하다. 먼저 조심스
럽게 몸돌의 모양을 내고 타격판을 만든다. 그래야 격지를 분리시

그림 6-4 복원된 호모 하이델베
르겐시스.

킬 정도의 강력한 타격을 줄 수 있다. 이렇게 만든 격지로는 가죽을 벗기는 칼과 같은 도구를 만들 수 있었다. 구인류는 돌도끼 대신 몸돌을 들고 다니면서 필요할 때마다 격지 석기를 만들 준비가 된 사람들이었다.

수십만 년에 걸쳐 많은 이들이 다양한 종류의 돌을 내리치다 보니 누군가 불꽃이 튀는 것을 보게 된 것도 당연하다. 구인류가 좀 더 자주 불을 사용하기 시작한 것도, 열처리된 접착제나 결합도구composite tool의 증거가 나타난 것도 이즈음이다.[27] 결합 도구라는 획기적인 혁신은 끝없는 새로운 가능성으로 이어졌다. 몸돌을 내리쳐서 돌의 석편을 쳐내는 것처럼 단순히 물체에서 뭔가를 떼어내는 것에 그치지 않고, 이제는 창에 뾰족한 돌을 붙이는 것처럼 요소들을 결합해 새로운 조합을 만들게 된 것이다.[28]

이런 발전은 우리 선조들의 정신적 변화를 암시한다. 독일 쇼닝겐 근처에서는 도살된 말의 잔해와 함께 30만 년 된 창이 발견되었는데, 이는 호모 하이델베르겐시스가 강한 먹잇감을 쓰러뜨릴 사냥 계획을 세웠다는 걸 증명한다.[29] 이 창들을 멀리서 던졌는지 가까이에서 찔렀는지 처음에는 확실하지 않았지만 현대의 투창 선수들이 복제품을 실험한 결과, 20미터 이상 거리에 있는 목표물을 맞힐 수 있었다.[30] 2020년의 한 보고서에 따르면 같은 장소에서 발견된 막대기에 큰 압력으로 충격이 반복된 흔적이 있었는데, 이는 이 도구가 몽둥이나 손에 들고 사용하는 무기가 아니라 던지는 용도로 사용되었음을 강하게 시사한다.[31] 원거리 사냥이 시작된 것이다.

같은 기간에 스페인의 아타푸에르카에 살았던 구인류가 육탄전을 피할 수 있는 새로운 사냥법을 발견했다는 증거가 있다. 갈레리아라는 동굴 유적지는 지붕이 무너지면서 깊이 9미터 이상의 갱도가 생성된 곳이었다.[32] 들소를 비롯한 여러 동물이 그 구멍으로 떨어졌고, 동굴 거주자들은 옳다구나 하고 가서 살점을 도려냈을 것이다. 처음에는 단지 하늘에서 고기가 떨어지는 행운의 사고라고 여겼을지도 모른다. 그러나 그것이 기가 막힌 아이디어를 주었다면? 동물과 직접 싸우는 대신 그저 위협해서 도망치게 하다가 갑자기 깊은 구덩이로 떨어지게 하면 어떨까? 땅을 깊게 파서 함정을 만들면서 사냥꾼들은 더 안전하게 사냥할 수 있었고, 무리의 늙고 어리고 약한 놈만 목표로 삼을 필요도 없어졌다.[33]

이런 증거들을 합치면 적어도 30만 년 전부터 엄청난 변화가 시작되었음을 알 수 있다. 르발루아 도구의 등장과 함께 구인류는 마침내 100만 년이나 아슐리안 석기를 사용했던 상대적인 정체기에서 벗어나게 되었다. 구인류는 물리적 힘만이 아니라 강력한 예지력과 그것이 촉진한 혁신과 협력 정신을 갖추고 미래를 더욱더 통제할 수 있는 최고의 포식자가 되었다.[34] 이들이 재료를 먼 거리에서 조달하고, 결합 도구를 만들고, 복잡한 전략으로 대형 사냥감을 잡기 시작했다는 증거는 마침내 예지력과 문화의 진화 사이에서 피드백 고리가 탄력을 받기 시작했음을 시사한다.[35] 우리 조상들이 개척할 수 있는 완전히 새로운 틈새시장을 위한 혁신의 장이 마련되었다.

운반 도구의 발명

"장난감을 더 많이 가져올수록 티거가 스티커를 더 많이 줄 거야." 장난감이 잔뜩 늘어져 있는 탁자를 보여주면서 아이들에게 최대한 다른 방으로 장난감을 많이 가져오라고 간단히 지시했다.[36] 큰 아이들은 곧바로 장난감들 사이에 버젓이 놓인 바구니를 사용했다. 반면에 세 살짜리들은 대부분 운반 도구를 사용하지 않고 양팔에 껴안을 수 있는 몇 개만 옮겼다. 운반 도구의 힘은 어린아이들뿐 아니라 과학자들에게도 쉽게 간과된다. 그러나 가방과 바구니 같은 운반 도구는 우리 조상들에게 상상 이상으로 유용했다.

운반 도구는 예지력-문화 피드백 고리가 작용한다는 전형적인 예다. 단순히 계획성이 증가했다는 사실을 암시하는 데 그치지 않고 그 자체로 더욱 강력한 대비의 촉진제이기도 하다. 2장에서 혁신의 열쇠는 미래 유용성을 인지하는 것이라고 말했다. 어떤 물건이 미래에도 계속해서, 또는 지금은 아니지만 미래에는 유용하게 쓰일지도 모른다고 예견하는 것이다. 시간과 노력을 들여 정교한 도구를 만들더라도 그 도구를 한 번 쓰고 버린다면 큰 이익이 되지 않는다. 하지만 그렇게 만든 도구를 계속 갖고 있으면 여러 번 계속해서 사용할 수 있다. 또한 원재료를 구하기 쉽지 않은 곳에서도 요긴하게 쓰인다. 그러나 소유하는 물건이 많아지면 그걸 들고 다닐 손이 두 개밖에 없다는 점은 안타까운 한계가 된다. 마침내 주머니나 띠처럼 물건을 운반하는 기술이 발명되면서 인간은 재료나 물건을 양손에 들고서 더 오래, 더 멀리 다녀야 하는 부담을 내려놓게 되었다.

오늘날 우리는 언젠가 쓰게 될지도 모르는 물건들을 들고 다니기 위해 운반 도구를 사용한다. 매년 수조 개씩 사용되는 비닐봉지부터 100만 달러짜리 디자이너 핸드백까지, 물건을 들고 다닐 때 쓰는 물건은 어디에나 있다. 또 우리는 일상에서 아무렇지도 않게 한 용기 안에 다른 용기를 집어넣는다. 약통을 세면도구 가방에, 세면도구 가방을 여행 가방에, 여행 가방을 카트에 싣는 것처럼 말이다. 인류학 연구 자료에 따르면 전 세계에서 인류는 끈, 망, 띠, 그 밖에 운반 능력을 높이는 여러 기술에 의존해왔다. 아프리카 하자족이 꿀을 보관하기 위해 사용한 박과 식물부터 많은 북아메리카 토착 민족이 쓰는 옥수수 껍질로 짠 바구니까지 기발한 해결책은 차고 넘친다. 거의 모든 인간 문화에서 사용되는 아기 띠는 말할 것도 없다.[37]

도구를 사용해 다른 물건을 운반한다는 발상은 곧 물질문화의 축적과 운영에 중대한 시발점이 되었을 것이다. 결국 이동식 운반 도구는 메타도구다. 다른 도구를 위한 도구로 기능한다는 뜻이다. 운반 도구의 발명으로 사람들은 연장 세트 전체를 보관할 수 있게 되었다. 그때부터 인간은 어디를 가든 자신이 머무는 곳에서 필요한 도구를 모두 갖출 수 있게 되었다. 이른바 이동식 생명 유지 시스템이다.

상시 대기 중인 도구와 무기는 아주 많은 상황에서 결정적인 역할을 했다. 손잡이가 있는 돌도끼를 만드는 데 들어간 엄청난 노력의 보상은 계속해서 이어졌다. 운반 도구라는 혁신 덕분에 도끼, 칼, 창 등을 미리 많이 만들어두면 두고두고 잘 써먹을 수 있었다. 날카로운 화살촉을 만드는 데 이상적인 흑요석 같은 훌륭한 원자재를 찾게 되면 그 자리에 앉아서 바로 돌을 쪼아댈 필요 없이 운반 도구에 담아서 가져가면 된다. 자주 쓰지 않는 도구라도 언젠가 쓰게 될 날을 위해 미리 준비해두는 편이 낫다.

이동식 용기는 인간이 더 많은 도구를 발명하도록 촉진하는 새로운 틈새시장을 열었다. 외치가 화살통과 바구니, 봇짐에 수십 가지 도구를 지니고 있던 것을 기억해보라. 그 도구들이 없었다면 높은 알프스산맥의 매서운 날씨를 그리 오래 버티지 못했을 것이다. 지금 보면 모두 단순하고 당연하기 짝이 없지만, 이런 혁신과 그것을 가능하게 한 도구의 다양화가 이루어지지 않았다면 오늘날 인간이 이처럼 다양한 극한의 환경에서 번성하는 일은 없었을 것이다. 지금까지 보았듯이, 인간은 특수한 장비를 휴대하고 사용하는 방법을 알았기에 제한된 환경에서만 살 수 있도록 까다롭게 진화한 전문종과 경쟁할 수 있는 일반종이 되었다. 실로 인간을 '호모 배긴스*Homo baggins*(주머니를 들고 다니는 인간.─옮긴이)'라고 부르고 싶을 만큼 의미 있는 발전이다.

새끼를 넣고 다니는 유대류의 주머니나 물고기를 운반하는 펠리컨의 목주머니와 같은, 자연이 마련해준 운반 도구를 사용하는 동물이 있다. 그런 한편 인간은 당나귀 등에 주머니를 얹고, 비둘기 다리에 메시지를 묶어 날려 보내며, 세인트버나드 개의 목에 브랜디 통을 매다는 것처럼 동물이 물건을 운반하게 할 수 있다. 중요한 건, 운반 도구를 신체 일부로 지닌 종들이 분명히 있지만 그렇다고 이들에게 그런 도구의 미래 유용성을 인지하는 선견지명이 있다는 증거는 없다는 사실이다.

우리는 얼마 전 고고학자 미셸 랭글리Michelle Langley와 함께 인류 진화의 역사에서 운반 도구를 사용하기 시작한 시점을 알려주는 증거를 찾아보았다.[38] 그 결과 호미닌이 용기를 사용했다는 가장 오래된 증거물은 염료를 저장하는 조개껍데기였고, 두 군데에서 발견되었으며, 시기는 10만 년 전까지 거슬러 올라갔다. 하나는 남아프리카의 호모 사피엔스, 다른 하나는 이스라엘의 네안데르탈인이 그 주인이었다. 나무로 만든 이동식 용기는 약 5만 년 전에 처음 나타났다는 사실이 확인되었지만, 바구니와 그물로 된 주머니는 분해가 빨라서 몇천 년 이상 버티지 못한다. 그러니 2020년 어느 네안데르탈인 유적지에서 5만 년 전의 것으로 보이는 작고 지저분한 세 겹짜리 나무껍질 끈 조각이 발견되었을 때 학계가 술렁였던 것도 당연하다.[39]

마침내 현생 인류의 일부는 (배낭을 짊어졌든 아니든) 아프리카와 중동을 떠나 구대륙 전역으로 이주했다.[40] 그리고 곧 사훌(고대 오스트레일리아와 뉴기니)에 도착했다. 거대한 바다를 사이에 두고 외떨어진 땅덩어리에 사람이 살았다는 것은 수상木上 기술이 있었다는 증거다. 사실 배 자체도 어떤 의미에서는 사람과 짐을 실어 나르는 용기로 볼 수 있다. 인도네시아에서 구인류가 섬에 살았다는 사실을 암시하는 석기 도구와 화석의 가장 오래된 흔적은 수십만 년 전의 것이다.[41] 물론 이들이 물에 빠져 죽지 않으려고 어딘가에 필사적으로 매달려 있다가 파도에 쓸려 새로운 땅의 해변에 도착했다는 시나리오도 얼마든지 가능하다.

그러나 계획적으로 선박을 사용했다는 강력한 증거가 있다. 고즈시마 화산섬에서 일본 본토로 흑요석을 운반한 흔적이다.[42] 약 3만 8000년 전에 현생 인류는 도구를 만들기 위해 흑요석을 대량으로 들여왔다. 그 섬은 대륙과 연결된 적이 없었고, 설사 해수면이 아주 낮았던 때라고 하더라도 여전히 32킬로미터나 떨어져 있었다. 이 발견으로 먼 옛날 사람들이 험한 바다를 왕복하며 재료를 운반했다는 사실이 명확해졌다.[43] 이 여행은 꽤 여러 시간이 걸렸을 터라 상당한 솜씨와 기술, 계획이 필요했을 것이다.

이동식 용기라는 혁신은 물질문화의 급격한 변화를 촉발했을 뿐 아니라 인류를 새로운 가능성의 세계로 인도하기도 했다.

'현대성'의 시작

우리 조상들이 지금의 우리와 같은 멘탈 타임머신이 장착된 현대적 정신을 갖추게 된 건 과연 언제였을까? 고생물학자 샐리 맥브리어티Sally McBrearty와 앨리슨 브룩스Alison Brooks는 영향력 있는 어느 리뷰 논문에서 '행동 현대성modern behavior'의 필수적인 네 가지 특징을 식별했다. 정교한 계획, 혁신, 추상적 사고, 상징의 사용이다.[44]

이 분석은 현대성에서 예지력이 중요한 역할을 맡고 있다는 사실의 근거이기도 하다. 예지력이 없으면 정교한 계획을 세우지 못하고, 2장에서 본 것처럼 문제에 대한 해결책도 미래의 유용성을 인지하지 못하면 혁신이 될 수 없다. 추상적 사고와 상징을 이용하는 것 역시 예지력과 밀접하게 연관되어 있다. 4장에서 우리는 미래의 시나리오를 세울 때 추상적 개념을 기본 요소로 사용했다 (물론 구체적인 것이 없이도 **내일**에 관해 생각할 수 있다). 이때 우리가 가장 많이 사용하는 상징이 바로 '말'이다. 언어학자들은 인간의 언어를 정의하는 특징으로 '전위성displacement'을 제시한다. 전위성이란 시간과 공간상에서 멀리 떨어져 있는 것을 지칭한다는 뜻이다.[45] 상징은 그 자신이 아닌 다른 것에 관한 것이고, 우리는 종종 상징을 사용해 다른 이들에게 미래에 관해 알려준다. 도로 표지판은 어디로 가야 할지를, 깃발은 그곳에서 누구를 찾을 수 있는지를, 지도는 어디에서 무엇을 찾을 수 있는지를 알려준다.

유럽의 고고학 기록에 따르면 행동 현대성의 징후는 약 4만 년 전부터 대량으로 등장한다.[46] 프랑스의 쇼베-퐁다르크 동굴에서 발견된 아름다운 동굴 벽화나 오스트리아에서 발견된 빌렌도르프의 비너스와 같은 섬세한 조각품, 뼈로 만든 도구와 세석기 날과 같은 새롭고 혁신적인 기술, 심지어 피리와 같은 악기도 이때 처음으로 등장했다.*[47] 이 모든 것들이 급진적인 변화를 가리킨다. '현대성'의 시작이다.

그러나 해부학적인 측면에서 특유의 높고 둥근 두개골, 뾰족한 턱, 작은 눈썹뼈가 특징인 현생 인류는 그때까지 이미 수십만 년을 살아왔다. 따라서 '행동 현대성'이 상대적으로 늦게 갑작스레 나타난 것은 의문이다. 이와 같은 혁명에 가까운 변화가 그저 운

---

* 프랑스령 바스크에 있는 이스튀리츠 동굴 속 대성당 같은 공간에서 세상에서 가장 오래된 피리의 곡조가 으스스하게 울려 퍼질 때면 석순에 부딪히는 소리와 모닥불 불빛에 깜빡대는 동굴 벽 동물의 그림들로 인해 마법 같은 분위기가 한층 짙어졌을 것이다. 이렇게 우리 조상들은 소리와 시각의 신세계를 창조했다.

좋은 유전자 돌연변이의 결과일까? 아니면 언어가 발명되었기 때문일까? 혹은 문화적 진화에서 일어난 다른 급진적 발전의 산물일까?

폭넓게 논의되던 이런 추정들 중 어느 것도 사실이 아니었다. 맥브리어티와 브룩스는 기념비적인 논문에서 깜짝 혁명 같은 것은 없었음을 증명했다. 유럽 고고학 기록에 따르면 이 시기에 분명 새로운 행동이 풍부하게 나타나지만, 그건 단지 그 대륙에 현생 인류가 당도했기 때문이다. 고고학자들이 유럽 바깥 지역을 자세히 살펴봤더니 아프리카와 아시아에서 행동 현대성은 훨씬 일찍부터 시작되고 있었다. 그리고 이제 우리는 최초의 오스트레일리아인들이 6만 5000년이 넘게 연속적인 문화를 유지해왔다는 사실을 알고 있다.[48] 오스트레일리아 노던준주의 마드제드베베 바위 동굴에서 고고학자 크리스 클락슨Chris Clarkson은 최소 그 시간만큼 오래된 갈판과 안료용 오커, 손도끼를 발견했다.[49]

유럽 밖에서 발견된 가장 오래된 현대성 중에는 현재의 콩고민주공화국에서 약 9만 년 전에 사용된 미늘 달린 뼈연모와 뼈로 만든 칼을 포함해 정교한 새 도구들이 있다.[50] 사후 세계에 대한 계획을 나타내는 매장 의식은 더 오래되었다.[51] 현대성의 징표는 남아프리카의 블롬보스 동굴에서도 발견되었다. 십자 격자와 추상적인 기하학 디자인이 새겨진 오커 안료 조각들은 이미 7만 년 전에 상징이 사용되었음을 암시한다. 이런 무늬는 직조법을 나타낸다는 주장도 있다. 뼈로 만든 도구 이외의 행동 현대성의 징후로 조개목걸이도 있다. 아마도 실을 꿰어 목에 걸기 위해 구멍을 뚫은 것으로 보인다. 그런 장식은 우리가 3장에서 살펴본 것처럼 미래의 외모를 가꾸기 위한 모험적 시도의 첫 번째 증거다.[52] 한 연구에서는 이스라엘에서 발견된 실에 달린 조개껍데기가 12만 년 전에 사용된 장신구였을 것이라고 추정한다.[53] 따라서 최근의 발견은 호모 사피엔스가 유럽에 도착하기 한참 전부터 행동 현대성의 징표는 풍부했다는 사실을 확증한다.

가장 오래된 인류의 재현 예술은 인도네시아 술라웨시섬과 보르네오섬에서 발견되었다. 고고학자 막심 오버트Maxime Aubert와 애덤 브룸Adam Brumm의 연구팀은 그곳에서 4만 4000년 된 동굴 벽화를 발견했는데, 꼬리와 주둥이가 달린 인간-동물의 형상에게 사냥당하는 멧돼지 그리고 들소가 주인공이었다.[54] 이 벽화는 초자연적 사고의 강력한 징후로서도, 또 이야기를 서술하는 방식으로도 가장 오래된 것이다. 이와 비슷하게 미셸 랭글리 연구팀은 스리랑카에서 발굴된 혁신적인 활과 화살 기술과 더불어 4만 8000년 된 휴대용 예술품(조개목걸이, 구멍 뚫린 황토 덩어리, 은 색소 등)의 증거를 보고했다.[55] 이런 발견은 행동 현대성과 그에 수반하는 예지력이 훨씬 오래전에 사방에서 점진적으로 나타났다는 사실을 뜻한다.*[56] 현대성의 혁명이 유럽에서 갑작스럽게 일어났다는 가설은 완전히 날조된 것이라는 말이다.

사회적 힘의 탄생

박물학자 찰스 다윈과 앨프리드 러셀 월리스Alfred Russel Wallace는 각기 따로 자연선택에 의한 진화를 제안했다. 당시 다윈은 월리스가 자기와 같은 생각을 하고 있다는 것을 알게 되면서 서둘러 진화론을 발표해야 한다는 압박을 받기도 했다. 두 학자 모두 인류의 기원을 다루는 자신들의 새 이론이 끼칠 영향을 고심했지만, 파장이 커질 것을 염려해 진화에 대한 공개적인 논의는 피했던 다윈과 달리 월리스는 이 주제를 직접 언급했다. 월리스는 자연선택이 지구 위 모든 생명의 다양성을 설명하기는 하지만 결국 인간의 정신만큼은 자연의 법칙에 얽매이지 않은 신 또는 다른 우월한 지적 존재가 부여한 것이라고 결론 내렸다. 그는 인간의 정신이 "시간과 공간을 초월하는 능력"을 포함해 비범한 힘을 갖게 된 것은 단순히 고대 환경에서 살아남는 데 필요한 수준을 초월하여 크게 발달했기 때문이라고 주장했다.[57] 반면 다윈은 많은 고민과 염려 끝에 결국 이에 동의하지 않았고, 다음과 같이 반응한 것으로 유명하다. "당신이 당신과 내 아이를 완전히 죽이지는 않았기를 바

---

* 게다가 이런 행동 현대성의 징후가 호모 사피엔스만의 것이 아닐지도 모른다. 네안데르탈인들도 죽은 사람을 묻었다. 그리고 몇몇 새로운 발견은 심지어 유럽에 처음으로 상징적 행동을 가져온 것이 현생 인류라는 주장에도 도전한다. 예를 들어 현재 세계에서 가장 오래된 장신구는 약 13만 년 전 목걸이에 독수리 발톱을 부착한, 현재 지리상 크로아티아 지역에 거주했던 네안데르탈인의 것으로 확인된다. '현대성'이란 적어도 이런 상징적 행동에서 나타나는 것이기에 호모 사피엔스만의 고유한 특징은 아닐 수 있다.

라오."《인간의 유래와 성선택》에서 다윈은 마침내 인류 기원의 문제를 직접 다룬다. 다윈이 월리스에게 이 책을 출간한다는 사실을 알렸을 때 월리스는 이렇게 답했다. "산더미 같은 사실들 아래에서 짓밟히길 두려움과 떨림으로 고대합니다."[58]

오늘날 인류의 진화를 증명하는 사실들은, 이를 기꺼이 공정하게 검토하려는 사람들에게 버거울 정도로 많다. 여기에는 많은 물음표에도 불구하고 "시간과 공간을 초월"하게 하는 것들을 포함해 인간의 정신 능력이 어떻게 진화했는지 설명하는 타당한 추론들이 있다.

진화가 이토록 특별한 정신을 불러온 과정에 관해 아직까지 남아 있는 우려를 해소하자면 두 가지 핵심에 주목하면 된다. 첫째, 진화적 적응은 더 발전된 적응으로 가는 새로운 선택압을 생성할 수 있다. 둘째, 현재 살아 있는 종들의 형질 사이에 존재하는 커다란 간극은 중간 형태의 생물이 멸종한 결과일 가능성이 크다.

첫 번째 핵심을 살펴보려면 먼저 불을 사용하게 된 선사시대로 돌아가야 한다. 불을 통제하게 되면서 초기 인간과 그 후손의 세상은 완전히 바뀌었다. 마치 비버의 댐이나 흰개미의 개미탑이 새로운 선택압 아래에서 그들의 후손에게 새로운 환경을 만들어준 것처럼 말이다.[59] 호미닌이 미숙하게나마 처음으로 불을 다루게 되었을 때, 이 능력은 자원을 더 효율적으로 활용하려는 자들에게 새로운 이점을 주었을 것이다. 선견지명이 있는 사람들은 사냥, 방어, 요리, 그 밖의 많은 상황에서 불을 활용함으로써 큰 혜택을 볼 수 있었다. 그러면서 그런 능력과 성향이 증폭된 돌연변이가 선택되었을 것이다. 따라서 불을 다루는 기술은 그 자체로도 향상된 예지력의 산물이었으며, 동시에 예지력을 더욱 발달시킬 수 있는 큰 뇌가 진화하도록 새로운 선택압을 불러왔을 가능성이 크다.

사람들이 매일 밤, 불 주위에서 모이기 시작하면서 해가 지면 모두 자러 들어가던 시절에는 존재하지 않았던 사회적 힘이 탄생했다. 초기 인류가 세대와 세대를 거듭하며 밤마다 이 불꽃을 바라보고 무슨 생각을 했을지 상상해보라. 만약 이들이 그날 낮에 위험한 포식자든 사냥감 무리든 뭔가 중요한 것을 보았다면, 깜빡거리는 불빛을 응시하는 동안 그 기억이 다시 살아났을지도 모른다. 그리고 미미하게나마 반성과 계획을 시작했을 수도 있다. 게다가 이 정보를 모닥불에 함께 둘러앉은 이들에게 전하며 내일의 위협을 피하고 사냥의 기회를 잡을 수 있었다면 얼마나 큰 도움이 되었겠는가.[60]

심리학자 멀린 도널드Merlin Donald는 더욱 효과적인 소통과 협력 능력이 진화하기 위해서는 사건을 의도적으로 재연하는 것이 첫 단계라고 주장했다.[61] 처음에는 개처럼 짖고 영양처럼 펄쩍 뛰는 시늉으로도 간단한 생각을 전달하기에 충분했을 것이다. 특히 해당 방향을 가리키면서 그랬다면 말이다. 그리고 이 방식이 성공하면서 좀 더 효율적인 의사소통을 위한 새로운 선택압이 작용했을 수도 있다. 사자의 존재를 전달하기 위해 필요했던 팬터마임은 표현이 점점 추상적으로 바뀌면서 포효와 '앞발'을 들어 올리는 행동으로 굳어졌을지도 모른다. 그렇다면 여기에서 실제로 중요한 것은 언어 그 자체의 진화다. 마이클 코벌리스가 오래전부터 주장해온 것처럼 언어 능력은 몸짓으로 하는 의사소통에 뿌리를 두었을 것이다.[62] 과감한 추론일지 모르지만 이는 한 가지 새로운 행동이 어떻게 후속 변화를 가져오는지 설명하기에 충분하다. 지금까지도 사람들은 불 옆에 앉아 낮에 있었던 일들을 얘기하고 개똥철학을 늘어놓으며 내일을 모의하지 않는가.

대형 유인원과 어린아이의 능력을 오랫동안 연구한 비교심리학자이자 발달심리학자 마이클 토마셀로Michael Tomasello는 인간을 고유한 존재로 만드는 것은 사람들의 정신을 하나로 연결하고 협력하는 방식이라는 결론을 내렸다. 우리가 앞 장에서 '연결하려는 욕구'라고 불렀던 바로 그것이다.[63] 토마셀로는 인간에게 타인을 도우려는 기본적인 욕망이 있을 뿐 아니라, 다른 사람의 마음을 노련하게 추론해내고 타인과 소통하고 질문하고 조언하려 한다는 점을 강조했다. 이러한 인간의 협력 또한 예지력이 없으면 불가능하다. 예를 들어 약속은 자신을 미래의 특정한 행동에 스스로 구속하는 행위다. 합의된 목표, 공동체의 가르침, 의무 등 인간의 상호작용과 관련된 많은 측면이 가상의 타임머신에 의존한다.

예지력과 함께 작동하는 고도의 의사소통과 협력 능력의 초창기 징후는 호모 에렉투스에게서 나타났다. 고고학자들은 게셰르 베노트 야코브에서 이 호미닌이 불을 통제한 것뿐 아니라 돌도끼로 코끼리 한 마리를 도살한 증거를 발견했다. 주지할 부분은 이 사람들이 뇌를 꺼내려고 코끼리의 거대한 두개골을 뒤집었다는 사실이다.[64] 이는 절대로 혼자서 할 수 있는 일이 아니다. 두개골 아래에서 바위와 통나무가 발견된 것을 보면 이 과제를 수행하기 위해 지렛대를 사용했을 가능성도 있다. 어떤 방식이었든 코끼리 머리를 잡아서 돌린다는 공동의 목표를 해내려면 여러 사람의 조율된 노력이 필요했을 것이다.

고고학자 케리 십턴Ceri Shipton과 심리학자 마크 닐슨Mark Nielsen은 인도의 120만 년 된 유적지에서 호모 에렉투스가 분업한 흔적이 발견되었다고 주장했다.[65] 이곳에서는 하나의 석기를 두 군데에서 단계별로 나누어 제작한 것처럼 보인다. 한 장소는 커다란 박편이 떨어져나간 곳이고, 다른 한 장소는 그것이 다듬어져 완성된 곳이다. 이는 한 사람이 만들었다기보다는 각 단계를 여러 사람이 나누어 수행했다고 보는 편이 이치에 맞는다.

호모 에렉투스가 서로 돕고 행동을 조율했다는 또 다른 단서가 있다. 조지아의 드마니시에서 발견된 한 선사시대 두개골은 치아가 거의 없는 상태였는데, 이가 모두 빠지고 나서 뼈 손실이 진행되었다는 특징이 있다.[66] 이는 그 사람이 음식을 씹을 수 없는 상황에서도 한동안 살아남았다는 뜻으로, 아마 다른 이들이 그의 생활을 도왔을 것이다. 그런 사회적 지원의 징후는 시간이 흐르면서 다른 호미닌에게서 더욱 분명해진다. 예를 들어 50만 년 된 어느 호모 하이델베르겐시스의 유해는 척추가 상당히 굽어 있었다.[67] 그런 상태에서는 거동이 매우 어려웠을 텐데도 이 사람은 꽤 많은 나이까지 살았고 이 역시 다른 사람들의 도움이 있었음을 암시한다. 앞에서 보았듯이 르발루아 기법 시대에는 창을 사용하고 서로 협동하여 말을 사냥한 협력의 증거가 더욱 많아졌다.

협업과 선견지명에 의존하는 집단에서 살다 보면 더 협력하고 더 신중해져야 한다는 압박을 받게 된다. 일부 학자의 말처럼 어떤 의미에서 인간은 좀 더 너그럽고 남을 돕는 사람이 되도록 효과적으로 자신을 길들이고 있다. 현생 인류가 개와 같은 다른 동물을 길들일 때도 우호적이고 공격성이 없는 품종을 선택하는 경향이 있다. 이런 '인위적 선택(품종 개량)'은 전반적인 순응성 외에도 두개골과 이빨이 작아지는 등 다양한 신체적 변화도 동반한다. 고대 호미닌도 스스로 이렇게 길들이기 위해 공동 수비, 사냥, 심지어 모닥불을 공유하면서 협력하는 이에게는 상을 주고 규칙을 어기는 이에게는 벌을 주는 행동이 늘어났을지도 모른다. 그리고 좀 더 사교적인 성향인 사람에게 끌렸을 수 있다. 결국 선견지명을 갖춘 사람이라면 이기적이고 반사회적인 행동이 장기적으로 성공하지 못할 것을 깨닫고 좀 더 협조적으로 행동하여 다른 이들의 호감을 샀을 가능성이 크다.[68] 리처드 랭엄이 말한 것처럼 "불한당과 그들의 공격적인 유전자를 도태시키려는 적극적인 선택이 최초로 일어난" 것이다.[69]

물론 가해와 공격성이 완전히 사라졌다는 말이 아니다. 사실 우리 본성의 어두운 면은 인류 역사의 중요한 추진력이었다. 인간은 과도하게 협력적이고 남을 돕는 성격을 지녔지만 동시에 믿을 수 없을 정도로 공격적이고 심지어 공동의 적을 제거하려는 폭력적인 목표 아래 협업할 수도 있다. 오래 곱씹고 싶은 주제는 아니지만 예지력과 문화의 진화를 추동하는 과정에서 갈등과 물리적 폭력은 우리 조상의 생존과 번식 가능성에 영향을 미친 중요한 요인이었을 가능성이 크다.

수많은 종의 멸종을 초래한 인간

월리스와 다윈 모두 다른 호미닌에 대해서는 알지 못했다. 그러나 이제 우리는 인류의 조상이 혼자가 아니었음을 알고 있다. 이들은 두 발로 걸어 다니는 여러 사촌과 지구를 나누어 쓰며 살았다. 그렇다면 파란트로푸스와 오스트랄로피테쿠스에게는 무슨 일이 일어났던 걸까? 도구를 사용하는 이 영리한 종들은 아주 오랫동안 성공적으로 살아왔다. 좀 더 최근으로 와서, 현생 인류와 핵심적인 현대적 형질을 일부 공유하는 네안데르탈인들에게는 무슨 일이 일어난 걸까? 호모 사피엔스를 제외한 다른 모든 호미닌의 멸종은 인간과 나머지 동물 사이에 건너기 힘든 간극을 남겼다. 이것이 바로 인간이 그토록 특별해 보이는 이유를 찾을 때 고려할 두 번째 항목이다.

지구 생명의 진화라는 큰 그림 안에서 보자면 호미닌의 멸종이 그리 특별한 일은 아니다. 지금까지 지구에 존재했던 전체 종의 99퍼센트는 멸종했다고 추정된다.[70] 멸종은 여러 가지 이유로 일어나고 각각의 호미닌이 자취를 감춘 것도 질병, 자원 부족, 기후 변화 등 나름의 이유가 있었겠지만, 특별한 공통의 요인이 작용했을 가능성도 크다. 바로 우리들의 직계 조상이 사촌의 멸종에 일말의 책임이 있다는 말이다. 경쟁과 노골적인 물리적 충돌이 원인이었을 수도 있다. 빠른 개혁과 효율적인 조직화, 기민한 계획에 능한 자들이 계속해서 제 사촌들을 이긴 것이다.

현재도 인간이 수많은 종의 멸종을 초래하고 있다는 것은 논란의 여지가 없는 사실이다. 이런 이야기가 불쾌한 사람들도 많겠지만 그래도 이제는 생물다양성 감소와 멸종 위기에 대한 인식이 널리 퍼진 편이다.[71] 지금만큼 속도가 빨랐는지는 알 수 없지만 지난 수만 년 동안 인간의 활동도 다른 종의 대가 끊어지는 원인이 되었을 수 있다.[72]

2장에서 우리는 새로운 서식지에 현생 인류가 발을 들이면서 거대 동물의 대량 멸종이 빈번해진 것이 우연은 아닐 거라는 점에 주목했다. 고생물학자 팀 플래너리Tim Flannery는 《미래를 먹는 자들 The Future Eaters》에서 새로운 땅으로 이주한 인간이 대규모 변화를 초래한 과정을 생생하게 개괄한다.[73] 인간이 마지막으로 발견한 땅덩어리가 뉴질랜드다. 약 700년 전 마오리족이 카누를 타고 처음 도착한 이곳은 풍요의 땅이었다.[74] 마오리족은 닭도 함께 데려왔으나, 아무도 손 대지 않은 이 숲에서 날지 못하는 거대한 가금류가 돌아다니는 것을 발견하고는 더 이상은 닭을 키우지 않았다. 모아새는 새로운 위협에 맞설 기회가 없었으므로 이 포식성 포유류와 한 번도 제대로 맞서지 못했다. 파괴적인 불 에너지와 석기 도구의 강력한 힘으로 마오리족은 주변 환경을 빠르고 극적으로 변화시켰다. 모아새 사냥꾼들은 승승장구했고 이 새는 200년도 안 되어 멸종했다.

마오리족이 처음 뉴질랜드 해변에 발을 디뎠을 때 그곳은 사람이 살지 않는 곳이었지만 현생 인류의 선조는 이미 다른 호미닌이 차지하고 있는 땅에 들어섰다. 호모 에렉투스가 150만 년 전에 아프리카를 떠났다는 점을 기억하자. 현생 인류가 고작 7만 년 전 마침내 아프리카와 중동을 떠났을 때, 이들은 인도네시아 플로레스섬의 키 작은 '호빗'들('호빗'이라는 별명으로 더 잘 알려진 이들은 호모 플로레시엔시스를 뜻한다.—옮긴이), 필리핀의 호모 루조넨시스, 중앙아시아의 데니소바인, 유럽의 네안데르탈인, 그리고 아직 유해가 발견되지 않은 다른 호미닌 등 초기에 이주한 종족의 후손과 마주쳤을 것이다.[75] 어떤 경우든 개척할 미개간지가 없는 곳에 새로 도착한 사람들은 현지인과 협상하거나 제한된 자원을 두고 경쟁해야 했다. 이런 상황이 직접적인 충돌로 이어졌을 수 있다. 예지력 덕분에 곰이나 늑대, 호랑이 같은 천적에 잘 대처하게 된 이후로는, 앞을 내다보는 능력이 비슷한 다른 호미닌 집단이 최고의 위협이 되었다.

여기에서 우리는 진화적 적응이 어떻게 또 다른 적응의 선택으로 이어지는 새로운 압력을 만들어냈는지 알 수 있다. 예지력은 우리 선조들에게 싸워야 할 새로운 이유를 주었고 문자 그대로 새로운 군비 경쟁으로 이들을 이끌었다. 17세기 철학자 토머스 홉스 Thomas Hobbes는 우리가 싸우는 이유를 크게 세 가지 기본적인 범주로 나누었다.[76] 첫 번째는 식량, 물, 영역, 짝과 같은 제한된 자원을 두고 벌어지는 충돌이다. 이런 이유에서 발휘되는 공격성은 당연히 인간만의 것이 아니다. 인간은 자신이 원하는 것을 쟁취하기 위해 연합하여 다른 이들을 공격하면서 이런 성향을 극단으로 몰고 갈 뿐이다.

앞에서 언급했듯이 침팬지 역시 같은 종족의 구성원을 죽이기 위해 협업한다. 이는 폭력성의 뿌리가 아주 깊다는 뜻이다. 제인 구달은 한 쌍의 살인적인 침팬지가 같은 무리 내의 여러 어미를 공격했다고 보고했다.[77] 한 사례에서 그 두 침팬지는 갓 어미가 된 침팬지를 잔혹한 폭력 끝에 죽인 다음 그 새끼를 먹었다. 동족 포식이 진행 중인 가운데 피를 흘리는 어미가 15분 만에 두 침팬지에게 다가와 화해의 손을 내민 경우도 있었다. 인간의 부모라면 있을 수 없는 일이다. 보복할 생각은 없었을까? 복수나 응징은? 우리와 공동 연구를 진행하는 사회심리학자 빌 폰 히펠Bill von Hippel이 말한 것처럼 그런 상황에서 인간의 부모라면 눈빛으로라도 서로 소통하고 공모하여 이 잔혹한 상황을 끝내려 했을 것이다.[78] 그러나 무리의 희생자들 중에서 이런 행위를 한 침팬지는 없었고, 이들은 그저 화해하고 헤어졌다. 사냥감을 찾아다니는 두 침팬지의 공격은 3년 동안이나 계속되었는데, 왜 희생자들은 저 둘이 또다시 공격하기 전에 단결하여 피의 복수를 하지 않았을까?

인간의 예지력은 침팬지가 아무것도 하지 않는 상황에서 공격을 부추긴다. 홉스가 제안한 두 번째 폭력의 범주는 앞일을 예견해 미래에 자신과 자신의 무리가 다음번 희생양이 될 수 있다는 결론을 내리는 능력에서 온다. "저 둘이 내 새끼도 죽이려고 할 거야." 미래에 일어날 가능성을 생각하기에 우리는 방벽을 올리고 무기를 정비해 잠재적 공격에 대비한다. 게다가 이렇게 준비를 마치면 주도권을 잡고 먼저 공격할 수도 있다. 선제공격은 충돌이 예상되는 상황에서 아군에게 유리한 때와 장소에서 적과 맞서게 한다. 또한 과거의 희생자와 미래의 잠재적 희생자 등 타인과 공모하여 공격이 이루어질 수도 있다.[79] 상호 불신은 무기고를 채우게 만들고, 사실은 양쪽 모두 상대를 공격할 생각이 없던 상황에서 서로를 치게 만들 수 있다. 이른바 '홉스의 함정Hobbesian trap'이다. 초기 인류가 예방적 폭력을 추구하기 시작하면서 자연선택은 상대의 계획을 예상하고 상대가 자신의 계획을 어떻게 예상할지까지 고려하는 사람을 선호했을 것이다. 폭력적인 응징은 더욱 심각한 폭력을 낳을 수 있고, 양쪽 모두 과거를 기억하고 미래를 생각할 줄 안다면 상황은 더 심각해진다. 인류 역사를 어지럽힌 장기적인 유혈 복수를 이렇게 설명할 수 있다.

홉스가 제시한 공격성의 세 번째 이유는 사소한 문제에서 비롯하는 것 같다. 사람들은 게임할 때 눈속임을 한다거나 새치기를 한다는 이유로, 또는 말투와 행동이 무례하다며 싸운다. 스티븐 핑커가 지적한 것처럼 그런 갈등의 근본적인 원인은 폭력에 대한 다른 두 이유에서 비롯한다. 선제공격이든 아니든 공격으로부터 상대를 저지하는 최선의 방법은 자신에게 보복할 의지와 능력이 있음을 보여주는 것이다. 이 방법이 효과적인 이유는 상대도 앞일을 생각하여 심각한 보복의 가능성을 예상하기 때문이다. '신뢰할 만한 억지력credible deterrence'은 평판을 기반으로 한다. 따라서 사람들은 자신의 명예가 훼손되지 않도록, 또한 약한 모습을 드러내지 않으려고 공개적으로 원한을 갚는다. 오히려 목격자가 없을 때는 그냥 포기하거나 물러나기가 더 쉽다. 신뢰할 만한 억지력은 국제적 대치 상황에서 핵심적인 요소일 때가 많다. 핵무기로 대치하던 냉전 당시 만연했던 상호 확증 파괴mutually assured destruction의 위협을 생각해보라.[80]

예지력은 우리에게 싸워야 할 이유를 더 보탠 것은 물론 이성에 더 의지해 싸우도록 만들었다. 어떻게 시작된 싸움이든 승리가 단순히 힘과 기술의 문제가 아닌 기지의 문제라는 것은 역사가 증명한다. 물리적 충돌에서는 조직이나 계획 없이 돌격하는 쪽보다 전략적으로 접근하는 쪽이 승리하는 편이다. 따라서 소규모 집단의 습격과 약탈은 물론, 제국을 침략하거나 방어하는 대규모 전쟁에 이르기까지 기록된 인류의 과거 대부분은 잘 조직된 군대가 지배했다. 성벽, 해자, 성, 벙커 등 요새의 잔해는 인간이 오래전부터 다른 인간을 위협으로 인식하고 준비 태세를 갖춰왔음을 분명히 보여준다.

인간이 일으킨 전쟁의 기록은 음모와 협잡, 속임수로 가득 차 있다. 갈등과 충돌에서 이긴 자들은 예지력과 협력에 뛰어날 뿐 아니라 적과 자신의 예지력까지 생각하는 자들이었다. 주도면밀하게 조직된 강한 군대도, 때로는 약체이지만 더 영리한 계획과 전략으로 무장한 집단에 저지되거나 패배했다. 퇴각하는 척 가장하는 책략부터 목마를 성문 앞에 남겨두고 가는 술책까지, 적들이 예측하지 못할 만한 지점을 노리거나 아군의 행동을 잘못 예측하게 만드는 교활한 속임수를 사용하기도 했다. 소규모 사회에서 근래에 일어난 무력 충돌을 분석한 결과 가장 흔한 형태의 공격은 계획적인 매복이었고 그런 싸움에서 사상자는 수비하는 쪽이 압도적으로 많았다.[81] 기원전 5세기에 쓰인 《손자병법》에서 손무孫武가 주장한 것처럼, "적이 준비되지 않은 곳을 공격하고, 예상하지 못한 곳에서 나타나라. (…) 전투를 승리로 이끄는 장군은 싸움이 시작되기 전에 머릿속으로 더 많이 계산한 자다."[82]

물론 선사시대로 역사시대를 일반화할 때는 주의해야 한다. 그러나 분명한 것은 향상된 예지력이 등장하면서 가능해진 협력과 경쟁의 새로운 형태는 결국 한층 더 강화된 예지력이 진화하게 하는 새로운 힘을 창조한다는 점이다. 인간의 능력이 '그저' 살아남아서 번식하기 위해 필요한 것 이상으로 정교해 보이는 이유가 여기에 있다.

호미닌이 타인에게 살해되었다는 가장 오래된 증거는 40만 년 전 기록에서 나타난다. 스페인 아타푸에르카에서 발굴된 한 두개골에서 이마뼈에 아주 비슷한 충격으로 골절된 두 군데 흔적이 발견되었다. 머리의 구멍은 바위에서 떨어져도 생길 수 있지만, 거의 동일한 구멍이 두 개 생겼다는 것은 사고가 아니라는 뜻이다. 누군가 단단한 물체로 빠르게 연속해서 내리친 것 같았다.[83] 우리 선조들과 다른 호미닌 사이에서 무력 충돌이 어느 정도 수준이었는지 가늠하기는 어렵다. 프랑스 남서부의 한 동굴에서 발굴한 네안데르탈인 어린이의 턱뼈에서 절단흔이 발견되기도 했지만, 이러한 학살의 잠정적 징후는 소수에 불과하다(동굴에 있던 다른 유해는 모두 현생 인류의 것이었다). 이런 증거가 섬뜩한 종간 폭력을 암시하기는 해도 결론지을 수 있는 것은 없다. 최소한 지난 빙하기가 끝난 이후에는 현생 인류끼리 싸우는 그림이 훨씬 더 선명하다.[84]

우리 조상과 다른 호미닌의 만남이 늘 폭력적이었던 것은 분명히 아니다. 때로 예지력은 평화로운 공존뿐 아니라 번영을 이루는 관계까지 가능하게 한다. 계획하고 혁신하고 가르치고 준비하고 전략을 짜는 능력이 어떻게 이웃과 서로 이익을 나누는 관계를 형성하는 데 일조했을지는 쉽게 알 수 있다. 평화적으로든 아니든, 네안데르탈인과 현생 인류는 현재 이스라엘의 하이파 남쪽 지중해 해안가 동굴 같은 곳에서 이웃하여 살았을지도 모른다.[85]

네안데르탈인과 현생 인류 사이에 자손이 있었다는 유전적 증거는 충분하다. 만약 여러분이 유럽이나 아시아계 사람이라면 네안데르탈인의 후손일 가능성이 크다. 어떤 의미에서 네안데르탈인은 완전히 소멸하지 않았다. 그들의 DNA의 일부가 아직 현생 인류의 몸에 남아 있기 때문이다.[86] 게다가 현생 인류는 다른 호미닌 종들과도 교배했다. 남태평양의 피지 제도나 솔로몬 제도와 같은 멜라네시아 계통이라면 데니소바인에게서 DNA를 일부 물려받았을 것이다.[87] 또 다른 고대 선조의 잔해가 우리 게놈에서 발견되는 것은 아마 시간문제일 것이다.

우리는 많은 인간 중에서도 최후의 종으로서, 지구를 거닐던 다른 호미닌 종들을 모두 몰아내거나 흡수했다. 만약 호모 플로레시엔시스나 네안데르탈인들이 지금까지 우리와 공존하고 있다면 우리 현생 인류가 다른 생물과 그렇게까지 다르다고는 주장할 수 없었을 것이다. 월리스를 당혹시켰던 인간의 특별한 지위에 대한 미스터리도 점진적 진화를 통해 훨씬 더 쉽게 설명될 수 있었으리라. 나머지 호미닌이 모두 사라진 지금 우리는 다른 종들과는 대단히 다르게 보일 수밖에 없다. 인간과 다른 동물 사이의 도저히 좁힐 수 없을 것 같은 현재의 간극은 중간 단계 종의 소멸과 함께 표준적이고 점진적인 '변화를 동반한 계승'으로 설명될 수 있다.

우리가 변하지 않는다면 인간과 가장 가까운 종인 다른 유인원들의 씨가 마르는 건 정해진 수순이다. 국제자연보전연맹IUCN에 따르면 현재 모든 대형 유인원이 위급 또는 위기 상태다. 이런 지경에 이른 것은 인간이 그들을 사냥하고 서식지를 파괴했기 때문이다. 이 유인원들은 곧 오래전에 멸문한 호모속, 오스트랄로피테쿠스속, 파란트로푸스속 종들의 대열에 합류할 것이고, 우리 종은 이 행성에서 더욱더 남다른 존재로 남게 될 것이다.[88]

다른 유인원의 멸종이 가장 현실적인 시나리오이긴 하지만, 우리는 얼마든지 다른 미래를 구상할 수 있다. 우리는 연민과 온순한 성향을 살려 그들을 보호할 수 있다. 다른 사람들에게 우리의 가장 가까운 친척이 멸종의 길을 걷고 있다고 알리고 이런 결과를 피하도록 단합하여 행동할 수 있다. 스스로 도덕적 책임을 받아들인다면 반갑지 않은 가능성이 현실이 되지 않도록 우리가 나아갈 길을 계획할 수 있을 것이다.

월리스의 결론과는 반대로 우리는 "시간과 공간을 초월하는" 능력을 포함해 어떻게 정신이 서서히 발생했는지, 어떻게 인간 자신이 예지력과 문화의 진화를 가속시킨 새로운 선택의 힘을 창조했는지 설득력 있게 설명할 수 있게 됐다.

이 모든 것은 우리 조상이 처음으로 사바나에서 삶을 꾸려나간 시절부터 시작된 긴 여정이었다. 안전한 나무에서 벗어나자 협동하고 혁신하고 앞일을 준비해야 한다는 선택압이 그들을 무겁게 짓눌렀다. 우리 선조들은 마침내 석기 도구를 사용하게 되었고 당장 필요하지 않아도 계획에 따라 도구들을 미리 마련해두기 시작했다. 수십만 년이 지나면서 이들은 더 작은 석기 도구를 만들고, 여러 부분을 하나로 결합하고, 손에 넣은 불 주위에서 오손도손 모였다. 같은 목표를 추구하고, 곧이어 상징을 통해 소통하면서 새로운 진화적 압박이 나타났다. 장신구, 매장, 운반 도구, 정교한 무기, 동굴 예술처럼 현생 인류의 행동이 드러나는 징표가 고고학 기록에 영원히 흔적을 남겼다. 마침내 문화와 예지력 사이의 피드백 고리가 본격적으로 작동하기 시작했다. 그러나 이 새로운 생태적 지위를 이용하는 종이 현생 인류만은 아니었다. 직립보행 하는 다른 호미닌과의 경쟁이 예지력과 협력에 선택압을 가중시켰다. 사촌의 멸망이라는 명백한 사실이 결국 오늘날 현생 인류가 나머지 동물계와 그토록 달라 보이는 가장 큰 이유다.

예지력은 인간 진화의 주요 원동력이었다. 이 여정에서 각각의 중요한 단계를 촉발시킨 정확한 힘을 밝히기는 어렵지만, 과학자들은 우리 선조들이 정확히 어떤 경위로 4차원을 발견하게 되었는지 말해주는 증거를 계속해서 찾아내고 있다. 다음 장에서 우리는 인간이 예지력을 향상시키고 미래를 더 잘 통제하기 위해 개발한 도구들을 살펴볼 것이다.

시간여행의 도구

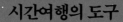

이성의 진정한 엔진은 살갗에도 머리뼈에도 붙어
있지 않다는 걸 알게 되리라.
— 앤디 클라크Andy Clark (1996)

매일 아침저녁 같은 장소에서 해가 뜨고 지는 것을 바라보면 서서히 변화가 일어난다는 사실을 알게 된다. 태양이 지평선과 교차하는 곳을 표시해두고 시간에 따른 변화를 기록하면 매년 반복되는 패턴을 알아낼 수 있다. 약 7000년 전, 현재 독일의 고제크 마을에서 어느 헌신적인 사람들이 바로 그 일을 한 것으로 보인다.[1] 이들은 관측 장소의 중심에서 약 37미터 반경으로 두 개의 원호를 따라 통나무를 세웠는데 태양의 궤적이 역전되어 전에 뜨고 지던 지점을 반대로 따라갈 때까지 태양의 일출과 일몰을 추적한 것으로 보인다. 이 전환점이 하지와 동지, 즉 1년 중에서 가장 낮이 긴 날과 짧은 날이다. 이처럼 1년의 패턴을 기록하고 난 후 사람들은 내일은 어디에서 해가 뜨고 질지, 한 달 뒤에는, 1년 뒤에는 어디에서 해가 뜨고 질지 예측하게 되었다.[2]

고제크 서클Goseck circle은 이 무렵 유럽에 세워지기 시작한 여러 비슷한 구조물 가운데 하나다. 이러한 천문학적 구조물이 전 세계

그림 7-1 눈 위에 재건된 고제크 서클, 벽에 뚫린 틈은 하지와 동지를 나타낸다.

에서 다수 발견되었다. 예를 들어 오스트레일리아의 고대 워디
유앙Wurdi Youang 바위들은 토착민이 하지와 동지, 춘분과 추분에 태
양이 지는 곳을 따라 늘어놓은 것처럼 보인다. 이와 비슷하게 아프
리카 누비아 사막의 나브타 플라야Nabta Playa에 세워진 6500년 된
원형 바윗돌은 몬순 시기의 도래를 표시했다고 추정된다. 이처럼
큰 바위를 둘러놓은 구조물 중에서 가장 유명한 것이 영국 윌트
셔의 스톤헨지로 5000년의 역사를 자랑한다.[3]

마지막 빙하기가 끝난 후 인간은 스스로 하늘의 장기적인 규칙
성을 발견했다고 알리는 표식을 남겨왔다. 이들이 추적한 것이 태
양만은 아니었다. 스코틀랜드 애버딘 부근의 워런 필드 아래에는

12개의 구덩이가 의도적인 배열로 줄지어 있는데, 1만 년 전의 것으로 추정되는 이곳은 세계에서 가장 오래된 태음력의 잔해라고 주장된다.[4]

사람들은 별과 별자리도 추적했다. 1999년 고제크 서클에서 24킬로미터쯤 떨어진 곳에서 두 명의 보물 사냥꾼이 오랫동안 사라졌던 유물을 발견했다. 끌 한 자루, 검과 도끼 각각 두 자루씩, 나선형 완장, 그리고 다른 물건 뒤쪽으로 피자 한 판 크기의 특이한 원판이 조심스럽게 세워져 있었다.* 3500년이 넘는 것으로 추정되는 네브라 하늘 원반Nebra sky disk에는 커다란 원을 비롯해 초승달 모양, 호 그리고 작은 원 32개 등 여러 문양이 박혀 있다. 모두 금으로 만들어진 이 장식은 차고 기우는 달, 태양(또는 보름달), 별을 나타낸 것으로 보인다. 7개의 원이 모여 있는 부분은 플레이아데스성단을 닮았는데 불을 훔친 까마귀에 관한 워룬제리 설화에도 나온다. 네브라 하늘 원반은 우주를 묘사한 가장 오래된 유물로 여겨진다.[5]

이런 구조물과 물건에는 의례를 비롯해 여러 가지 용도가 있었을 테지만 인간이 이처럼 하늘에 집착한 한 가지 이유는 천체의 패턴을 추적하고 예측하는 것이 하늘 아래에서 살아가는 문제를

---

* 두 남성은 보물을 발견했다는 것을 알았고 다음 날 한 거래상에게 보물을 전부 다 팔았다. 이때부터 할리우드 영화에 나올 법한 사건들이 시작되었고 이 보물들은 암시장에서 천문학적인 가격으로 여러 차례 거래되었다. 결국 발견된 지 3년 만에 스위스에서 수십만 달러에 매물로 나오자 정부가 급습하여 보물을 압수했고 분석을 위해 독일로 보내졌다.

그림 7-2 네브라 하늘 원반. 가장자리에 금으로 된 두 개의 호 (현재 하나는 사라졌다)는 1년 동안 태양이 뜨고 지는 것을 나타내는 문양으로 보인다. 이 원반은 하지와 동지를 확인하는 휴대용 기구로 추정된다.

정확히 예견하는 도구가 되기 때문이었을 것이다.

궁극적으로 우리는 지구가 우주를 돌아다니며 변덕스럽게 이동하는 가운데 삶의 일정을 짠다. 알람 소리에 잠이 깼는가. 그것은 지구가 특정한 회전판을 가로지를 때 울린 것이다. 월요일 오후인데 벌써 '불금'을 기다리는가. 주말을 즐기려면 지구가 네 번 더 자전할 때까지 기다려야 한다. 날씨가 더워지는가. 당신이 있는 지구의 반구가 점점 더 태양 쪽으로 기울고 있다는 뜻이다. 결혼기념일이 다가오고 있는가. 지구는 태양을 기준으로 저번 기념일과 동일한 자리에 있다. 아무리 변덕스럽다한들 당신이 살면서 세우는 계획은 전적으로 당신이 살고 있는 '우주 바위'의 움직임에 달렸다.

인간은 천체의 비밀이 지구와 어떤 관계인지 알아내기 위해 수천 년에 걸쳐 세심하게 관찰했다. 태양이 지구를 도는 게 아니라 지구가 태양을 돈다는 사실이 널리 인정된 것은 1543년 니콜라우스 코페르니쿠스Nicolaus Copernicus가 죽기 직전에 《천구의 회전에 관하여De revolutionibus orbium coelestiu》를 출판하고 나서였다.[6] 지구가 우주의 중심이라는 생각이 일반적이었을 때조차 인간은 천체의 움직임에서 믿을 만한 패턴을 발견했고 이를 활용했다. 가령 태양이 매년 같은 장소에서 뜨고 지는 1년 주기를 따른다는 사실을 깨닫고 계절의 변화를 정확히 예측하여 해야 할 일을 계획할 수 있었다. 천체의 움직임에 맞춰 행동을 조정하는 동물이 인간만은 아니다. 어떤 동물은 태양에 너무 잘 길들여져 있어서 일식 같은 드문 현상이 일어날 때면 방향감각을 완전히 상실한다. 1991년 7월 11일 일식으로 달의 그림자가 멕시코를 쓸고 갔던 날, 야행성인 박쥐는 오후 1시 23분 하늘이 어두컴컴해지자 일제히 동굴에서 나왔다.[7] 같은 시각, 왕거미는 집을 해체하기 시작했고 몇 분 뒤에 햇빛이 다시 돌아오자 허겁지겁 다시 집을 지었다.[8] 동물은 제시간에 정해진 일을 하는 것이 중요하다. 그래서 동물은 그런 규칙성을 아예 몸에 장착하고 있다. 자연에는 수많은 생체시계가 똑딱거린다. 하루 주기 리듬은 태양의 24시간 주기에 따라 생물학적 활동을 조절하게 하고, 1년 주기 리듬은 1년에 걸쳐 행동을 조정하여 새가 철 따라 이동하고 다람쥐가 동면하게 한다.[*9]

반면에 인간의 계절 활동은 문화에 의해 지속되는 경우가 많다. 예를 들어 우리는 언제 쟁기로 밭을 갈고 씨를 뿌릴지 알려주는 본능을 진화시키지 못했다. 인간은 오랫동안 계절의 규칙적인 변화를 알고 있었을 테지만 외부의 도움이 없이는 이런 변화가 정확히 언제 일어날지 알아내기 어렵다. 이때 달력이 짐작의 어려움을 덜어준다. 초기 달력 덕분에 예측의 정확성이 증가하면서 미래를 더 잘 통제하게 되었다. 전례 없이 복잡하고 규모가 큰 협동 활동을 조율할 수 있게 되었기 때문이다. "조만간 다시 봅시다"보다 "춘분에 다시 만납시다"가 훨씬 나은 약속이다.

심지어 도구를 인간 정신의 일부로 취급해야 한다는 철학자도 있다.** [10] 우리는 인지 능력을 북돋우고 뒷받침하고 향상하는 영리한 혁신에 둘러싸여 있으며 그에 깊이 의존한다. 앞으로 살펴보겠지만 우리의 선견지명을 이토록 강력하게 만든 것은 대부분 우리 뇌의 바깥에 있다. 그것도 아주 오랫동안 그래왔다.

---

*   가장 놀라운 사례의 하나가 주기매미속 매미로, 소수素數의 주기를 따라 매 13년 또는 17년마다 땅속에서 단체로 나온다. 이런 행동을 설명하는 한 가지 가설은 매미의 천적들이 가령 2년이나 3년에 한 번꼴로 개체 수가 폭발적으로 증가하는 확실한 '호황'과 '불황'의 주기를 따른다는 것이다. 즉, 만약 매미가 12년 주기를 따르는 것으로 진화했다면, 그들은 2년, 3년, 4년, 6년 주기에 폭증하는 천적을 만나 대량으로 잡아먹히게 될 것이다. 그러나 13년이나 17년 주기로 나타나면 천적의 수가 정점에 이르는 시기를 피할 수 있다(13이나 17에는 다른 약수가 없으므로).

**   유명한 1998년 논문 〈연장된 정신The Extended Mind〉에서 철학자 앤디 클라크과 데이비드 차머스David Chalmers는 알츠하이머병을 앓고 있는 가상의 인물 오토를 소개한다. 그는 평소 언제 어디에서 무엇을 할지 기억하기 위해 수첩을 사용했다. 클라크와 차머스는 오토의 수첩이 그의 인지 체계의 일부라고 말한다. 이는 보통 사람들에게 해마가 신체의 일부인 것과 다르지 않다.

달력의 발명

계절에 따라 시시각각 변화하는 세상에서 삶을 꾸려나가는 일은 쉽지 않다. 하지만 사람들은 들녘과 산천의 변화, 밀물과 썰물, 동물의 이주, 식물 개화의 주기적 패턴을 추적하여 식량원이나 사냥터에 찾아올 변화를 예측하고 준비할 수 있었다. 예를 들어 오스트레일리아의 요룽우족은 유칼립투스 나무의 개화기 같은 생물학적 표지에 따라 1년을 여섯 계절로 나누었다. 이런 표지는 언제 풀을 태우고 언제 작살 낚시를 해야 할지 직관적으로 알려준다. 북아메리카의 이누이트인들도 달력이 구전되어 바다표범의 새끼가 태어나고 카리부가 뿔을 떨어내는 등 해마다 일어나는 생물학적 현상에 따라 해야 할 일을 정해놓았다. 이는 물리적 달력이 처음 나타났을 때보다 훨씬 오래전에 생긴 전통이었을 것이다.[11]

인류는 언제 어디에서 무슨 일이 일어나는지 체계적으로 관찰한 지식을 대물림함으로써 정신적 극장을 더 정확한 세트와 배우, 서사로 채울 수 있었다. 이는 시간적으로든 공간적으로든 앞에 놓인 기회와 위험을 예견했다는 뜻이다.

예를 들어 오스트레일리아 토착민들은 오래전부터 랜드마크에서 랜드마크로, 자원에서 자원으로 가는 길을 찾아가는 〈노랫길songline〉이라는 노래를 만들어 황량하고 거친 대지를 탐색하는 능력을 키워왔다. 이 지식을 다음 세대에 물려주어 자신이 가본 적 없는 여정에서도 무엇을 마주하게 될지 예상하게 했다. 북부 오스트레일리아에서 야뉴와족과 30년을 함께 지내며 연구한 인류학자 존 브래들리John Bradley는 2010년에 출간한 회고록《노래하는 솔트워터 컨트리Singing Saltwater Country》에서 이런 〈노랫길〉에 대한 경험을 기록했다. 브래들리와 자주 말을 섞던 야뉴와 사람 론리켓Ron Rickett은 예로부터 구전되어오던 〈노랫길〉(쿠지카kujika)을 글로 옮겼다. 너무 길어서 가사 전부를 다 싣지는 못하지만 이 곡은 바다악어, 왈라비 서식지, 다양한 식물 등에 관한 묘사와 함께 험난한 지형을 지나 야뉴와의 마난쿠라에서부터 왈랄라 호수의 귀한 담수원까지 가는 수 킬로미터의 경로를 다음과 같이 묘사한다.

아직 쿠지카의 길을 따라가고 있다네. 동쪽으로 방향을 틀어 우르쿨랄라라 개울로 내려가면 그제서야 물속에 있지. 개울의 물길로 들어가면 눈먼무지개뱀을 노래한다네. 바다에 도착하면 해초와 키 큰 나사말을 노래해. 그 해초의 이름은 룸부리야. 점박이독수리가오리를 노래하고 나면 몸을 돌려 북서쪽을 향해 가며 양배추야자, 리틀코렐라앵무, 휘파람솔개를 노래한다네. 우리는 계속해서 북쪽을 향하고 있어. 샘물과 파일스네이크와 브롤가두루미를 흥얼대며 여행을 계속한다네. 왈랄라가 가까이 있어. 왈랄라는 아주 큰물이라네. 우리는 서쪽에서 왈랄라로 가고 있지. 그래, 마침내 우리는 왈랄라라고 부르는 곳을 만나게 되었어.[12]

리켓의 이야기를 듣고 쿠지카를 따라 직접 여행한 브래들리는 이렇게 썼다. "쿠지카가 어떻게 사람들의 의식 속에 이 땅의 지도를 그리게 했는지 깨달았다." 야뉴와족들은 〈노랫길〉을 암송함으로써 마난쿠라에서 왈랄라까지 가는 길뿐 아니라 그 길에서 마주치는 상징물과 그 땅의 중요한 동식물까지 배우게 된다. 〈노랫길〉은 최초의 오스트레일리아인들에게 주변 환경에 대한 지식이 담긴 백과사전이 되었다. 그뿐 아니라 미래를 더 잘 예측하고 이 광활하고 가혹한 땅에서도 식량을 확보할 수 있도록 도왔다.[13]

미래를 상세히 예측하고 자연의 주기를 깨우침으로써 사람들은 자신의 세계를 관리하고 조절하기 시작했다. 원치 않는 잡초는 솎아내고 원하는 작물에는 거름을 주어 미래의 식량을 통제했다. 씨를 뿌린다는 것은 그 씨가 앞으로 무엇이 될지 알 때만 의미가 있다. 마지막 빙하기 이후 그런 행동의 증거가 지구 전역에서 발견된다. 메소아메리카에서는 옥수수밭에 물을 댔고, 뉴기니 고지대에서는 바나나를 기르기 위해 흙 속에 공기가 통하도록 작물을 재배하기 시작했다.[14] 또한 짐승을 가두어 기르기 시작했는데 젖과 고기, 가죽을 얻을 수 있다는 사실을 알았기 때문이다.

중동의 '비옥한 초승달 지대'에서 시작된 농경은 현대까지도 지대한 영향을 미쳤다. 그곳에서 가축화한 많은 동식물을 지금도 시장에서 찾을 수 있기 때문이다. 문화의 발전 과정에 대한 전통적인 견해에 따르면 빙하기 이후에 이 지역 거주자들은 농업의 이점을 발견한 후 수렵채집인으로서의 삶을 쉽게 청산했다. 이들은 이내 정착하여 작물을 키우고 추수철을 고대했다. 그러나 이는 너무 단순한 설명이다. 농업으로의 전환은 점진적으로 일어났고 농경의 장점을 깨달았다고 해서 모두 농부가 되길 원한 건 아니었을 것이다. 특히 힘들고 단조롭고 질병과 싸워야 하는 농사일을 생각하면 수렵채집인이 기존의 생활 방식을 기꺼이 포기할 동기는 크지 않다. 정치학자이자 인류학자인 제임스 C. 스콧James C. Scott이 《농경의 배신》에서 주장한 것처럼 최초의 도시 국가 중에서 일부는 노예 노동에 크게 의존했던 것 같다.[15]

그럼에도 농경 사회는 서서히 자리를 잡았고 마침내 경작에 적합한 대부분의 지역에서는 농업이 수렵채집인의 생활 방식을 완전히 대체했다. 유엔 식량농업기구 자료에 따르면 현재 지구에서 사람이 거주할 수 있는 대지의 약 50퍼센트는 이런 목적으로 이용되고 있다.[16] 가축은 지구 전체 포유류 생물량의 약 60퍼센트를 차지한다. 참고로 인간은 36퍼센트이고, 나머지 야생 포유류를 모두 합쳐봐야 고작 4퍼센트에 불과하다.[17] 현대의 농사 달력은 완벽에 가까운 수준으로 발전하여 거의 모든 작물의 이상적인 파종 시기와 윤작법이 잘 알려졌고, 농업인들은 가축을 사용해 토양에 필수적인 양분을 보충한다.

중동에서 농경이 전파된 직후 유럽에서는 큰 바윗돌을 원형으로 배열한 구조물과 그 밖의 다양한 달력이 등장했다. 농경이 시작되고 대략 500년 후에 건설된 고제크 서클도 그중 하나다.[18] 그러나 달력과 농사와의 관련성에 관한 명확한 기록은 문자와 쓰기가 시작된 후에야 시작된다. 고대에 번영했던 중동 지역의 대도시

가운데 하나인 바빌론에서 사람들은 약 4000년 전에 달력에 관해 기록하기 시작했다. 이 달력은 12개월로 구성되고 각각은 달의 주기와 일치하며, 열두 번의 달의 주기를 다 합쳐도 354일밖에 안 된다는 성가신 사실을 고려해 주기적으로 윤달까지 포함한다. 바빌론 천문학자들은 천체 현상을 정확하고 성실하게 추적하고 기록했다. 이들은 지구와 태양, 달의 상대적인 위치가 대략 223번째 태음월마다 반복된다는 사실까지 알아냈고, 이 지식을 이용해 안티키테라 기계처럼 일식과 월식을 정확하게 예측했다.[19] 천문학자들은 자신들을 위해서만 하늘의 활동을 관찰한 것이 아니라 이 활동에서 패턴을 찾아내 이를 미래의 실용적인 목적에 사용했다.

바빌로니아 문헌 중에 가장 널리 복제된 것이 〈물.아핀MUL.APIN〉이라는 기록물이다(설형문자 점토판에 새겨진 첫 두 상징을 딴 이름이다). 고고학자들이 거의 동일한 내용의 복사본을 60점 이상 발견할 만큼 바빌로니아 문화에서 중요한 역할을 했다고 추정된다.[20] 여기에는 플레이아데스성단을 비롯한 수십 개의 항성과 별자리가 해마다 떠오르는 날짜를 포함해, 주기적으로 발생하는 중요한 천문 현상 목록이 담겨 있다. 이런 지식은 바빌로니아 제국과 그 주변 국가처럼 계절에 따라 농경 활동을 신중하게 계획해야 하는 사회라면 아주 소중할 수밖에 없다. 실제로 〈물.아핀〉의 여러 구절에서는 태양과 별의 활동을 농사일과 연관 짓고 있다. "시마누 첫째 날부터 아부의 서른 번째 날까지 태양은 엔릴 별의 경로에 있다. 수확물을 거두고 불을 지펴라."[21]

그림 7-3 〈물.아핀〉의 절반 크기인 점토판이다. 높이가 고작 8.25센티미터, 너비는 6센티미터에 불과해 스마트폰처럼 한 손에 들고 내용을 읽을 수 있다.

지구 반대편에서는 메소아메리카인들이 독립적으로 쓰기 체계를 발명했으며 이는 약 2000년 전에 유카탄반도와 그 주변에서 사용된 마야의 문자에서 정점을 이룬다.[22] 그러나 미처 해독되기도 전에 스페인 정복자들이 거의 모든 마야 문헌을 불태우는 비극이 일어났다. 수천 권으로 추정되는 원래의 목록 중에서 현재까지 남은 것은 무화과나무 껍질로 만든 네 권의 조각난 책과 돌에 여기저기 새긴 구절들뿐이다.[23]

남아 있는 책 중에서 가장 온전한 것은 78쪽 분량의《드레스덴 코덱스Dresden Codex》로 이 책이 재발견된 독일 도시의 이름을 땄다.

바빌로니아의 〈물.아핀〉과 마찬가지로 이 문헌도 주로 태양, 금성, 화성 등을 포함해 반복되는 천체 주기를 추적하는 데 쓰였고, 마야인의 '365일짜리 하브Haab' 달력이 언급된다.[24] 어느 스페인 정복자가 회상한 것처럼, "이 사제들한테는 그림이 그려진 책이 있는데 (⋯) 그 책으로 자신들을 다스렸다. 씨를 뿌리고 거두는 시기를 그 책에 표시했다".[25] 바빌로니아인과 마찬가지로 마야인도 달력을 사용해 농사일의 시기를 결정했다.

공유할 수 있는 시계 시스템을 구축하는 이점은 대단히 크다. 저널리스트 데이비드 유잉 던컨David Ewing Duncan이 《캘린더》에서 쓴 것처럼 인간은 세계 도처에서 오랫동안 "태양과 달과 별의 움직임을 계산했고 이를 시간 속에 펼친 그물이라는 작은 정사각형 격자 안에 집어넣기"를 오랫동안 고대해왔다.[26] 저 시간의 작은 정사각형들은 확실히 점점 더 작고 정교해졌다.

시계의 발명

정수整數에 기초한 달력은 마침내 자연 세계와 일치하지 않게 된다. 기원전 46년, 전쟁에서 돌아온 율리우스 카이사르Julius Caesar는 당시 355일 달력을 사용하던 로마가 계절을 제때 따라잡지 못했다는 사실을 알아챘다. 그 바람에 수확이 시작되기도 전에 추수 축제 때가 된 것이다.[27] 좌절한 카이사르는 최고의 천문학자들을 소집해 이 난제를 해결하라 명했고, 그렇게 365일의 율리우스력이 탄생했다. 이 달력에는 4년마다 하루의 윤일이 추가된다. 그

런 이유 때문인지 기원전 46년은 "마지막 혼돈의 해annus confusionis
ultimus"로 기록되었다.[28]

만약 지구가 태양 주위를 한 바퀴 돌 때마다 정확히 365번 자
전한다면 달력을 만들고 유지하기가 얼마나 쉬웠을까. 하지만 지
구는 세련되지 못하게 1년에 365.2422번 자전하며 그조차도 근

삿값이다. 그래서 율리우스력은 4년에 한 번씩 윤년을 정하여 다시 정상 궤도로 돌아간다. 이후 교황 그레고리 13세는 1년에 지구의 자전 횟수가 정확히 365.25번이 아니라는 점까지 감안하여 1582년에 또 다른 개혁을 선언했다. 4년마다 한 번씩 돌아오는 해를 윤년으로 정하되, 매 100번째 해는 400의 배수가 아닌 이상 윤년이 아니라는 조항을 그레고리력에 추가한 것이다(즉, 1700, 1800, 1900년은 윤년이 아니고 1600, 2000년은 윤년이다).* 한 가지 더 추가해볼까. 지구가 자전하는 속도는 서서히 변하고 있으므로 가끔은 한 해의 끝에 윤초를 추가해야 하루의 길이에 일어난 미세한 변화를 따라잡을 수 있다. 그러므로 2016년 12월 31일은 예년의 8만 6400초가 아닌 8만 6401초였다. 해피 뉴 (똑딱) 이어!

달력이 여러 날에 걸친 사건을 추적한다면, 일출과 일몰 사이에 일어나는 사건을 추적하는 방식에서도 혁신이 일어났다. 예를 들어 남오스트레일리아의 야랄디족은 태양의 움직임에 따라 하루를 동트기 전, 해가 떠오르는 새벽, 아침, 태양이 중천에 있을 때, 오후, 태양이 내려오는 저녁, 어둠까지, 시간을 총 일곱 가지로 구분했다.[29] 이런 식의 구분이 시작된 건 더 오래전의 일이다. 태양의 움직임은 그것이 드리우는 그림자의 변화로 나타나는데 마침

---

*　앞에서 언급한 것처럼 달은 지구 주위를 한 바퀴 도는 데 29일하고도 절반이 걸린다(정확히 말하면 29.53일). 즉, 태양력의 1년은 달의 12번째 주기보다 약 11일이 더 길다는 뜻이다. 초기 천문학자들이 그 둘을 배열하면서 꽤나 애를 먹었을 것이다. 세상에 쉬운 게 없다.

내 사람들이 이 그림자를 체계적으로 추적하기 시작했다. 해시계는 고대 세계에서 흔하게 사용되었고, 심지어 이집트인들은 시간의 흐름을 잘 보이게 하려고 거대한 오벨리스크의 그림자까지 사용했다.[30] 당연히 그림자는 날씨가 나쁜 날이나 밤에는 안 보인다는 심각한 단점이 있다. 또한 적도가 아닌 이상, 낮의 길이는 1년 내내 변하게 마련이고 그림자 역시 마찬가지다.

모래시계나 물시계처럼 구멍 아래로 실체가 있는 무언가를 일정량만큼 떨어뜨려서 시간을 재는 시계는 훨씬 믿을 만하며, 실제로 지난 4000년 동안 다양한 문화권에서 등장했다. 예를 들어 〈물.아편〉은 어떻게 바빌로니아인이 미나mina라는 네 시간짜리 물시계를 사용해서 낮과 밤을 분할했는지 여러 문단에 걸쳐 적어 놓았다.[31] 그에 따르면 하지 무렵에는 '4미나(16시간)가 낮이고, 2미나(8시간)가 밤'이라고 규정한다. 반면에 동지 무렵에는 '2미나(8시간)가 낮이고, 4미나(16시간)가 밤'이다.[32] 초기 물시계는 다작으로 유명한 발명가 알-자자리 덕분에 정점을 이룬다. 그는 12세기에 여러 가지 신기한 시간 측정 장치를 제작했고, 그중에는 코끼리 모양의 거대한 시계도 있었다.[33]

톱니바퀴를 사용하는 기계식 시계는 발명된 후 지난 천 년 동안 서서히 정교해졌다. 그러나 안티키테라 기계의 운명이 보여주듯 어떤 문명이 훨씬 이전에 톱니바퀴 시계를 발명했다가 잊혔을 가능성도 있다.[34] 네덜란드 발명가 크리스티안 하위헌스Christiaan Huygens는 처음으로 물리 법칙에 수학 공식을 도입해 기술한 인물이며, 17세기에 최초로 믿을 수 있는 시계를 만든 사람으로도 알려졌다. 하위헌스의 시계는 진자의 규칙적 운동 원리로 작동하며 하루에 고작 몇 초밖에 틀리지 않았다.[35]

이어지는 수백 년 동안 시간을 더 정확하게 측정해야 할 필요가 생겼고(예를 들면 바다를 항해하는 선박이 경도를 정확히 측정하기 위해), 이는 혁신에 박차를 가했다. 20세기에는 수정水晶의 진동을 이용한 디지털시계가 전 세계에서 쓰이기 시작했고, 마침내 과학자들은 세슘의 믿음직스러운 공진주파수를 이용해 최고의 정밀도를 자랑하는 원자시계를 만들었다. 원자시계는 빛이 위성에서 A 지점까지 가는 데 걸리는 시간과 거기에서 고작 몇 미터 떨어진 B 지점까지 가는 데 걸리는 시간의 미세한 차이까지 측정할 수 있다. 이 방식은 GPS 내비게이션에서도 쓰이는데, GPS 시스템의 시계가 100만분의 1초 어긋나면 지상에서는 640미터의 차이가 발생한다.[36] 2019년에는 미국항공우주국이 1000만 년에 1초의 오차밖에 없는 딥 스페이스 원자시계Deep Space Atomic Clock를 쏘아 올렸다.[37]

24시간, 60분, 60초의 주기가 하루를 임의로 나눠놓은 것처럼 보일지도 모르겠다. 하지만 우리가 여전히 이 수를 사용하는 데는 그럴 만한 이유가 있다.[38] 24와 60은 둘 다 합성수 중에서도 **고합성수**에 해당하는데 그 말은 그보다 작은 어떤 수보다 다양한 정수의 곱으로 이루어졌다는 뜻이다. 24시간은 2×12시간, 3×8시간, 4×6시간으로 나눌 수 있고, 60분은 2×30분, 3×20분, 4×15분, 5×12분, 6×10분으로 나눌 수 있다. 이런 방식은 생활의 많은 측면에서 아주 편리하게 쓰일 수 있다. '8시간 노동, 8시간 여가, 8시간 휴식'은 19세기 사회주의자들이 외친 구호였다.[39]

일주일이라는 기간은 하루를 나눈 것이 아니라 곱한 결과다. 역사를 통틀어 사람들은 노동자에게 적어도 하루의 온전한 휴식을 주기 위해 일주일의 개념을 도입했다. 문화권마다 일주일을 정의하는 기준은 다르며 가령 아프리카 베냉의 에도 사람들은 4일을, 인도네시아의 자바 사람들은 5일을 일주일로 정했다. 서아프리카의 아칸족은 6일, 고대 로마인들은 8일, 고대 중국과 이집트에서는 10일이 일주일이다(프랑스에서도 혁명이 한창이던 1793년에서 1802년 사이에는 열흘을 일주일로 삼았다). 7일마다 돌아오는 일주일은 기원전 6세기경 유대교에서 기원한 것으로 보인다.[40]

어떻게 정의했든 시간을 재는 방식을 합의함으로써 인간은 장기든 단기든 일정을 계획할 수 있게 되었다. **무엇**을 하고 싶고 **어디에서** 하고 싶은지에 합의하는 것도 좋지만, **언제** 하고 싶은지에 합의하지 못하면 계획 자체가 쉽게 무산된다. 그래서 우리는 **언제**를 더욱 정확하고 검증 가능한 문제로 만드는 도구를 사용하여 예측 능력을 강화한다.

예측과 예언

내가 바라는 만큼 좋은 징조가 나타날 것이다.
— 율리우스 카이사르(기원전 44년경)

자연의 주기를 추적하고 사건을 정확히 측정하면 예측과 조정이라는 큰 힘을 사용할 수 있게 된다. 그 이상을 원한다면, 즉 미래를 통제하고 싶다면 어떤 사건이 왜 다른 사건의 뒤를 따르는지 그 인과관계의 가설을 세우는 것이 도움이 된다. 이는 '땅이 축축한 것은 아침에 비가 왔기 때문이야'처럼 간단한 이야기에서부터 우연과 부당함이 뒤엉킨 세상을 설명하려는 복잡한 이야기까지 다양하다. 이와 같이 인과관계를 설명하는 것은 예측('비가 오지 않았다. 그래서 땅에 심은 새싹이 마를 것이다') 능력을 높이고 바람직한 방향으로 미래를 바꿀 수 있는 기회('새싹이 계속 자라길 원하면 물을 주어라')를 열어줄 수 있다.

그러나 세상에는 사건을 연결하는 진정한 원인과 결과를 쉽게 알 수 없는 경우가 대부분이다. 무엇이 비를 불러오는가? 무엇이 식물을 자라게 하는가? 어떻게 비를 제어하고 식물의 생장을 조절할 수 있는가? 동시에 발생한 두 사건을 포착하게 되면 그것이 실제로 인과관계로 얽혀 있든('축축한 땅에서 식물이 잘 자란다'), 전혀 그렇지 않든('저 곰이 보이면 비가 오기 시작한다') 사람들은 미래의 사건에 영향력을 행사할 수 있다('축축한 땅에 씨앗을 심어라' '그 곰을 숭배하라').

다가올 사건을 통제하고 영향을 끼치려는 다른 많은 시도도 마찬가지였을 것이다. 처음에 사람들은 특정 바위를 특정 방식으로 내리쳐서 불을 일으키는 의식과 불 주위에서 특정 방식으로 춤을 춰서 비가 오게 하는 의식을 구분하지 못했을 것이다. 둘 다 신과 정령에게 바치는 의식과 이야기가 수반될 수 있다. 현재를 사는 우리들의 눈에는 돌과 돌을 부딪쳐 불꽃이 튀는 것은 인과관계이고 춤을 추었더니 비가 온다는 것은 단순한 우연이라는 것이 분명하지만 이런 차이가 늘 자명한 건 아니다. 처음에는 불을 피우기 위해서 특정 종류의 암석이 필요하다는 사실과, 젖은 암석으로는 불을 피울 수 없다 같은 전제 조건이 명확하지 않을 수 있다. 기우제를 열었지만 비가 오지 않은 것은 의례가 미흡했거나 노래를 제대로 부르지 않았거나 적절한 제물을 올리지 않았기 때문이라고 생각했을 것이다.

우리는 어떤 아이디어가 큰 성공을 만들어낼지, 어떤 아이디어가 실패로 이어질지 예견할 수 없다. 역사상 가장 유명한 과학자인 뉴턴도 고전역학을 개척한 인과이론을 주창한 동시에 보통의 물질을 금으로 바꾸는 연금술사의 꿈을 좇아 몇십 년을 연구했다 (뉴턴을 비웃기 전에 연금술사를 일면 옹호하자면 이제는 원자로에서 금을 합성하는 것이 가능해졌다. 금광에서 캐낸 금의 시장 가격보다 훨씬 비싼 데다 방사능을 띤다는 차이가 있을 뿐이지만).

기원전 44년에 로마의 웅변가이자 문장가인 키케로는 《예언에 관하여》라는 독특한 제목의 책에서 원인과 결과 그리고 예측의 본질을 고찰했다. 동생인 퀸투스와의 대화 형식으로 쓰인 이 책은 이렇게 시작한다. "그리스인이 만티키mantiki라고 부른 예감, 즉 미래에 일어날 일을 예견하는 능력을 갖춘 자가 있다는 사실은 영웅의 시대에 시작된 오래된 믿음이며 이는 로마인들에 의해, 사실상 모든 국가의 만장일치로 공식화되었다."[41]

수 세기 동안 로마인이 가장 좋아하는 만티키 방식은 조점술, 즉 새의 행동으로 미래를 읽는 점술이었다. 남쪽으로 새가 날아가면 겨울이 온다는 점괘는 확실한 과학적 사실이지만, 로마인들은 새들의 행동에서 그보다 더 많은 것을 읽었다. 신성한 닭의 부리에서 먹이가 떨어지는 것은 좋은 징조이지만, 그 닭이 음식을 거부한다면 나쁜 징조였다. 점쟁이의 오른쪽에서 나타나는 큰까마귀는 호의적인 전조이지만, 왼쪽에서 나타나는 큰까마귀는 그렇지 않았다. 큰까마귀 말고 그냥 까마귀에 대해서는 규칙이 반대로 적용되었다. 갈리아 왕 데이오타루스는 여행 중에 독수리가 나는 것을 보면 언제나 가던 길을 멈추고 돌아왔다. 그는 그런 행동 덕분에 천장이 무너지는 사고에서 화를 피한 적이 있었다. 고대의 전성기에 점을 보는 것은 진지한 일이었다.

퀸투스는 점술의 열렬한 옹호자로서 새들의 행동으로, 소의 내장으로, 행성의 활동으로, 번개의 모양으로 미래를 엿볼 수 있다고 믿었다. 그러나 형인 키케로는 확실한 회의론자였다. 그는 《예언에 관하여》의 후반부 전체를 할애해 동생의 신념을 조직적으로 해체하려고 했고 점술을 믿는 철학자는 "자신이 지껄이는 헛소리가 부끄러운 줄 알아야 한다"고 주장했다. 키케로는 모든 것은 "자연에서 그 원인을 찾아야" 하며, "인간이 미래를 정확하게 예측할 수 있는 유일하게 타당한 방법은 사건 사이에서 자연적인 연결성을 찾는 것"이라고 생각했다.[42]

퀸투스와 키케로의 생각이 서로 정반대인 것으로 보일 수도 있지만 이들의 생각은 궁극적으로는 동일한 인지 능력에서 비롯했다. 인과론의 원천이 자연이든 초자연이든 이런 이야기는 미래를 더 잘 이해하고 예측하려는 시도를 보여준다.

바빌로니아의 천문학 문헌인 〈물.아핀〉이 놀라운 원시 과학 개요서이자 실용적인 농사 달력이었다는 사실을 기억할 것이다. 그러나 이 문헌의 마지막은 "한 해가 시작할 때 목성의 별이 보이면 그해의 농사는 풍작일 것이다" 또는 "별이 하늘 한가운데에서 환히 타오르고 서쪽으로 지면 그 땅은 큰 것을 잃을 것이다"와 같은 특이한 구절들이 포함되어 있다. 〈물.아핀〉을 마무리하는 예언은 새로 물을 댄 땅의 생산성, 말과 가축의 운명, 역병과 정치 혁명의 발발, 새로운 통치자의 수명 등 불확실한 미래에 관한 것이다.[43]

이와 비슷하게 마야인의 《드레스덴 코덱스》는 금성과 화성의 주기를 꼼꼼하게 기록하고 있지만, 상당 부분은 1년을 260일로 잡은 촐킨Tzolk'in이라는 예언 달력에 할애한다.[44] 이 책은 수십 개의 촐킨 달력을 포함하고 있으며 매일매일에 대한 개별 예언이 실려 있다. 1562년에 마야 서적을 불태우는 데 앞장선 디에고 데 란다Diego de Landa 주교는 그 달력이 어떻게 사용되었는지 다음과 같은 말로 회상했다. "사제 중에서도 가장 현명한 이들이 책을 열고 그해의 예언을 살펴본 다음, 참석자들에게 공표하면서 '이 사악한 예언에 대한' 약간의 해결책을 설교했다."[45]

문자와 글이 독립적으로 발명된 세 번째 주요 사례는 중국에서 찾을 수 있다.[46] 최초의 한자는 갑골문에서 발견되는데 3000년 전으로 거슬러 올라간다. 갑골문에는 달력이 새겨지기도 했지만 대부분은 초자연적인 예언에 사용된 것처럼 보인다. 고대 중국의 점성술사들은 이를테면 "치통이 왕에게 큰 폐를 끼치겠는가"라는 질문을 뼈에 새긴 다음 그 뼈를 태워 금이 가게 했는데 그 형태가 질문에 대한 예언으로 해석되었다.[47]

왜 사람들은 천상의 징조가 지구에서 미래에 벌어질 사건과 일치하지 않는다는 것을 인지하지 못했을까? 그리고 〈물.아편〉, 촐킨, 갑골문의 예언은 어떻게 그들의 문화에 그렇게 깊게 뿌리내렸을까? 키케로의 동생이자 초자연 현상의 신봉자였던 퀸투스는 이렇게 답한다. "조점술의 좋지 않은 점괘, 그리고 그 밖의 모든 징조, 전조, 징후들은 앞으로 일어날 일의 원인이 아니다. 그것들은 단지 예방하지 않으면 일어날 일을 말하고 있을 뿐이다."[48]

"예방하지 않으면!" 이런 측면에서 보면 왜 점술법이 유지되는지를 쉽게 알 수 있다. 예언된 불운이 일어나지 않는다면 그건 기뻐할 일이며 당신은 제대로 대비를 한 것이다. 반대로 예언된 사건이 벌어진다면 그 책임은 점괘에 제대로 귀 기울이지 않은 당신에게 있다. 어느 쪽이든 당신은 일어날 수 있는 미래의 사건에 대해 반성하게 된다. 설령 전에는 그 가능성이 생각나지 않았더라도 말이다. 사실 퀸투스의 미신은 고대에 한정되지 않는다. 1981년 로널드 레이건Ronald Reagan 대통령 암살 시도 이후, 아내 낸시 레이건Nancy Reagan은 업무 일정을 짤 때 신통력이 있는 사람에게 먼저 물어봐야 한다고 고집했다. 결국 레이건의 비서실장은 점성술사의 조언을 듣고 '나쁜' 날은 빨간색으로, '좋은' 날은 초록색으로 달력에 표시했다. 예를 들어 1986년 1월 20일에는 "백악관 밖으로 나가지 말 것—암살 시도 가능성 있음"이라고 쓰여 있다.[*][49]

점괘가 잘 들어맞지 않는다고 하더라도 점술 자체는 예지력에 대한 성찰의 산물이자 예지력을 강화하려는 시도로 볼 수 있다. 인간은 자신이 미래를 정확히 예측할 수 없다는 것을 인지하고 있다. 그래서 외부의 도구와 기술에다가 미래에 대한 예상을 아웃소싱하는 것이다. 그중 일부는 맞고 일부는 틀린다. 그러나 아무리 형편없는 점괘라도 최소한 사람들이 다양한 가능성을 염두에 두고 자신들이 원하는 미래를 맞이하도록 노력하게 할 수는 있다.

---

[*] 19세기와 20세기 초에는 진화론자 앨프리드 러셀 월리스처럼 과학적 발견의 심장부에 있는 저명한 학자들조차 강령회, 영웅반과 같은 심령술에 미래를 물었다. 회의론자들이 초자연적 능력을 주장하는 자들을 매의 눈으로 살펴본 결과 연기와 거울 외에는 아무것도 발견하지 못했다. 마법사이자 탈출 전문가인 해리 후디니Harry Houdini는 초자연적 현상을 증명하는 사람에게 포상금까지 걸었으나 소용이 없었다. 후디니는 훌륭한 과학자의 태도로, 자신이 틀릴 수 있다는 가능성에 마음을 열었고 심지어 사후 세계의 가능성까지 염두에 두었다. 후디니는 아내와 함께 계획을 세우고 자신이 먼저 저세상에 가면 암호로 메시지를 보내겠다고 했다. 후디니의 아내는 그가 사망한 후 매년 강령회를 열었지만 그는 끝내 나타나지 않았다.

기록하는 존재

문자와 글의 발명으로 인간은 시간의 흐름에 따라 사건을 추적하고, 세상이 왜 지금과 같은지에 대한 설명과 앞으로 나아갈 방향에 대한 예측을 공유하는 새로운 도구를 갖추게 되었다. 최근 연구에 따르면 기록하는 능력은 실제로 사람들 사이의 거래를 강화했다.

한 연구에서 연구자들은 두 명의 참가자 조시와 애나에게 거래 게임을 하게 했다. 실험자가 조시에게 약간의 돈을 주면서 조시가 그 돈의 일부를 애나와 나눈다면, 그 몫을 세 배로 쳐서 애나에게 주겠다고 했다. 횡재한 돈의 일부를 다시 조시에게 돌려주는 것은 애나의 선택이다. 게임은 총 열 번 진행되었고, 실험군에 따라 2명이, 또는 10명이 서로 돈을 주고받았다. 참가자가 10명일 때는 누가 돈을 돌려주고 누가 주지 않았는지 추적하기가 상당히 어려웠다. 하지만 한 실험군에는 각 라운드마다 참가자들이 누구에게 얼마를 보냈고 얼마를 돌려받았는지 기록하게 했다. 거래 내역을 기록하게 되자 참가자들은 훨씬 공평하게 돈을 나누게 되었고 결과적으로 미래의 자신에게 더 많은 돈을 보낼 수 있었다. 거래 내용을 기록한 실험군은 장기적으로 다른 실험군보다 주머니를 더 두둑이 채웠다.

연구자들은 이처럼 거래 내역의 기록이 초기 인간 사회에서도 복잡한 거래망 안에 있는 낯선 이들 간의 높은 신뢰와 협력을 가능하게 했을 것으로 추측했다. 이 실험이 증명한 것처럼 기록은 구성원의 비협조적인 행동을 봐주지 않았고 그 결과 협력을 유지할 동기를 부여했다. 이렇게 협력하는 문화의 전통이 시작되고 유지되면 사람들은 전에는 너무 위험하다고 생각했던 큰 거래도 도전하게 된다.[50]

이런 기록이 반드시 글의 형태를 취할 필요는 없다. 2장에서 수메르인들이 원래는 빚과 세금을 추적하기 위해 봉인된 점토 항아리에 토큰을 넣었다는 사실을 떠올려보자.[51] 이와 비슷하게 중국의 문자도 현존하는 최초의 갑골문자 이전부터 이미 상당히 발전했을 것으로 추정된다.[52] 약 2500년 전 중국 우화와 격언을 담은 《도덕경》은 문자 대신에 '밧줄의 매듭'을 사용했던 먼 과거를 언급한다.[53] 또 다른 고대 중국 경전인 《역경》은 그런 밧줄의 기능을 논한다. "먼 옛날 매듭을 맨 끈은 '통치자들이' 정사를 처리하는 데 사용되었다."[54] 이 신비한 중국의 밧줄 매듭은 이제 하나도 남아 있지 않지만, 한때는 적어도 세계의 두 지역에서 '일을 처리하는 데' 아주 중요하게 쓰였다는 사실이 밝혀졌다.

영국 선교사 대니얼 타이어만Daniel Tyerman은 1821년에서 1829년까지의 여행을 기록한 일지에서 어떻게 하와이 사람들이 소유권을 기록했는지 이야기한다.

세금 징수자들은 읽지도 쓰지도 못하지만 섬 전체의 주민으로부터 징수한 갖가지 물품을 아주 정확하게 기록했다. 그 일은 주로 한 사람이 도맡아 하며 기록 수단은 그저 길이가

400~500패덤(700~900미터)쯤 되는 밧줄이다. 밧줄은 다양한 구역에 할당되는데, 주로 색깔과 크기와 모양이 각기 다른 매듭, 고리, 술로 밧줄을 구분한다. 납세자는 각각 밧줄에 자기 자리가 있다. 각 구역 납세자들의 밧줄에게는 자기의 몫이 있고, 달러의 양, 돼지, 개, 샌들 한 쌍, 토란의 양 등등에 따라 납세자들이 내야 할 세금의 비율이 정해졌다. 이때 앞서 말한 납세 품목 종류에 따라 그 표식들은 가장 독창적이고 기발한 방법으로 규정되었다.[55]

태평양의 사모아섬과 뉴질랜드에서도 비슷한 방식으로 밧줄을 사용했다는 증거가 있으며, 심지어 마오리족 사이에서는 조상들이 새에게 밧줄을 전달하게 하여 섬과 섬끼리 메시지를 주고받았다는 이야기도 전해진다.[56] 언어학적 증거에 따르면 현재 폴리네시아 주민의 기원을 대만으로 추정할 수 있으며, DNA 분석을 통해 폴리네시아인들과 대만 토착민이 공유하는 희귀한 유전자 표지가 밝혀졌다.[57] 그러므로 《도덕경》과 《역경》에서 언급된 고대의 밧줄 기록이 중국 본토 또는 대만에서 기원했으며 그 전통이 수천 년 동안 폴리네시아 섬들에서 이어졌다는 가설이 얼마든지 가능하다.[58]

그러나 밧줄 기록에 관한 가장 유명한 사례는 남아메리카에 있다.[59] 잉카인과 그 이웃 부족들은 세금과 재산 정보뿐 아니라 달력을 기록하는 데에도 매듭 문자인 키푸khipu를 사용했다.[60] 안타깝게도 키푸는 정복자들이 침입하면서 서서히 사용이 줄어들었다. 잉카 제국을 멸망시킨 에르난도 피사로Hernando Pizarro는 잉카인의 재물을 약탈할 때마다 잉카 회계관리자가 창고 밖에서 키푸의 매듭을 묶었다 풀었다 하며 줄어드는 보물을 기록했다고 썼다.[61] 수백 개의 키푸가 박물관과 개인 소장품으로 남아 있지만 매듭을 읽는 방법은 소실되었다.

키푸 매듭이 현대의 글처럼 음성언어와 일치하는지는 알 수 없다. 그렇더라도 키푸와 초기 수메르인의 설형문자 사이에 유사점을 논할 수는 있다. 수메르인의 설형문자도 원래는 특정 발음에 일치하는 부호가 아니라 물건과 개념을 표시하는 것이었다. 수메르인들이 키푸의 기능과 비슷한 목적, 즉 누가 무엇을 빚었고 언제 갚아야 하는지를 기록하기 위해 서서히 설형문자를 혁신했다는 점을 상기하자.

그러나 점차 설형문자는 발음부호에 통합되기 시작했고, 여기에는 특정한 개인을 지칭하는 문자도 포함된다. 세계 최초로 이름이 기록된 사람은 쿠심Kushim이라는 관료였다. 5000년 전 수메르 회계관리자들은 다음과 같이 해석되는 문장을 비롯해 적어도 18개의 점토판에서 쿠심이라는 이름을 사용했다. "우르크의 이난나 사원에서 양조를 책임지는 정부 관리 쿠심에게 37개월에 걸쳐 전달된 2만 9086자루의 보리."[62]

역사학자 유발 하라리Yuval Harari는 베스트셀러 《사피엔스》에서 현대 독자라면 저런 글을 읽고 "크게 실망했을 것이다"라고 썼다.

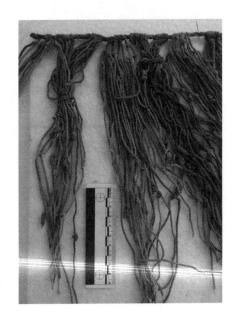

그림 7-5 페루의 잉카와시 고고
학 유적지에서 최근 발굴된 잉
카의 키푸.

초기 설형문자로 쓰인 문헌은 쿠심이 살았던 시대의 철학과 신학, 법을 표현할 만큼 발달하지 않았기 때문이다.[63] 그러나 모든 거래 당사자가 계약에 합의했다는 사실을 증명하는 기록 하나 없이 저런 계약을 이행하는 것이 얼마나 어려웠을지는 지금도 충분히 상상 가능하다. 그런 기록이 없다면 37개월(태양력으로 약 3년)이라는 상환 기간은 2만 9086자루가 아닌 1만 9086자루의 보리를 빚졌다고 편리하게 '기억할' 만큼 충분히 긴 시간이다. 결국 점토판과 키푸 같은 초기의 회계 기록이 거래 당사자들을 정확한 조건에 묶어둔 덕분에 다양한 이해관계에 있는 사람들 사이에서 큰돈이 오가는 위험도 높은 협력이 가능했다.

깨지기 쉬운 협력의 보완법

중동의 '비옥한 초승달 지대'에서 출현한 문자 체계는 마침내 완전한 음성 문장을 표현할 정도로 정교해졌고 협력과 질서를 강화할 수 있는 법과 조약, 절차 등을 아우를 수 있게 되었다. 여기에는 〈물.아핀〉이나 좀 더 잘 알려진 〈함무라비 법전〉과 같은 고전 문헌이 포함된다. 기원전 1754년에 고대 바빌로니아에서 만들어진 〈함무라비 법전〉은 사람들이 법을 어겼을 때 어떤 결과에 직면하게 되는지 개괄한다. 이 법전의 거의 모든 법은 "만약"이라는 단어로 시작하며 미래에 가능한 행동과 국가가 지정한 배상 방식이 이어진다.[64] "만약 다른 사람의 눈을 뽑으면 그의 눈도 뽑는다." 〈함무라비 법전〉 제196조 항목이다.

법전에 명시된 규칙은 피해자가 사적인 보복을 시도하거나 대대로 피 흘리며 원수지는 일 없이 정해진 증거 기준에 근거하여 사건을 처리할 것임을 약속한다. 이런 법규는 반사회적 행동이 어떤 결과를 불러올지 누구나 확실히 알 수 있도록 하며 상황의 해결을 국가가 보장함으로써 폭력적 행위를 억제했다. 심지어 현대의 법은 범죄 행위의 우발성을 더욱 세심히 구분하는데 범죄의 결과를 얼마나 예상했는지가 기준이 되기도 한다. 앞에서 범법 행위를 고의, 미필적고의, 과실로 구분했던 것을 떠올려보라.

현대의 기준으로 보면 〈함무라비 법전〉은 잔인한 부분도 있지만 예상했던 것보다 더 너그러운 측면도 있다. 보이지 않는 '신의 행위'가 발생한 경우 채무자들을 보호하는 제48조 항목을 살펴보자. "빚을 진 사람의 밭에 폭풍이 몰아쳐서 곡식이 쓰러지고 수확에 실패하거나 작물이 가뭄으로 잘 자라지 않으면 그해에는 채권자에게 곡물을 갚지 않아도 된다. 빚이 적힌 점토판을 물로 씻고 그해의 사용료는 지불하지 않는다." 이 법은 계약의 쌍방이 미래의 결제일을 합의하고 서로 선의로 대했더라도 때로는 일이 계획대로 되지 않을 수 있다는 것을 인정한다.

쓰기와 문자는 개인 사이에서만이 아니라 집단 간의 갈등을 해결하고 협력 상태를 유지하는 데에도 도움이 됐다. 가장 오래전에 기록된 평화 조약은 3200년 전 이집트인과 히타이트인 사이에 체결되었는데 2세기 동안 지속되던 유혈 충돌을 마무리 짓고 평화로운 형제 관계를 약속하는 내용이었다.[65] 여기에는 서로의 땅을 침범하지 않겠다는 미래의 의무가 포함되며 그들의 후손들까지 약속을 지켜야 한다. 이 약속은 '영원한 조약Eternal Treaty'이라고 알려졌으며 지금도 유엔 본부에 그 복제품이 전시되어 있다.

인간은 협력이 깨지기 쉽다는 것을 오래전부터 알고 있었고, 상호작용을 더 잘 예측하고 사회의 원활한 기능을 보장하기 위한 많은 방법을 고안했다. 심지어 예측 방법의 혁신으로 아예 결과를 예측할 수 없도록 만들기도 했다. 인간은 도박에 쓸 주사위를 발명했고 무작위 기술을 효율적으로 사용했다. 예를 들어 아리스토텔레스의 《아테네의 헌법The Athenian Constitution》은 그런 무작위성이 어떻게 부패를 방지할 수 있는지 설명한다. 서른 살 이상의 적격한 모든 아테네 남성은 민사 또는 형사 재판에서 배심원으로 입회할 자격이 있었다. 그러나 배심원으로 선발되려면 클레로테리온kleroterion이라는 추첨 기계에 표를 넣고 결과를 기다려야 했다. 이는 판사도 마찬가지였다. 아리스토텔레스는 이런 무작위 배정의 목적이 "사람들이 자기 마음대로 특정 법원을 선택하여 배심원이 되는 것을 막기 위해서"라고 썼다.[66] 이런 시스템을 설계한 사람은 인간이 정의의 심판을 왜곡할 가능성을 꿰뚫어 보았기에 재판 절차에서 이런 가능성이 실제로 일어나지 않도록 최선을 다한 것이다.[*][67] 이런 과정의 투명성 때문에 아테네 시민은 언제든 자신 역시 법정에 서게 되었을 때 무작위로 배정된 판사와 동료 배심원 앞에서 공정하게 심판을 받으리라 확신할 수 있었다.

그러나 배심원들이 순전히 의무감과 훌륭한 시민의식으로 법정에 들어간 것은 아니었다. 이들도 보수를 받았다. 사건을 심리하고 항아리에 익명으로 투표하고 나면 배심원은 구리나 청동으로 만든 동전 아볼obol을 세 개씩 받았다.[68] 화폐도 미래의 보상을 약속

---

[*] 인류학자 파스칼 보이어Pascal Boyer는 인간 사회에서 점술이 만연한 것 역시 집단 의사 결정을 방해하는 기득권층에 대한 방어책으로 볼 수 있다고 주장했다. 연기, 찻잎, 타로카드 등만 봐도 알 수 있듯이 많은 점술법은 어느 정도 무작위성을 바탕으로 한다. 보이어에 따르면 이런 식의 점술법이 시작되고 또 지금껏 살아남은 이유는 점괘가 인간이 통제할 수 없는 방식으로 나온 결과라면 그건 인간에 의해 왜곡되지 않았을 가능성이 높기 때문이다. 물론 기득권층이 뒤에서 점술가를 조종할 수는 있다. 특히 그들이 그 징표를 '해석하는' 유일한 사람일 경우에는 더욱 그렇다.

하고 상품과 노동을 맞바꾸게 하는 중요한 혁신이었다. 작가 호르헤 루이스 보르헤스Jorge Luis Borges가 말한 것처럼, "모든 동전은 (…) 엄밀한 의미에서 무엇이든 될 수 있는 미래의 레퍼토리다. (…) 교외에서의 근사한 저녁이 될 수도, 브람스의 음악이 될 수도 있다. 지도도, 체스도, 커피도 될 수 있다. 황금을 멸시하라고 가르친 철학자 에픽테토스의 말이 될 수도 있다".[69]

돈이 발명되기 이전에 거래는 서로 **원하는 것이 일치해야만** 성사되었다. 한 사람이 여분의 도끼가 있지만 바구니가 없고, 다른 사람은 여분의 바구니가 있지만 도끼가 필요하다면 서로 남는 물건을 교환할 수 있었다. 그러나 대개는 서로 원하는 것을 맞추기가 어렵다. 나는 도끼를 원하지만 여분의 도끼를 갖고 있는 사람이 내 바구니를 원하지 않는다면 다음 날 다른 것을 들고 와서 다시 거래를 청해야 한다. 돈은 거래의 시간을 연장하고 과거의 거래에서는 허락되지 않았던 제삼자와의 거래도 가능하게 했다.

쓰기가 돈에 기초한 거래를 다방면으로 용이하게 해주었지만 필수 조건은 아니었다. 예를 들어 태평양의 오지 야프섬에서 사람들은 오랫동안 라이Rai라는 원형의 석회암 돌판을 사용해 음식과 땅을 사고 보상금을 지불했다.[70] 야프의 경제는 어떤 시점에 누가 어떤 돌을 소유했는지에 관해 모두가 동의하는 시스템을 기반으로 했으며, 가장 큰 돌은 공공장소에서 상징적으로 소유권이 이전되기도 했다. 어떤 돌은 수백 년간 그 섬의 한자리에 있었지만, 그 돌의 소유권은 몇 번에 걸쳐 바뀌기도 했다. 놀랍게도 가장 가까운 석회암 매장지는 야프섬에서 450킬로미터나 떨어진 팔라우섬에 있었다. 수백 년 동안 야프섬 사람들은 팔라우섬까지 긴 여행을 했고, 거기에서 돌을 캐서 배에 싣고 집으로 돌아왔다. 이 위험천만한 여정으로 많은 돌판이 운송 중에 태평양 바다에서 영원한 안식을 찾았다. 그러나 운 좋게 새로운 돌을 가지고 귀향한 광부들은 보르헤스가 말한 것처럼 가능한 미래의 레퍼토리를 들고 돌아온 셈이었다.

야프섬의 역사보존 책임자인 존 타릉안John Tharngan에 따르면 라이의 가치를 결정하는 가장 중요한 요인은 그 돌을 얻는 과정에서 희생된 목숨의 수였다. 그렇더라도 그 돌은 어디까지나 미래에 상품과 서비스로 교환될 수 있는 한에서만 돈으로서의 가치가 있었다.* 영국의 20파운드짜리 지폐에 여전히 "이 지폐를 소지한 자가 요구할 시 20파운드를 지불할 것을 약속한다"라는 문구가 새겨져 있는 것을 생각해보라. 1931년까지 이 지폐를 들고 은행에 가면 금으로 바꿔줬다. 동전, 지폐, 라이, 화면에 있는 숫자 등 궁극적으로 돈의 가치라는 것은 사람들이 미래에도 그것을 가치 있게 평가할 거라는 믿음에 기반한다.[71]

---

* 1800년대 후반 아일랜드계 미국인 선원 데이비드 오키프David O'Keefe가 현대 기술로 직접 라이를 캐다가 야프섬 사람들과 교환하기 시작했다. 그러나 오키프의 돌은 훨씬 덜 위험하게 얻어졌기 때문에 원래 섬에 있던 것보다 훨씬 가치가 낮았다. 그럼에도 돌이 점점 유입되면서 섬의 물가는 계속 상승했고 결국 바윗돌 경제는 완전히 무너졌다. 현재 라이는 의식용으로만 교환되며 야프섬에서 주요 통화는 미국 달러다.

그림 7-6 태평양 야프섬의 라이.

멘탈 타임머신의 도구는 혁신을 추동한다

달력, 돈, 글과 같은 정신적 시간여행 도구에 크게 의존하는 바람에 우리가 치러야 할 대가가 있을까? 서양 철학의 아버지이자, 본인이 직접 글을 쓴 적은 없는 것으로 유명한 소크라테스는 사람들이 글을 배우면 "그들의 영혼에 망각이 심어질 것"이라면서 걱정했다. "글로 써둔 것에 의존하여 더 이상 자신의 내면에서가 아닌 외부의 표식으로 사물을 기억하며 암기 연습을 게을리 할 것이다."[72] 최근에는 인터넷으로 작동되는 디지털 도우미에 점점 더 의존하면서 인간의 인지 능력에 일어날 일을 염려하는 사람들이 많아졌다. 저널리스트 니콜라스 카Nicholas Carr는 유명한 2008년 기사에서 "구글이 우리를 멍청이로 만들고 있는가?"라고 물었다.[73] 스마트폰이 자신의 해마를 축소하고, 타고난 멘탈 타임머신의 성능을 저하하는 것은 아닐지 분명 궁금할 수 있다.

이런 우려가 전혀 근거 없는 것은 아니다. 어떤 증거에 따르면 광범위하게 GPS 장치를 사용하는 것이 공간 추론에 장애를 일으키고, 신체 외부에 정보를 저장하면 만약 그 방법이 예기치 않게 불가능해졌을 때 기억의 오류가 늘어난다.[74] 그러나 적어도 지금까지는 소크라테스가 틀린 게 분명하다. 글을 읽고 쓸 줄 아는 것이 개인의 인지력이나 사회 전반에 큰 혼란을 가져오지는 않았다. 전자기기, 인터넷, 인공지능 시스템에 파묻혀 자란 아이들이 전기가 나갔을 때 얼마나 무력해질지 아직은 알 수 없지만, 이 첨단의 디지털 환경이 인지적 요구의 부담을 줄이는 데 의존해왔던 인간의 오랜 역사를 이어가고 있는 것만큼은 분명하다.

우리는 능력을 향상하고 한계를 보완하기 위해 많은 도구를 고안해왔다. 우리는 시간을 측정하고 역사를 기록하고 계약서를 쓴다. 인간 정신의 이 산물들은 우리를 둘러싼 하나의 세계를 창조한다. 동물에게는 불가해한 이 세계가 우리가 하는 일과 그 방식을 지배한다. 우리는 나중에 갚을 것을 약속하고 대출하며, 큰 이익을 희망하며 투자하고, 위험을 분산하기 위해 보험에 가입한다. 또 필요할 때 현금화할 수 있다고 믿기 때문에 저축한다. 인간의 언어는 지금 이곳에 있는 것이 아니라도 제한 없이 지칭할 수 있으며, 우리는 글쓰기를 통해 허공으로 사라지는 일시적인 소리에서 시대를 초월하는 불변의 진술로 우리의 언어를 바꾸어놓았다.

도구는 과거를 기록하고 현재를 관리하고 미래를 설계하는 능력을 극적으로 변화시켰다. 우리의 정신은 혁신과 불가분하게 얽혀 있으면서 우리가 오늘날 살고 있는 세상을 뒷받침하는 약속의 미로를 만들고 있다.

우리 시대의 시간

지금 우리는 인류의 시작점에 있다. (…) 우리 앞에는 수만 년이 기다리고 있다. 우리의 책임은 우리가 할 수 있는 일을 하고 배울 수 있는 것을 배우며 해결책을 개선하고 그걸 후대에 물려주는 것이다.

— 리처드 파인먼Richard Feynman (1955)

미래를 예견하고 통제하고자 하는 인간의 욕망이 세상을 바꿔왔다. 돌도끼 설계에서 도구를 담는 도구까지, 계절의 예측과 작물의 경작까지, 거래의 계획과 시장의 조율까지, 예지력은 인류사의 핵심적인 열쇠가 되었다. 그러나 인간의 예지력은 완벽과는 거리가 멀고 우리는 여전히 상황을 끔찍하게 만들곤 한다.

　2020년의 시작을 기념하기 위해 독일 크레펠트 동물원에서 엄마와 두 딸이 풍등 여섯 개에 새해 소망을 적어 하늘에 날려 보냈다. 천천히 하늘로 올라가는 풍등의 모습은 오랜 세월 사람들을 기쁘게 해주었다. 그러나 공교롭게도 밝은 미래를 염원하는 이 소망이 풍등이 크레펠트 동물원의 유인원관에 내려앉아 화재를 일으켰고 결국 고릴라 두 마리, 오랑우탄 다섯 마리, 침팬지 한 마리를 포함한 영장류 열두 마리가 불 속에서 처참하게 죽어갔다.[1] 이 비극은 프로메테우스가 인간에게 불을 가져다주면서 부여한 힘이 우리의 가장 가까운 친척을 포함한 다른 동물에게 재난을 초래한 가슴 아픈 비유로 읽힌다. 여전히 우리는 배워야 할 게 아주 많다.

인간이 미래를 내다보는 능력은 완벽할 수 없겠지만 우리는 그 한계를 다른 방식으로 보완한다. 이 책 전반에서 반복하여 다룬 것처럼 인간의 힘은 예지력 그 자체보다 자신이 가진 예지력의 강점과 약점을 파악하는 능력에서 비롯했다. 이를테면 풍등이 어디에 떨어질지 예상할 수 없기 때문에 많은 나라에서 풍등을 금지한다.

이 책 역시 인간 예지력의 강점과 약점을 이해하려는 노력을 담고자 했다. 우리는 인간이 지닌 멘탈 타임머신의 본질을 탐구하면서 생태학자 니콜라스 틴베르헌이 특정 형질을 조사할 때 품었던 네 가지 질문을 똑같이 적용했다. 예지력은 어떻게 발달하는가. 예지력은 어떻게 작동하는가. 예지력은 시간이 지나면서 어떻게 진화했는가. 그리고 예지력의 기능은 무엇인가. 마지막으로 우리는 최근 인류 역사에서 예지력이 맡은 필수적인 역할을 되짚어보고, 과학적 방법론에서 이 능력이 체계적으로 적용됨으로써 인류세가 시작되었음을 확인할 것이다. 또한 그로 인한 성공과 실패, 모두를 살필 것이다. 예지력은 실로 대단한 능력이다. 앞으로 펼쳐질 새로운 시대를 항해하면서 우리가 고대할 미래를 확보하려면 예지력을 어떻게 사용해야 할지 반드시 알아두는 게 좋겠다.

과학적 사고는 예지력의 새로운 방식을 창조한다

과학적 방법론은 근본적으로 세 가지 단계를 거친다는 것을 떠올려보자.[2] 관찰과 실험으로 데이터를 수집하고, 이 데이터를 생성하는 가능성 있는 설명을 제시하고, 그 설명에서 유래한 가설을 실험한다. 이 과정에서 예지력은 필수적이다. 과학자란 예측하고 실험하는 사람이다. 과학적 방법론의 특징은 내장된 자기 교정 능력에 있으며, 이런 경향은 가설이 옳다고 증명하는 방법을 찾는 게 아니라 다른 대안을 제거하는 방법을 찾게 만든다. 다른 이들과 마찬가지로 과학자도 자신의 발상에 애착을 가질 수밖에 없다. 그러나 예측이 일관적으로 뒷받침되지 않으면 가설은 대체되거나 수정되어야 하며 세상의 작동 방식을 더 잘 설명할 수 있는 다른 원리를 도출해야 한다.

따라서 원론적으로는 세상의 실제 작용에 관해 더 많이 밝힐수록 미래를 더 많이 예측할 수 있게 된다. 고전역학의 기초 교과서인《프린키피아》에서 뉴턴은 물체의 움직임을 지배하는 법칙을 수학 공식으로 표현함으로써 완벽히 예측 가능한 완전한 우주이론을 처음으로 시도했다.[3] 예를 들어 움직이는 물체의 질량과 가속도를 알면 그 두 변수를 곱하여 충돌할 때 생기는 힘을 계산할 수 있다. 뉴턴의 세 가지 운동 법칙은 만유인력의 법칙과 함께 (바빌로니아인과 마야인이 수천 년 먼저 기록했던) 복잡하지만 예상 가능한 천체의 궤도를 포착했다. 1687년 7월 5일에 출간된 뉴턴의 이 대표작은 계몽시대의 주춧돌이 되었다.[4]

유럽사에서 계몽시대는 과학 발견의 보급과 철학 논쟁이 급속도로 가속화된 시기다. 이는 사람들이 다양한 시대와 장소에서 다져진 토대 위에서 세상과 자신을 이해하고자 노력하는 방식의 전환을 예고했다. 예를 들어 유럽에서 과학적 방법론이 정립되기 수 세기 전에 이미 아랍 학자 이븐 알 하이삼Ibn Al-Haytham은 관찰과 예측, 그리고 실험을 통해 빛과 시각의 속성을 조사했다.[*][5] 과학적 사고는 불쑥 나타날 때마다 미래를 예견하는 새로운 방식을 창조한다. 뉴턴과 동시대 라이벌이었던 로버트 훅Robert Hooke은 과학적 사고가 인간의 삶을 얼마나 근본적으로 개선할지 처음으로 인지한 사람의 하나였다. 그는 우리가 언젠가는 과학적으로 제작된 도구를 이용해 "어느 정도 앞서서 날씨의 변이를 보고 미리 경고함으로써 많은 위험을 피하고 덕분에 인류의 행복이 증진될 것이다"라고 조심스럽게 말했다. 다른 많은 영역에서도, 자연이 예측 가능하며 이를 통해 얻을 수 있는 이점이 있음을 비슷하게 인식하기 시작했다.[6]

조석 예측의 역사를 생각해보자. 바닷가에 사는 사람들은 반복되는 조석의 변화를 오랫동안 관찰해왔으나 그 역학은 쉽게 파악하지 못했다. 그러다 약 2000년 전, 세네카를 비롯한 일부 사람들이 달의 위상을 보고 밀물과 썰물을 대략이나마 예측하게 되었다.[7] 그러나 뉴턴이 조석에 대해 합리적이고 신뢰할 만한 수학적 달운동론을 제시한 것은 17세기나 되어서였다.[8] 이 이론은 지

[*] 또한 이븐 알하이삼은 과학적 사고의 전형적인 특징인 이상적인 회의주의에 대해서도 견해를 피력한 바 있다. "진실을 배우는 것이 목표인 과학자라면 다른 과학자의 논문을 살피면서 자신이 읽는 모든 것을 적으로 삼아야 한다. (…) 또한 중요한 연구를 수행할 때 자기 자신까지 의심해야만 편견이나 관대함에 빠지는 위험을 피할 수 있다."

그림 8-1 윌리엄 톰슨의 수동식
조석예보기(1876).

구에 대륙이나 수중 지형이 없었다는 가정하에 완벽에 가까울 정
도로 정확하게 조석의 움직임을 계산했다. 훗날 지형을 고려한 이
론이 등장하면서 1870년대에는 열 가지 변수의 영향을 통합하는
윌리엄 톰슨William Thomson의 수동식 조석예보기 같은 정교한 장치
가 만들어질 수 있었다.

　1943년 10월에 해양학자 A. T. 두드슨A. T. Doodson은 영국왕립해
군이 보낸 긴급 서신을 받았다. 거기에는 정체를 알 수 없는 'Z 지
점'에서 관찰된 조석 변수 11쌍의 자료가 담겨 있었다. 이 서신은
두드슨에게 1944년 4월 1일부터 넉 달간 이곳의 매 시간별 조수

의 상태를 예측해달라고 요청했다. 그는 11개 변수를 자신의 조석 예보기에 입력했고 그 결과를 해군에 보냈다. 연합군은 조수 데이터로 노르망디 작전 개시일을 결정하려는 것이었고 두드슨의 계산을 일부 참조해 6월 16일로 날짜를 잡았다.[9] 기초적인 어림짐작에서 시작해 몇 가지 변수를 통합한 간단한 계산, 그리고 대규모 작전의 세부 계획에 일조한 복잡한 모형까지, 조석이론의 점진적 개선은 어떻게 인간이 과학적 방법론을 적용해 미래를 점점 더 정확하게 예측하게 되었는지 예시한다. 지금은 전 세계 어디에서든 다음 만조 날짜를 알고 싶다면 간단히 웹에서 검색하면 된다.

이제 우리는 수백 년 전에는 감히 꿈도 꾸지 못한 미래의 사건을 상상하고 불러올 수 있게 되었다. 2012년 한 국제 물리학자 컨소시엄은 스위스 유럽입자물리연구소의 대형강입자충돌기 실험으로 많은 이들이 오랫동안 고대해온 정체불명의 힉스 보손을 발견했다고 선언했다.[10] 이런 아원자 입자의 징후는 한 번도 관찰할수 없었던 것이지만 수십 개 기관에서 수천 명의 과학자가 수백만시간과 수십억 달러를 퍼부어 기꺼이 그 존재를 찾아왔다. 왜 그랬을까? 수학이 그 존재를 예측했기 때문이다.

인류세, 대격변의 시대

과연 정말로 모든 것을 예측할 수 있을까? 1814년, 피에르 시몽 라플라스Pierre Simon Laplace는 영향력 있는 조석 방정식을 출판하고 40년이 지난 후, 자연에 대한 뉴턴의 시각을 극단으로 몰고 갔다.

라플라스는 "자연을 움직이는 모든 힘과 자연을 구성하는 모든 요소의 위치를 아는" 전지적 존재를 상상했다. 그리고 그런 "악마"에게는 "불확실한 것이 없고 미래는 마치 과거처럼 존재한다"고 결론 내렸다.[11]

라플라스의 사고실험은 인간이 미래의 사건을 확실히 예측하지 못하는 유일한 이유가 그 사건과 관련된 요인에 대한 무지 때문이라고 암시하며, 여기에는 미래가 근본적으로 예측할 수 없는 것은 아니라는 전제가 깔려 있다. 그러나 뉴턴은 좀 더 신중했다. 그 역시 자연의 모든 것은 결정론적 역학 원리를 따른다는 선언으로 《프린키피아》의 서문을 마무리했지만, 그럼에도 자신이 틀릴 수 있고 언젠가는 "더 진실된 철학의 방법"에 자리를 내어줄 수 있다고 썼다.[12] 어찌 됐든 미래가 완벽하게 미리 결정된 것은 아닐 테니까.

뉴턴이 말한 "더 진실된 철학의 방법"이 미래의 예측은 물론이고 라플라스의 악마까지 무시하며 20세기 초에 등장했다. 양자역학의 코펜하겐 해석은 한 입자의 위치와 운동량을 완벽하게 알고 있더라도 미래의 위치와 운동량을 완벽하게 예측하기는 불가능하

---

* 이 발상의 주창자가 라플라스로 알려졌으나 사실 그보다 2000년 전에 먼저 선수를 친 사람이 있으니, 《예언에 관하여》에서 키케로는 이렇게 썼다. "세상 모든 일의 원인을 다른 원인과 연결 짓는 분별력을 지닌 영혼이 있다면, 분명 그는 예측에 있어서 절대 실수하지 않을 것이다. 미래 사건의 원인을 아는 자는 모든 미래 사건이 어떻게 일어날지 알기 때문이다." 아마 라플라스의 악마는 키케로의 악마라고 불려야 할 것이다.

며, 또한 각각의 변수는 측정되는 순간까지 근본적으로 불확실한 상태라고 가정한다. 아인슈타인의 "신은 주사위 놀음을 하지 않는다"라는 유명한 주장은 이런 가정에 동의하지 않았기에 나온 말이다.[13] 사실 양자역학에서도 루이 드 브로이Louis de Broglie의 파일럿 파동이론pilot wave theory 같은 것은 현재 인간이 접근할 수 없는 변수의 존재를 가정함으로써 결정론적 시각을 유지한다.[14] 적어도 부분적으로는 양자역학의 경쟁적 해석이 정확히 같은 예측으로 이어지기에 논쟁은 계속된다.

관찰과 예측, 실험으로 이어지는 과학적 방법론은 우주에서 물체의 운동이나 아원자 입자의 활동에 적용되는 것과 똑같이 질소와 산소의 화학 반응이나 개구리의 생활사에도 적용된다. B. F. 스키너는 인간의 행동도 예외는 아니라고 주장한 바 있다. "만약 인간사에 과학의 방식을 적용하려고 한다면 인간의 행동이 항상 법칙을 따르며 이미 결정된 것이라고 가정해야 한다."[15] 그러나 이런 접근법으로 심리학이 발견한 규칙성은 화학이나 물리학이 추출한 것만큼 규칙적이지 않다. 이런 부정확성의 원인은 물리나 화학의 입자와 달리 인간은 자기만의 생각, 계획, 야망에 이끌려 스스로 선택하는 능력을 갖추었기 때문이라고 흔히 주장된다.

그런 이유로 이 세상 모두가 미리 결정된 것은 아니며 진정한 무작위성 또는 자유의지를 가진 주체가 미래를 예견할 수 없는 것으로 만든다고 밝혀질지도 모른다.[16] 사람들의 변덕, 현재의 사건 사고, 패션, 스포츠, 경제, 지정학적 상황이 돌아가는 모양새를 보면 우리의 예측 능력은 아직 부족한 점이 많다. 그럼에도 지난 몇백 년 동안 천문학에서 동물학까지 많은 학문 분야에 걸쳐 과학적 이해가 빠르게 증가했으며 그 덕분에 미래의 훨씬 더 많은 측면에서 예측이 가능해졌다.

과학적 이해가 높아지면서 미래에 대한 통제력도 막강해졌고 그 결과 인간은 기술의 대격변을 겪었다. 새로운 증기기관, 채굴법, 직물 공장이 등장한 산업혁명은 분명 귀족과 상인 모두가 뉴턴의 기계론적 철학을 널리 이해했기에 가능했을 것이다. 사회학자 잭 골드스톤Jack Goldstone이 말한 것처럼, "왕립학회 등을 중심으로 과학자와 기술자, 사업가가 함께 역학을 배우고 어떻게 이 지식을 생산과 사회 개선에 적용할지 논의했다."[17] 과학과 기술 그리고 '진보' 사이의 긴밀한 관계는 빠르게 퍼져나갔다. 동시에 노예제, 식민지 착취, 더 정교해진 무기로 치러지는 전쟁은 물론이고 부주의로 인한 오염과 열악한 노동환경도 만연해졌다. 혁신은 쉬지 않고 박차를 가해 전기, 내연기관, 통신부터 마침내 마이크로칩, 위성, 대량 파괴무기 등을 가져왔다.

좋든 나쁘든 과학과 기술은 세상을 변화시켰다. 산업혁명 이후로 호모 사피엔스의 개체 수는 폭발적으로 증가해 200년 전 10억 명이었던 인구가 현재는 8배로 늘었다. 우리는 대형 유인원, 소형 유인원, 원숭이, 여우원숭이 등 다른 모든 영장류를 합친 것보다 훨씬 수가 많다. 물론 사람의 수는 세균까지 갈 것도 없이 곤충하고만 비교해도 훨씬 수가 적다(현재 추정에 따르면 한 사람의 몸속에만 40조 개의 세균이 살고 있다. 지구는 진정한 세균의 행성이다). 인간은 생물량 측면에서도 턱없이 뒤처져, 전 세계 바이러스를 모두 합치면 인간 전체보다도 3배는 무겁고, 환형동물조차 우리보다 3배, 어류는 10배, 절지동물은 15배 더 무겁다.[18] 그러나 인간의 영향력은 그 누구도 따라올 수 없는 수준이다. 이제 지구에서 가장 흔한 포유류는 인간이 기르고 키우는 동물이다. 앞에서도 언급했지만 코끼리나 고래 같은 대형 동물을 모두 합해도 야생에서 발견되는 포유류의 생물량은 전체의 4퍼센트에 불과하며 나머지는 인간과 인간의 통제하에 있는 가축이 구성한다. 전체 조류의 30퍼센트만 자유롭게 하늘을 날고 있으며 70퍼센트는 농장에 갇혀 있다. 지구에 대한 인간의 영향력은 생물에 그치지 않는다. 우리는 원자를 쪼개고 강철을 주조하고 플라스틱을 합성한다. 건물, 도로, 컴퓨터, 전구, 쓰레기 등 인간이 만들어낸 생산물을 모두 합치면 30조 톤으로 추정된다.[19] 인류세에 온 것을 환영한다.

예지력의 눈부신 성취

계속된 실패와 역경에 눈을 돌리기 전에 일단 확실한 성공 사례부터 간단히 살펴보자.

기술 도구의 변화는 근대에 들어와 이례적으로 빠르게 일어났다. 비행 기술의 예를 들어볼까. 라이트 형제Wright brothers가 최초의 동력 항공기를 설계한 후 캐서린 존슨Katherine Johnson 같은 수학자가 지구의 궤도를 돌 우주선과 아폴로 11호의 달 착륙 비행경로

를 계산하기까지 고작 몇십 년밖에 걸리지 않았다. 2021년에 미국 항공우주국은 화성에서 최초의 원격조종 비행을 완수했다. 여기에는 지구에서 16분의 신호 지연까지 고려한 세심한 계획이 수반된다. 이런 극적인 발전이 고작 한 사람이 살아 있는 동안 일어났다. 이 책을 집필할 당시 세계 최고 고령자였던 다나카 가네田中 カ子(1903년에 태어나 2022년에 사망했다. 사망 당시 119세로, 기네스북 공인 기록상 두 번째로 장수한 인물이었다.—옮긴이)는 항공학 역사의 이 세 이정표를 모두 보았다.

의학 발전은 물론이고 위생, 안전, 공공보건 등 관련 영역의 발전 덕분에 오늘날 태어나는 아기는 불과 100년 전에 태어난 아기보다 평균 두 배는 더 오래 살 것이라고 기대된다. 병원에 가는 것도 예전보다 훨씬 덜 두려운 일이 되었다. 2장에서 보았던 패니 버니처럼 통증을 없애는 도구 없이 유방절제술 같은 수술을 받아야 한다고 생각해보라. 지난 100여 년을 제외하면 역사 속 어느 왕과 여왕도 오늘날 평범한 사람들의 기대수명만큼 살지 못했다. 그들도 마취 없는 수술을 받았고 다른 사람들과 마찬가지로 흔한 질병을 앓다가 죽었다. 18세기만 해도 유럽의 군주 다섯 명이 천연두로 사망했다. 현대 의학이 새로운 생물학적 통제력을 준 덕분에 이제 인간은 상처를 치료하고 질병을 고치며 심지어 병이 생기기 전에 문제를 예방할 수 있다. 우리는 전략적 예방접종으로 천연두나 소아마비 같은 대단히 파괴적인 병을 정복했다. 맨눈으로 볼 수 없는 세균, 바이러스, 효모 같은 생물의 발견은 새로운 이해와

통제의 기회를 주었다.[20]

우리는 단순한 생존뿐 아니라 번식에서도 상당한 통제력을 갖게 됐다. 정신적 시간여행 덕분에 인간은 오랫동안 성관계는 곧 아기를 출산하는 것으로 이어진다고 생각했다. 그러나 근대 과학이 이 연결고리를 끊었다.[21] 피임약이나 체외수정 기술로 인간은 성관계를 하면서도 아기를 갖지 않을 수 있고, 성관계를 하지 않고도 아기를 가질 수 있게 되었다.

이제 기술 발전의 주요 원동력은 더할 나위 없이 효율적인 정보 교환에 있다. 각자에게 처한 삶의 여러 도전들을 처음 겪는 일처럼 다루기보다, 우리는 대중에게 묻고 엄청난 양의 지식의 창고를 공유한다. 인쇄술의 발명은 지식의 전파 속도를 높였고 과학 발전과 계몽에 중대한 역할을 했다. 이후에 전자기파의 발견으로 전신, 라디오, 텔레비전처럼 시공간적 거리가 있어도 소통이 가능한 새로운 세계가 열렸다. 오늘날 인터넷은 과학적 발견, 지도, 여행기, DIY 설명서, 온갖 리뷰를 포함해 수억 명의 다른 이들이 축적한 경이로운 양의 데이터에 즉각 접근할 수 있게 한다. 우리는 어떤 진로를 선택한 사람에게 무슨 일이 일어났고 그가 어떤 역경을 겪었으며 어떻게 극복했는지 알아낼 수 있다. 그래서 자신이 그 문제에 봉착했을 때 맨땅에서 시작하는 대신 군중의 지혜로 좀 더 슬기롭게 헤쳐 나갈 수 있다.

인류의 발전 대부분은 더 나은 세상을 예견하고 소통하고 창조하기 위해 협력한 사람들 덕분에 가능해진 것이다.[22] 자연재해를 예

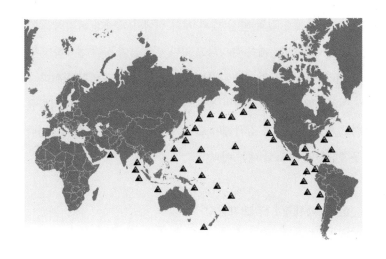

그림 8-2 전 세계 심해 지진해일 탐지 장치의 대략적인 위치. 실시간으로 지진해일 경보를 제공한다.

상하고 대비하는 최근의 대규모 사업을 살펴보자. 2004년 12월 26일 인도양에서 일어난 지진으로 동남아시아 해변에 지진해일이 발생했고 그 결과 20만 명 이상이 사망하고 수백만 명이 삶의 터전을 잃었다.[23] 그 재난 이후로 유네스코는 지진 활동을 측정하고 해일 감지 시 당국에 신속하게 알리는 경고 시스템을 구축했다.[24] 지진해일 초기 경보 시스템은 수면 높이의 변화를 추적하는 부표를 띄우고 연구자들은 수중청음기로 음향파를 측정하는 등 다른 발전된 지표도 적용한다. 위협이 감지되면 개인 이메일이나 문자 메시지는 물론이고 사이렌과 확성기, 방송 등 다양한 채널로 해당 지역 사람들 모두에게 알리는 것을 목표로 한다. 이 시스템은 오늘날 전 세계에 걸쳐 빠른 대피 계획 실행과 재난의 파괴적인 결과를 줄이기 위해 계속 유지되고 있다. 이것들이 절대 실패하지 않을 거라는 보장은 없지만 과거보다는 훨씬 더 잘 준비되어 있다.

이처럼 앞일을 생각하는 능력은 인류의 번영에 중대한 역할을 하고 있으며 우리가 감사해야 할 많은 것을 가져다주었다. 그러나 우쭐해하며 자축할 때는 아니다.

실패한 예지력이 초래한 재앙

예지력은 자주 실패한다. 우리는 여전히 번번이 실수하고 당장 일어날 사건의 방향조차 잘못 계산한다(덕분에 〈아메리카 퍼니스트 홈 비디오〉가 수십 년째 흥행하고 있다). 휴가 계획만 해도 세계적인 팬데믹은 말할 것도 없고 우박 폭풍, 무례한 호텔 매니저, 교통 체증, 조종사 파업, 급성위염, 접질린 발목, 잃어버린 가방까지, 보이지 않는 장애물로 인해 쉽게 엎어진다. 우리는 새로운 요리, 새로운 취미, 새로운 연인처럼 좋은 일도 잘 예측하지 못한다. 인간의 예지력으로 본 미래는 몹시 흐릿하다.

방대한 양의 정보에 언제든 접속할 수 있고 전례 없는 정교한 도구와 기술이 있어도 우리는 수시로 어긋난다. 많은 훈련을 받아온 과학자들도 인과관계와 상관관계를 혼동하고 데이터가 자신이 바라는 대로 나오면 지나치게 확고한 결론을 내린다. 대중 역시 어리석은 행위로 오해와 혼란을 줄 수 있다. 계획적인 허위 정보유출이나 합성된 조작 비디오는 말할 것도 없고 가정을 검증하는 반향실효과echo chamber effect는 추론과 예측을 편향시킬 수 있다.

공개 석상의 유명 인사가 너무 명백한 것들을 미처 생각하지 못했던 사례도 많다. 호러스 웰스가 치과 수술의 통증을 완화하기 위해 처음 아산화질소를 사용하기 5년 전에 저명한 외과 의사였던 알프레드 벨포Alfred Velpeau는 "수술 중에 환자가 통증을 느끼지 못하게 하는 것은 불가능한 일"이라며 노력하는 것 자체가 무의미하다고 주장했다. 19세기 말 조석예보기를 만든 윌리엄 톰슨은 비행기는 만들 수 없고 라디오에는 미래가 없다고 예측했다. 아인슈타인은 1932년에 "원자력 에너지를 얻을 수 있다는 징후는 조금도 없다"고 단언했지만, 진공청소기 제조사 회장인 알렉스 루이트Alex Lewyt는 1955년에 "원자력을 사용한 진공청소기가 10년 안에 현실이 될 것"이라고 예견했다. 미국 우정장관이었던 아서 서머필드Arthur Summerfield는 1959년에 "사람이 달에 발을 내딛기 전에 뉴욕에서 캘리포니아, 영국, 인도, 오스트레일리아까지 우편물이 유도미사일에 의해 몇 시간 안에 배달될 것이다"라고 선언했다. 인간이 처음으로 달에 착륙했을 때 많은 사람은 20세기가 끝나기 전에 달에 식민지가 세워질 것이며, 그 물결이 금성과 화성으로 이어질 것이라 예측했다. 하지만 정작 우리 삶의 대부분을 바꿔놓은 인터넷과 스마트폰의 혁신을 예측한 사람은 별로 없었다.[25]

실패한 예견은 위험한 결과를 초래한다. 자동차 엔진의 원활한 작동을 위해 가솔린에 납을 섞은 유연휘발유를 개발한 발명가 토머스 미즐리 주니어Thomas Midgley Jr.는 자신이 세계 최악의 오염 물질을 생산하리라고는 예상하지 못했다. 또한 미즐리는 자신이 냉장고에 도입한 염화불화탄소CFC, 소위 프레온가스가 오존층 파괴의 주범이 될지도 몰랐다. 환경역사학자 존 로버트 맥닐John Robert McNeill의 표현대로 미즐리는 "지구 역사상 그 어떤 생물체보다 지구의 대기에 심각한 영향을 미쳤다".26 한 가지 문제에 대한 해결책이 또 다른 해결책을 필요로 하는 새로운 문제를 낳는 경우가 많다. 미즐리의 비극은 자신의 발명품(침대에서 자신의 아픈 몸을 일으키기 위해 고안한 도르래와 밧줄)에 몸이 엉켜 목숨을 잃으면서 끝이 났다.

사실 많은 재앙은 사전에 예상 가능하다. 크레펠트 동물원의 풍등이 일으킨 비극은 드문 사건이 아니다. 1986년 오하이오주 클리블랜드에서 열린 풍선 축제에서 한 자선 단체가 헬륨 풍선 150만 개를 하늘에 날려 보내 기네스 기록에 도전했다. 6개월 전부터 신중하게 계획을 세웠고 수천 명이 토요일에 모여 그 장관을 준비했다. 지역의 어린이들까지 손가락이 부르트도록 몇 시간씩 신나게 풍선에 헬륨을 넣고 묶었다. 그리고 오후 2시쯤 풍선은 환호와 함께 광장에서 하늘로 올라갔다. 사실 이 행사가 허락된 것부터 말도 안 되는 일이지만 너무나도 뻔한 결과를 당시에는 누구도 예상하지 못한 것 같다. 얼마 지나지 않아 도시와 그 주변 지역은 온통 하늘에서 떨어진 쓰레기 천지가 되었다. 수천 개의 풍선이 도시 공항의 활주로 위를 표류하는 바람에 항공기들은 발이 묶였고 도로도 아수라장이 되었다. 이리호에서는 사방에 떠다니는 풍선 때문에 해안 경비대가 제대로 시야를 확보하지 못해 어부 두 명이 사고로 익사했다.

시에서 떠들썩하게 홍보하는 행사 말고도 생일이나 결혼 등을 축하하려고 우리는 얼마나 많은 풍선을 하늘로 날리는가. 풍선이 하늘 높이 올라가 시야에서 사라진다고 해서 정말 없어지는 게 아니라는 걸 안다면 하늘을 장식하는 헬륨 풍선을 그저 아이들의 동심을 위한 순수한 즐거움이라고 우기기는 어려울 것이다. 또한 수십 년간 별생각 없이 사용해온 빨대와 포크 같은 일회용품의 지나친 낭비도 의도하지 않은 대가를 낳았다.[27] 유엔은 세계적으로 1분에 수백만 개의 생수병이 팔리고 매년 비닐봉지 5조 개가 사용된다고 추정했다.[28] 인류의 가장 장기적인 혁신 가운데 하나였던 휴대용 용기는 이제 극단적인 환경파괴의 주범이 되었다. 플라스틱 쓰레기는 지구에서 가장 깊은 마리아나 해구에서 에베레스트산 정상까지 어디에나 널려 있다.[29] 일본과 미국 사이에서는 쓰레기와 미세플라스틱의 거대한 집합체인 '태평양 거대 쓰레기 지대'가 떠다닌다.[30]

이제는 우리 행동이 환경에 끼친 결과를 몰랐다고 주장할 수 없게 되었다. 이렇게 계속 방출하고, 버리고, 파괴하는 행위는 무모하기 그지없으며, 종종 당장의 금전적 이득에만 집중하고 시장 원리 바깥에 있는 것들은 의도적으로 외면함으로써 일어난다. 인간은 단기적인 이익을 우선시하여 장기적인 비용을 희생하고 미래를 무시하는 경향이 있다. 그 비용은 당연히 다른 사람들, 심지어 다른 종이 짊어지게 될 것이다. 진화계통수에서 인간과 같은 가지에 있는 500종의 영장류만 봐도 그렇다. 그들 중 60퍼센트가 인간의 활동 때문에 멸종될 지경이다. 그 죽음은 사냥과 같은 직접적인 살해 행위가 아니라 벌목, 시추, 경작, 건설, 쓰레기 투기, 댐 건설, 채굴로 그들이 살아갈 곳을 파괴한 결과다.[31]

우리의 가장 가까운 호미닌 친척들은 (아마도 우리 조상의 활약으로) 이미 모조리 멸종했다는 사실을 잊어선 안 된다. 만약 우리가 계속해서 이 길을 간다면 조만간 모든 유인원 또한 멸종할 것이고, 남아 있는 원숭이들이 우리의 가장 가까운 친척이 될 것이다. 그렇게 되면 우리들의 후손들은 동물의 왕국에 남아 있는 나머지 동물과 자신이 얼마나 다른지 놀라워할 이유가 더 많아질 것이다.[32]

물론 지구 위에서 생명체가 살아갈 조건은 늘 변화한다. 대륙이동과 기후변화 등의 이유로 종은 멸종하게 마련이다. 지금까지 다섯 번의 대멸종이 일어났고, 그중 마지막은 소행성 충돌로 발생하여 6600만 년 전에 공룡을 멸종시켰다. 이들 사건 중 어느 것도 미쳐 날뛰는 단일 종에 의해 일어나지 않았으나 지금 현재에 일어난 재난의 근본적인 원인은 말할 것도 없이 우리다.[33] 저널리스트 엘리자베스 콜버트Elizabeth Kolbert는 퓰리처상 수상작 《여섯 번째 대멸종》에서 이렇게 한탄한다. "우리는 대단한 의도 없이 어떤 진화의 경로는 열어두고 어떤 것은 영원히 폐쇄할지 결정하고 있다. 그 어떤 다른 생물도 그런 적이 없었으며 불행하게도 이는 가장 오래

남을 우리의 유산이 될 것이다."[34]

뱃머리를 돌려야 한다. 자기 행동의 장기적 결과를 예견할 수 있는 유일한 생물로서, 우리에게는 다른 생물은 고민할 일 없는 선택의 문제가 주어졌다. 인간이 가진 예지력의 힘 때문에 모든 것은 우리 자신의 책임이 되었다.

돌이킬 수 없는 티핑포인트 앞에 서다

주어진 예지력을 어떻게 더 잘 이용할지 보여주는 예로서 현재의 생태학적 문제를 생각해보자. 19세기가 시작할 무렵까지 사람들은 우리의 행동이 다른 종을 멸종시킬 수 있다는 것은 고사하고 우리 종이 멸종할 수 있다는 사실 자체도 깨닫지 못했다. 도도새가 모리셔스에서 처음 발견된 지 1세기 만에 사라진 것이 보고되었음에도, 멸종이라는 개념은 박물학자 조르주 퀴비에Georges Cuvier가 마침내 마스토돈이라고 부른 화석을 발견하기 전까지 제대로 확립되지 않았다. 퀴비에는 이 화석의 해부 구조를 살아 있는 코끼리와 신중하게 비교했고 그 결과 별개의 종이라는 점을 확인했다. 또한 존재감이 확실해서 만약 지구 어디든 현재 살아 있다면 못 봤을 리가 없다고 단언했다. 멸종의 가능성을 깨닫게 되면서 비로소 우리는 멸종이 일어나지 않도록 계획을 세울 수 있었다.[35]

오늘날 우리는 인간 활동에 의한 대량 멸종을 피하기 위해서는 심지어 끝이 보이지 않는 망망대해조차도 신중한 계획을 절실히 필요로 한다는 걸 잘 알고 있다.[36] 2010년에 유엔 생물다양성 전략계획은 전체 바다의 적어도 10퍼센트를 보호하는 걸 목표로 세웠다.[37] 그러나 모든 바닷물이 같은 것은 아니다. 예를 들어 오스트레일리아의 바다에는 그레이트베리어리프라는 세계에서 가장 큰 산호 군집이 자리 잡고 있는데, 33만 제곱킬로미터가 넘는 면적에 600여 종의 산호가 3000여 개의 산호초를 형성한다.[38] 이곳은 수천 종의 물고기와 연체동물은 말할 것도 없고 고래, 듀공, 거북과 수백 종의 상어, 가오리, 바닷새가 모여든 생물다양성의 보금자리다. 이 지역은 또한 어업 활동, 산업 항구, 관광 산업의 터전으로서 보존과 경제적 이익이라는 서로 상충하는 두 목표의 균형이라는 중요한 문제를 제기한다. 환경 단체 네이처 컨저번시의 전수석 과학자 휴 포싱엄Hugh Possingham과 그의 동료들은 막산Marxan 알고리즘을 개발했다. 이 알고리즘은 공간 보전 사업의 시스템적 접근법으로서 그레이트배리어리프의 보호구역을 다시 설정하기 위해 사용된다.[39] 이런 접근법으로 다양한 생태지역이 인지되었고 각 유형을 보호하기 위해 '손대지 않는 지역'을 구분할 필요성이 부각되었다. 이는 보전 결과물을 뒷받침하기 위해 엄청나게 많은 생물학적·경제적 데이터를 통합하여 체계적으로 설계한 최초의 대규모 보전 시스템이다. 이제 120개국 이상이 이 계획이 제공하는 소프트웨어와 접근법을 사용해서 토지나 해양의 보호구역 시스템을 설정한다.

이러한 접근법을 사용한다는 것은 이제 우리가 돌고래나 판다,

호랑이처럼 카리스마 넘치는 종들을 향한 감정적 호소에 이끌리는 것이 아니라, 현재와 다른 행동의 비용과 편익을 체계적으로 분석할 수 있다는 뜻이다. 궁극적으로 우리가 가치 있다고 여기고 성취하고자 하는 것에 더 많은 것이 달려 있으며, 우리 앞에는 어려운 도덕적 결정이 기다리고 있다. 과학은 우리가 앞일을 보는 걸 도울 수 있을지 모르지만 어떤 미래를 좇을지 선택하는 것은 결국 우리 자신이다.

남극과 그레이트배리어리프 사이로 이주하는 혹등고래 무리가 고래잡이로 떼죽음을 당해 수백 마리로 줄어들자 국제포경규제 협약이 체결되었고 그 수가 서서히 회복하여 이제 이곳에는 다시 고래들이 몰려들고 있다.[40] 우리는 자신의 실수로부터 배울 수 있다. 결국 클리블랜드에서는 기념행사를 위한 풍선 날리기가 금지되었고, 유럽연합은 마침내 2021년에 일회용 플라스틱 사용을 금지했다. 이제 세계의 모든 국가에서 유연휘발유를 사용할 수 없다. 미즐리가 유연휘발유를 개발한 지 100년 만이다. 오존층의 구멍을 발견하고 나서 전 세계 사람들은 미즐리의 냉매를 비롯해, 문제가 되는 화학물질의 사용을 단계적으로 줄였고 오존층은 다시 가까스로 회복되고 있다. 염화불화탄소의 사용 금지는 모든 국가에서 비준되었고, 오존을 고갈시키는 물질의 소비는 1980년대 대비 1퍼센트 미만으로 떨어지고 있다.[41] 2016년에는 온실가스 방출에 의한 전 세계적인 급격한 온도 상승에 맞서기 위해, 전 세계 정부가 파리기후변화협약을 통해 산업화 이전 수준과 비교하여 지구의 평균 기온 상승이 연간 2도보다 낮은 수준을 유지하기로 목표를 세우고 그에 합당한 조치를 하기로 약속했다.

이런 세계적인 대동단결은 실수를 깨닫고 예상치를 교환하고 문제에서 벗어나는 방법을 도모하는 특별한 업적이다. 하지만 명심하길, 합의가 되어도 실제로 따르지 않으면 모든 것은 수포로 돌아간다는 것을.

지난 1만 년 동안 우리 행성은 홀로세라는 상대적으로 안정된 상태에 있었다. 그러나 최근 인간의 활동이 이런 평형상태를 뒤흔들어 마침내 인류세를 불러왔다. 우리는 기후변화, 대기의 에어로졸 축적, 해양 산성화, 대량 멸종까지 돌이킬 수 없는 티핑포인트 앞에 있다.[42] 우리가 자연에 대해 당연하다고 생각하는 사실, 예컨대 동물과 식물, 비와 계절과 같은 것들은 우리가 좀 더 지속 가능하게 행동하지 않으면 급속히 변화할 것이다. 광범위한 탄소 방출, 산림 파괴, 플라스틱 오염처럼 해롭다고 알려진 활동을 대폭 줄이지 않았을 때 세계가 어떻게 될지 상상해보라. 만약 우리가 지금 의존하는 에너지원의 전면적인 변화를 시도하지 않고, 서식지를 보호하거나 회복하려 하지 않고, 지속 가능한 경제 체제를 세우는 데 실패한다면, 우리는 홀로세의 상대적인 안정성을 언제까지나 갈망하게 될 것이다.

사전부검, 실패를 가정하기

모두 다 예견할 수는 없음을 의식하는 것은 예지력에서 꼭 필요한 부분이다.

— 장 자크 루소Jean-Jacques Rousseau (1762)

위험 부담이 큰 만큼 우리는 어떻게 예지력을 효과적으로 사용하고 함정을 피할 수 있는지 알아내야 한다. 예지력 자체에 대한 고찰이 우리에게 얼마나 유리함을 선사하는지 기억해보라. 그러니 인류가 직면한 큰 과제로 돌아가기 전에, 우리의 예지력이 지닌한계와 단점, 그리고 이를 보완하기 위해 무엇을 할 수 있는지 좀더 자세히 살펴보자.

일부 추정에 따르면 사람들의 80퍼센트가 미래에 대해 비현실적일 정도로 낙관적인 믿음을 지니고 있다. 이런 낙관주의적 편향은 나쁜 사건이 일어날 가능성을 과소평가하고 좋은 일이 일어날 가능성은 무작정 크게 생각한다는 뜻이다.[43] 사람들은 대부분자신이 교통사고나 신용카드 사기의 희생자가 되거나 이혼할 가능성은 실제 발생 확률보다는 낮고, 상을 받거나 아이가 영재이거나 남들보다 오래 살 거라고 생각한다. 이런 믿음을 단순히 우리의 긍정적인 일면으로만 볼 수는 없다. 지나치게 낙관적인 예상은 무모한 의학적 결정, 과도하게 열의에 찬 군사작전, 황금빛 미래에 경도된 투자자로 인한 금융 거품으로 이어질 수 있다.[*44] 인지신경

과학자 탈리 샤롯Tali Sharot과 동료들이 보고한 바, 낙관적 믿음이란 사람들이 미래를 추측할 때 나쁜 뉴스(당신은 자신이 생각하는 것보다 암에 걸려 사망할 확률이 높다)는 대단치 않게 생각하고, 좋은 뉴스(당신이 사다리에서 떨어질 확률이 사람들이 생각했던 것의 절반밖에 되지 않는다)는 기꺼이 포용하게 만들기 때문에 실제로 그런 믿음이 계속 유지되는 것이다. 심지어 미래의 사건을 반복해서 상상하기만 해도 실현 가능성이 더 높게 느껴질 수 있으며, 이는 사람들이 밝은 미래에 대해 환상을 가질 때 비현실적 낙관론을 더 강화할 수도 있다.[45]

심리학자 대니얼 카너먼Daniel Kahneman과 아모스 트버스키Amos Tversky는 훗날 노벨상을 가져다준 연구에서 사람들의 예측과 의사 결정에 관련한 여러 주목할 만한 점들을 기록했다. 계획오류 planning fallacy(계획한 것보다 일을 마치는 데 시간이 더 걸리는 현상을 말한다. 호프스태터의 법칙이라고도 한다.―옮긴이)를 생각해보자. 사람들은 어떤 과제의 계획을 세울 때 통상 그 일에 걸리는 시간보다 더 빨리 끝낼 거라고 예측하는 경향이 있다. 이 오류를 안다면 예상 일정에 여유 시간을 추가하여 집에서 DIY 작업을 할 때든,

---

* 많은 사기 행각이 사람들의 낙관적인 성격을 악용한다. 확률은 사기꾼이 판을 짜고 사람들에게 주식시장의 변화나 경주 결과에 관한 솔깃한 예측을 보내는 데 사용된다. 이런 예측이 어쩌다가 맞는 경우도 있는데, 그럼 다음 판에서는 이전에 성공을 맛본 사람들에게만 다음 예측을 보낸다. 이렇게 몇 판이 모두 우연으로 적중한다면 그들은 이 시스템에 정말 효과가 있다고 생각해 다음번에는 큰돈을 투자한다.

국가기반시설 프로젝트를 구축할 때든 초기 예측 정확도를 높일 수 있다.[**][46] 다음으로 가용성 휴리스틱availability heuristic을 살펴보자. 사람들은 잠재적 사건의 발생 확률을 예측할 때 그것이 얼마나 쉽게 떠오르는지에 의존하곤 한다. 쉽게 상상할 수 있는 것일수록 가능성도 크며 상상하기 어려운 것이면 가능성이 작다고 생각한다는 뜻이다. 이런 방식이 잘 작용할 때도 있는데 자주 일어나는 사건은 자주 마주치게 되므로 자연히 더 쉽게 상상되기 때문이다. 그러나 어떤 시나리오는 발생 빈도가 많지 않더라도 쉽게 생각난다. 예를 들어 최근에 비슷한 일이 일어났다거나 신생 기업이 대박을 터트렸다거나 비행기가 추락하는 것처럼 생생하고 특별하고 충격적인 사건들은 크게 애쓰지 않아도 금방 떠오르기 때문에 실제보다 더 자주 일어난다고 예상하게 된다.

미래의 사건을 예측할 때 사람들은 종종 기준율, 즉 그 사건이 발생하는 전형적인 빈도를 무시한다. 반대로 정치학자 필립 테틀록Philip Tetlock과 댄 가드너Dan Gardner가 말한 것처럼 예측에 탁월한 '슈퍼예측가'들은 기준율에서 시작하여 손에 넣을 수 있는 모든 추가 정보를 이용해 예측을 조정한다.[47] 그래서 이들이 비행기의 추락 가능성을 추정할 때는 일반적으로 비행기가 추락하는 낮은

** 만일을 위해 여유 시간을 추가하는 계획조차 그 시간을 과소평가할 가능성이 있으며 결국 무한 후퇴infinite regress가 일어난다. 호프스태터의 법칙을 생각해 보자. "일이란 늘 예상보다 더 걸리게 마련이다. 호프스태터의 법칙을 고려해서 계획을 짰는데도 말이다."

기준율에서 시작해 경로상의 전쟁 지역이나 불길한 날씨 패턴과 같은 다른 요소들을 추가한다. 슈퍼예측가라고 해서 초능력을 사용하는 것은 아니므로 우리도 기준율에서 시작하여 특별한 상황을 감안해 확률을 조정하고 간과한 것은 없는지 개인적인 편향이 반영된 것은 아닌지 수시로 묻고 확인한다면 얼마든지 예측을 개선할 수 있다. 관련 연구는 주로 다음 해의 세계 실업률이나 대통령 선거 결과 같은 지정학적 사건을 예측하는 데 집중되어 왔지만 이런 통찰력은 전반적으로 적용된다.

독자의 기대수명을 생각해보자. 기대수명을 계산하는 한 가지 방법은 사람들의 일반적인 평균 사망연령을 고려하는 것이다. 핼리 혜성으로 유명한 에드먼드 핼리Edmund Halley는 1693년에 체계적인 인구 기록을 바탕으로 맨 처음 기대수명을 추정한 사람 가운데 하나다.[48] 오늘날에는 일반인에게 공개된 방대한 인구 데이터를 참고하면 된다. 유엔 세계인구전망에 따르면 2019년에 세계 평균 수명은 72.6세였다. 다른 정보가 없다면 평균은 가장 정확한 예측값이 된다. 그러나 당연히 우리는 현재 나이, 성별, 흡연 유무, 사는 곳 등 여러 다른 정보를 알고 있다. 이 정보로 추정치를 미세하게 조정해 몇 년을 더하거나 뺄 수 있다. 물론 신기술, 전쟁이나 사고, 유행병 등의 변수가 사망 날짜에 관한 기대치를 뒤집을 수 있다. 최선을 다해 계산한 결과와 상관없이 불의의 사고나 감염으로 한순간에 목숨을 잃을 수도 있다. 반대로 놀라운 의학적 발견의 수혜자가 되어 예상보다 훨씬 더 오래 살지도 모르는 일이다.

지극히 평균적인 사람이라도 예상은 언제나 빗나갈 수 있음을 염두에 두는 것이 현명하다. 그러나 예측한 수명이 몇십 년까지 차이 날 수는 있어도 수백 년씩 어긋날 리는 없다.*

자신의 기대수명을 알고 나면 남은 시간을 늘리기 위해 생활방식을 바꾸고 싶은 생각이 들지도 모르겠다. 운동을 더 하고 담배를 덜 피우면 몇 년이 추가된다. 물론 습관을 바꾼다는 것은 대단히 어려운 일이다. 지금으로부터 20년 뒤의 자신에게 보내는 편지를 쓰는 것부터 노년의 자기 얼굴을 보여주는 가상현실까지 미래를 위해 지금의 우선순위를 바꾸도록 제안하는 여러 기술이 있다.[49] 앞에서 우리는 미래를 구체적으로 상상하는 것이 현재의 절제와 인내로 앞으로 얻게 될 것을 보여줌으로써 미래의 결과를 무시하는 경향을 바꿀 수 있다는 것을 보았다. 금연을 결심했다면 잃어버렸던 후각을 되찾고 은행 잔고가 늘어나고 추가로 은퇴후 바닷가 벤치에 앉아 즐기는 생활 등 긍정적인 모습을 최대한 구체적으로 떠올리는 것이 도움이 될 수 있다.[50]

1739년 데이비드 흄David Hume이 주장하기를, 인간은 "자신이나 남에 대해 먼 미래보다 현재를 선호하게 만드는 영혼의 편협함을 고칠 수 없다". 그럴지도 모른다. 그러나 앞에서 보았듯이 해결책은 있다.[51]

---

* 오늘날에는 대개 예측 결과에 '이 정당은 52퍼센트의 득표율이 예상되며 오차 범위는 3퍼센트' 같은 오차율이나, '내일 비가 올 확률은 20퍼센트' 같은 정확도를 동반하여 예측이 어긋날 가능성을 알려준다.

제리 사인펠드Jerry Seinfeld는 저녁이면 '밤의 사나이'가 되어 늦은 밤까지 깨어 있는 것을 좋아한다고 농담한다. 하지만 피곤한 내일은 어떡해야 할까? 그런 건 밤의 사나이가 걱정할 문제가 아니다. '아침의 사나이'가 짊어질 문제다. 밤의 사나이는 항상 아침의 사나이를 곤란하게 만들지만 아침의 사나이가 복수할 방법은 없다. 내면의 두 자아가 서로 다른 시간관념을 두고 전투를 벌일 수도 있다. 하지만 사인펠드는 틀렸다. 아침의 사나이가 딜레마를 해결할 방법은 여러 가지다. 미래의 유혹이 예상되면 아침의 사나이는 눈앞에서 술을 치워버리고 친구에게 밤의 사나이의 위험한 행동을 자제시켜달라고 부탁할 수 있다. 아침의 사나이는 창의적인 해결책으로 혁신을 시도하거나, 다른 사람이 만든 해결책을 배우거나 예를 들면 전문 병원에 갈 수도 있다.

자신의 행동을 미리 약속하는 것이야말로 확실한 해결책이 될 수 있다. 자신의 결심을 공개적으로 선언하거나 그 일을 끝까지 해내는 것에 평판을 걸게 되면 계획을 포기했을 때 대가를 치러야 한다. 또는 12개월짜리 헬스장 회원권을 등록하면 돈이 아까워서라도 가게 될 것이다. 아침에 제시간에 일어나지 못할 것 같으면 침대 머리맡에서 튀어나와 주위를 시끄럽게 돌아다니는 바퀴 달린 자명종을 사거나 퍼즐을 완성해야 알람이 꺼지는 시계를 갖춰놓는 것도 한 방법이다. 유혹이 될 만한 것을 눈앞에서 치우는 것도 도움이 된다. 그래서 사람들이 과자나 초콜릿을 찬장 맨 뒤에 숨겨두는 것이다. 물론 오만 가지 방법을 다 동원해도 실패하는

경우가 부지기수이긴 하지만 말이다.[52]

일이 계획대로 되지 않았다면 이유를 살펴서 배우는 것이 현명하다. 예를 들어 항공 사고는 단순한 실수였더라도 보고와 함께 철저하게 조사된다. 심지어 문제가 없는 상황에서도 심리학자 게리 클라인Gary Klein이 말한 '사전부검premortem'을 실시하는 게 도움이 될 수도 있다. 예를 들어 한 회사가 새로운 상품을 출시하거나 정부가 전기자동차 충전 네트워크를 새로 구축한다고 하자. 관련 팀은 사전부검으로 그 프로젝트가 실패했다고 가정하고 원인을 조사하여 알아낸다. 이런 연습은 잘못될 수 있는 부분을 확인하고 마음속에 있던 회의적인 생각을 드러낼 수 있다.[53]

한 국가를 세울 때도 비슷한 논리를 적용하여 미래의 문제를 예상하고 그런 일이 발생하지 않도록 대비한다. 헌법으로 행정, 사법, 입법의 힘을 분리하고 지도자의 임기를 제한하는 국가가 많은 것에도 이유가 있다. 정치학자 욘 엘스터Jon Elster는《해방된 율리시스Ulysses Unbound》에서 어떻게 헌법이 '자기 구속'을 위한 도구로 기능하는지 설명했다. 그는 헌법 제정을 호메로스의《오뒷세이아》에서 율리시스가 제 몸을 배의 돛대에 묶어 사이렌의 치명적인 유혹을 이겨낸 것에 비유했다.[54] 율리시스의 밧줄처럼 헌법은 현재 시점에 법을 정하여 미래에 상황이 과열되거나 감정이 올라오고 유혹을 받게 되었을 때에도 시민들이 그들이 얻게 될 최선의 이익에서 크게 벗어나지 않도록 한 것이다. 후회를 예상한다는 건 정말로 후회할 일이 생기지 않게 한다는 것이다.

장기적 비전을 공유한 사람들의 협력

성공에 잡아먹히지 않을 방법이 있을까?

— 조너스 소크Jonas Salk(1992)

이토록 넓은 우주에서, 심지어 우리 은하에도 거주 가능한 행성들이 널렸을 텐데 외계 문명의 증거는 왜 보이지 않는 걸까?*[55] 어쩌면 충분히 무르익은 모든 문명이 스스로 망각을 향하기 때문인지도 모른다. 인류도 예외는 아니다. 현 세대는 다른 종만이 아니라 우리 자신까지 위태롭게 만들 능력을 지닌 최초의 인간일 것이다. 스티븐 호킹의 시간여행자 파티에 아무도 참석하지 않은 진짜 이유가 이것일지도 모른다.

세계의 종말은 〈요한계시록〉이나 노스트라다무스의 글에서처럼 수 세기 동안 예언되어왔다.[56] 그러나 몇십 년 전부터 일부 예언자들은 모두에게 닥칠 위험을 체계적으로 분석하기 시작했다. 이를 지구 차원의 사전부검이라 불러도 좋다. 예를 들어 옥스퍼드대학교의 인류미래연구소와 케임브리지대학교의 실존위험연구센터는 인류 존재의 파국이 일어날 가능성을 추정한다.[57] 정확한 시

---

* 우주의 거대함에도 불구하고 외계 생명체에 대한 증거가 부족한 현상을 엔리코 페르미Enrique Fermi의 이름을 따서 '페르미의 역설'이라고 부른다. 페르미는 맨해튼 계획에 참여했던 과학자로, 원자폭탄이 개발된 뉴멕시코주 로스앨러모스 연구실에서 점심을 먹다가 불쑥 "모두 다 어디에 있는 거지?"라고 물었다고 한다.

기에 대해서는 의견이 분분하지만 대부분은 소행성 충돌, 초대형 화산 폭발, 항성 폭발과 같은 극한의 자연재해에 희생되기보다 핵전쟁, 기후변화, 생명공학적 팬데믹처럼 인류가 스스로 재앙을 불러올 가능성이 더 크다는 사실에 동의한다. 실제 확률이 어떻든 간에 이런 계산은 우리에게 더 주의를 주는 경고로 작용한다. 결국 우리는 그러한 위험을 줄이고 대비하기 위해 예지력에 의존할 수밖에 없는데, 만약 우리가 더 이상 존재하지 않는다면 다음번에 더 잘할 수 있는 기회도 없을 것이기 때문이다.[58]

예를 들어 미국항공우주국의 지구근접천체연구센터는 앞으로 100년간 소행성 충돌 가능성을 찾아 하늘을 훑는 충돌 모니터링 시스템을 개발했다. 그뿐 아니라 지구에 다가오는 천체를 피하거나 재난 예상 지역에서 사람들을 대피시키는 방법을 포함한 대규모 지구 방어 메커니즘을 시뮬레이션한다. 2021년 미국항공우주국은 우주선을 보내 피라미드 크기의 소행성 디모르포스와 충돌하게 하여 소행성의 경로를 바꾸는 방법을 처음으로 시도했다.[59] 공룡은 소행성이 충돌하기 전에 어떻게 해볼 도리가 없었으나 우리는 다르다. 철학자 대니얼 데닛이 말한 것처럼, "이제 수십억 년 지구의 역사에서 처음으로 우리 행성은 먼 미래에서 올 위험을 예상하는 보초병과 (…) 그 위험에 대처할 계획으로 보호받는다. 지구는 마침내 자체적인 신경계를 키워냈다. 바로 우리다".[60]

어떻게 하면 더 많은 사람들이 폭넓은 시각으로 지구가 받고 있는 위협에 신경 쓰도록 할 수 있을까? 잠시 한 발짝 물러서서 우주에서 지구 전체를 찍은 최초의 사진을 생각해보자. 우리는 모두 이 하나의 바위 위에 함께 앉아 있다. 국경선은 임의로 그린 선이기에 의미가 없고, 세계 전체는 서로 완전히 연결되어 있으며 깨지기 쉬운 상태다. 광활한 우주에 덩그러니 떠 있는 우리 행성의 이미지는 이 땅의 모든 이들을 합심하게 하는 상징으로서 새로운 일체감을 느끼게 해주었다. 1976년에 칼 세이건은 보이저 1호가 태양계 바깥의 외계로 돌진하기 전에 잠시 카메라를 고향 행성으로 돌려 마지막으로 지구의 사진을 찍게 해달라고 미국항공우주국에 요청했다. 칼 세이건이 "창백한 푸른 점pale blue dot"이라고 부른 그 결과물은 우리 세계를 작은 점으로 보여주었다. 어떤 의미에서 우리는 덧없이 짧은 시간의 한 조각을 공유하고 있을 뿐이다. 빅뱅이 일어난 지 이미 138억 년이 지났고 앞으로도 영겁의 시간을 앞두고 있다. 어쩌면 우리에게는 이 거대한 시간의 틀에 주목할 수 있는 다른 상징이 필요한지도 모르겠다. 예를 들어 롱나우재단Long Now Foundation이라고 불리는 한 단체는 앞으로 1만 년 동안 째깍거릴 거대한 기계 시계를 제작하고 있다. 이 시계의 설계자 중 하나인 스튜어트 브랜드Stewart Brand는 "우주에서 찍은 한 장의 지구 사진이 환경을 생각하게 한 것처럼 이 시계를 통해 시간에 관하여 생각하기"를 희망한다.[61]

거대한 시간의 틀에 대한 관점이 공유된다면 사람들이 보다 장기적인 프로젝트에 적극적으로 참여할 동기가 생길지도 모른다. 이미 지금까지 인류가 여러 세대에 걸쳐서 협력해온 전례가 있다.

대성당 건축, 요새 구축, 지식을 축적하는 과학 프로젝트처럼 역사 전반에서 가장 야심 찬 시도들이 성공하기 위해서는 단 하루도 같은 시간을 산 적은 없지만 비전을 공유한 사람들의 협력이 필요했다.

그러나 여러 세대에 걸쳐 사회적 계약을 시행하는 것은 까다로운 일이다.[62] 미래 세대는 개의치 않고 그 장소를 부숴버릴지도 모른다. 하지만 저들은 실패를 이유로 우리를 벌할 수 없다. 우리의 묘비를 걷어차거나 우리가 세운 기념물들을 불도저로 밀어버리는 정도는 할 수 있을지 모르겠다. 하지만 그들이 할 수 있는 보복은 숲을 불태워버리거나 유독한 쓰레기를 바다에 방류한 것처럼 우리가 그들에게 저질러온 큰 죄악에 비하면 약소한 것들이다. 그리고 여전히, 예지력 덕분에 사람들은 자신의 혈통, 그들의 자식, 자식의 자식을 생각하며 엄청난 의미를 깨닫게 된다. 자기들이 남길 유산을 떠올리며.

철학자 로먼 크르즈나릭Roman Krznaric은 《선한 조상The Good Ancestor》에서 미래 세대의 안녕을 위한다면 훨씬 많은 일들이 이루어져야 한다고 일갈한다.* 크르즈나릭에 따르면 이미 여러 국가가 세대 간 유대를 강화하기 위한 사업을 시작했다고 지적했다. 스웨덴과 핀란드에는 각각 미래부 장관과 국가미래상임위원회가 있다. 웨일스는 미래세대위원회를 설립하여 미래 시민들의 권리를 옹호하는 임무를 주었다.[63] 그러나 악마는 디테일에 있다고 했다. 웨일스인의 역할을 규정한 법안에는 다음과 같은 조항이 포함되어 있다.

"공공기관은 이 위원회가 만든 권고안에 명시된 행동 방침을 따르기 위한 모든 합리적인 조치를 취해야 한다. (…) 단, 해당 공공기관이 대안적인 행동 방침을 결정하지 않는 한." 정치적 의사 결정권자들에게 미래의 문제는 현재의 요구 사항에 밀려 얼마든지 뒷전이 될 수 있다.

게다가 장기적인 문제 가운데는 대단히 복잡하여 쉽게 해결될 수 없는 것들도 많다. 핵폐기물 처리 문제를 생각해보자. 이 폐기물들은 수십만 년까지는 아니더라도 최소한 수천 년 이상 극도로 위험한 상태다.[64] 핵폐기물 관리와 관련된 어려움 중에는 미래 세대에게 그 위치와 위험성을 적절히 경고하는 문제가 있다. 그러나 최소한 수천 년 후 누군가 나쁜 의도로 접근할 경우를 대비해 이 정보들을 완전히 공개할 수도 없다는 난감한 문제도 있다. 어떻게 이 엄청난 시간의 간극을 넘어 미래인과 소통할 수 있을까? 우리가 남긴 메시지 속 언어를 과연 그들이 이해할 수 있을지도 보장할 수 없다. 따라서 경제협력개발기구 산하 원자력기구는 선진 원

---

* 일본에서는 미래 디자인 운동Future Design movement의 일환으로 시민 집회를 조직하여 참가자 일부가 마치 미래에서 온 것처럼 가장하고 현재의 시민들과 논쟁한다. 야하바에서 열린 한 행사에서 주민들은 도시의 상수도 공급을 관리하는 방안을 토론했다. 상수도는 수익성이 높기 때문에 현재의 주민들은 현재의 수도 요금을 경감하자고 제안했다. 그러나 2060년에서 온 주민들은 오히려 수도 요금을 인상하는 계획을 제시했고 남는 수익을 상수도 시설의 개선에 투자하거나 비축하는 안을 내놓았다. 현재와 2060년 사이에 값비싼 기술과 공학적 정비가 필요하다는 걸 인지했기 때문이다. 결과적으로 시는 '미래에서 온 주민들'의 권고 사항을 일부 받아들였다.

자력 기술을 보유한 14개국과의 논의를 통해 '세대를 아우르는 기록과 지식 및 기억 보존에 관한 사업'을 고안했다. 광범위한 대화 끝에 이들은 미래 세대에게 핵폐기물 저장소라는 중요한 정보를 안전하게 알려주는 '자체적으로 달성할 수 있는 단일 접근법이나 메커니즘은 없다'는 결론을 내렸다. 대신 서른다섯 가지 전달 방법을 권고했는데 여기에는 표지 설치, 타임캡슐, 국제적인 카탈로그의 유지 등이 포함된다.[65] 이 사안에서도 미래에 대한 단선적인 비전에 의존하는 대신 미래를 예견하는 우리 능력의 한계를 겸손한 태도로 인정하며 다양한 해결책을 준비하고 상대적인 비용과 편익을 따지는 것이 핵심이다.

물론 미래 세대는 우리가 위험한 쓰레기만 확보해놓았을 거라고 생각하지는 않을 것이다. 기후정책 전문가 비나 벤카타라만Bina Venkatarama는 《포사이트》에서 각 세대의 성과인 공동의 지식과 자원을 다음 세대로 전달하여 공유 유산을 유지하는 방법을 제시한다. 그러자면 아마도 인류가 힘겹게 얻어낸 교훈을 축적한 도서관을 보호하는 일이 대단히 중요할 것이다. 알렉산드리아 도서관의 소실로 얼마나 많은 고대의 지식이 사라졌는지 생각해보라. 만약 당장 인터넷이 안 된다면 우리가 무엇을 할 수 있겠는가?

미래 세대는 자기들의 조상이 작물의 생존 능력을 지켜주길 바랄 것이다. 북극 근처 노르웨이 스발바르섬의 영구동토대 깊은 곳에 이를 훌륭하게 시도한 예시가 있다. 스발바르 국제종자저장고는 재난 상황을 대비해 작물의 종자를 보관하여 다가올 수백 년

그림 8-3 스발바르 국제종자저장고.

동안 중요한 농업 유산을 보존하려는 목적으로 세워졌다. 우리는 다른 식물의 종자와 멸종 가능성이 있는 동물의 난자와 정자에도 비슷한 투자를 할 수 있다. 여러 세대를 아우르는 노아의 방주를 지어 언젠가 이 생물들을 부활시키는 것이다. 하지만 이런 노력이 과연 자원을 사용하는 최선의 방법인지는 의심스럽다. 현존하는 많은 종이 멸종 위기에 처해 있는 상황에서 당장의 멸종을 막는 데 자원을 투입하는 것이 더 현명할 수도 있다. 그러나 천 년 후 우리 후손은 단지 식물을 이식하는 것만이 아니라 번식하여 늘릴 수 있는 가능성을 더 소중하게 생각할 수도 있다. 그러면 미래를 위해 신중하게 확보해야 할 다른 보물은 또 무엇이 있을까?

이를 종합해보면, 장기적인 사고와 세대 간 협업은 더 나은 세상을 위한 가장 나은 방법처럼 보이지만 반드시 그런 것만은 아니라는 결론에 도달하게 된다.

각자가 후손에게 이어질 유산을 일구어내기 위해 숭고한 노력을 기울이는 과정에서, 축적된 부를 제 핏줄에게만 물려줌으로써 불평등을 가속화할 수 있다. 허버트 스펜서Herbert Spencer는 지혜로운 자라면 "자신이 과거의 후손이자 미래의 부모임을 명심해야 한다"라고 말했다.[66] 그러나 그의 통찰은 번식에 적합하지 않다고 판단되는 사람들에게서 생식의 권리를 제한함으로써 미래를 바꾸려는 우생학 프로그램에도 영감을 주었다. 예지력은 예컨대 히틀러Adolf Hitler가 천년 제국을 세우기 위해 빈틈없이 계획한 홀로코스트처럼 비난받아 마땅한 목적으로도 사용될 수 있다. 예지력 자체는 윤리적으로 중립이며 위대한 선을 위해서도, 거대한 악을 위해서도 쓰일 수 있는 능력이다.

인류 전체가 마주한 장기적인 역경을 해결하고자 한다면 예지력을 더욱 잘 발휘해야 한다. 더 효과적으로 예측하고 계획하고 준비하고 전략을 세우고 시뮬레이션하고 과학적으로 평가할 필요가 있다. 그러나 무엇보다 중요한 것은 이 능력을 통해 추구해야 할 일들의 우선순위가 우리에게 달렸다는 점이다. 예지력을 사용하여 변화도 성장도 아닌 지속 가능한 균형 상태를 목표로 삼을 수도 있다. 예지력은 특정한 행동 방침이 어디로 이어질지 알려줄 수 있지만, 결국 무엇이 일어날지 결정하는 것은 우리 자신이다.

미래 세대가 우리의 선택에 도덕적 책임을 물을지도 모른다. 비록 선의에서 비롯한 선택이었더라도 태만했거나 무모하여 피할 수 있는 위험을 예상하지 못했다거나, 미래의 번영을 보호하기 위해 결단력 있게 행동하지 못했다며 원망할 수도 있다. 이제 호모 사피엔스는 중대한 시점에 와 있다. 우리 앞에 가능한 여러 타임라인은 몹시 절망적이다. 기후변화, 핵전쟁, 생명공학적 팬데믹은 우리 스스로 초래하여 직면하게 된 위협의 몇 가지 예에 불과하다. 과연 무엇이 우리를 벼랑 끝까지 몰고 갈 것인가. 지금까지 이 책을 잘 따라왔다면 답을 알 것이다. 그것이 무엇인지 우리는 모른다는 것이다. 그러나 도도새처럼 되지 않으려면 만반의 준비가 필요하다.

작별 인사를 나누는 유일한 동물

희망을 포기하면 안 된다. 우리는 필요한 모든 도구를 갖추었고, 수십억에 달하는 뛰어난 사람들의 생각과 아이디어가 있으며, 헤아릴 수 없는 자연의 힘이 우리가 하는 일을 돕고 있다. 그리고 한 가지 더, 아마도 지구상의 생물체 가운데 유일하게 우리에게는 미래를 상상하고 그대로 이루어내기 위해 노력하는 능력이 있다.

— 데이비드 애튼버러David Attenborough (2020)

예측은 동물계 전반에서 뇌의 핵심적인 기능이다. 그러나 애튼버러가 주장했듯이 인간의 예지력은 실로 우리를 다른 동물과 다르게 만들었다. 우리 선조들은 수백만 년 동안 서서히 놀라운 멘탈 타임머신을 발전시켜왔고, 그 과정에서 정교하게 만든 석기 도구와 화덕의 흔적을 통해 발전된 능력의 단서를 남겼다. '내일'이 발명된 이후로 초기 인간은 미래를 더 잘 보고 통제하기 위해 힘써왔다. 주어진 것의 미래 유용성을 인지하고 다른 사람들을 가르치면서 문화적 축적이라는 피드백 고리에 시동을 걸었다. 막대 끝에 뾰족한 돌을 달아 멀리 떨어져서도 사냥할 수 있는 창을 조립했고, 필요한 물건을 필요한 순간에 필요한 장소에서 쓸 수 있도록 운반 장비를 만들었다. 인간은 점점 기술과 지식을 축적했고 자신의 미래와 운명을 결정했다. 자신이 사는 세상의 규칙성에 주목하여 달력과 돈, 문자처럼 미래에 일어날 일의 조정 능력을 극적으로 향상시킨 도구를 발달시켰다. 몇 달 후에나 수확할 작물을 심었고, 앞으로 예상될 필요를 만족시키기 위한 인공적인 세상을 설계하고 건설했다. 미래의 통제를 위한 탐구가 이 세상을 만들었다.

오늘날 많은 이들이 지구는 심각하게 병들었으며 인류는 근시안적 사고를 하는 골칫거리라고 생각한다. 그러나 이 책에서 보여주려고 한 것처럼 우리 종은 현재에 갇혀 있지 않고 그 어떤 존재보다 미래를 진중하게 다뤄왔다.

어쩌면 우리는 이미 올바른 길에 들어섰는지도 모른다. 우리에게 닥친 중대한 생태학적 문제들도 장기적으로는 인간의 독창성에 의해 끝내 해결될 수 있을 것이다. 어쩌면 생각보다 빠르게 이 난장판을 치우고, 플라스틱을 생분해 재료로 대체하고, 화석연료를 재생 가능한 연료로 바꾸게 될지도 모른다. 정보 기술이 지난 수십 년 동안 이 세상을 혁신했듯이 앞으로 수십 년간 생명공학의 발전이 그리할 것이다. 점차 축소되는 생물의 서식지를 보호하고 멸종을 위협받는 동물들을 다시 번성시킬 수도 있다. 심지어 인류 성공의 희생양이었던 태즈메이니아주머니늑대, 모아새, 털매머드 같은 종들을 다시 불러올지도 모른다. 식량을 지속 가능하게 공급하고, 그동안 망가뜨린 것을 나노봇으로 고치고, 환경을 파괴하지 않고도 우리에게 필요한 것은 무엇이든 3D프린터로 만들어내는 미래도 상상해볼 수 있다. 인공지능이 어떤 실존적 위협을 제기할지는 모르지만 재앙을 예측하고 예방하는 데 극도로 유용했음이 밝혀질 수도 있다. 어쩌면 모든 문제에 대한 기술적인 해결책을 혁신할 수 있을지도 모른다. 심지어 세계 평화조차 요원한 목표만은 아닐 수 있다.

그러나 다시 한번 말하지만 이것들은 모두 잘못된 낙관일 수 있다. 새로운 해결책이라는 것이 더 큰 문제를 일으킬 수도 있다. 분명 우리는 근소한 오차범위 내에 있는 사소한 실수에서부터 큰 재앙을 부른 엄청난 계산 착오까지, 계속해서 틀릴 것이다. 바라는 대로 긍정적인 궤도에 오르지 못할 수도 있고, 필요한 기술을 제때 발명하지 못할지도 모른다. 설사 누군가 훌륭한 전략과 기술을 알아냈더라도 그것의 유용성을 빨리 알아보지 못하거나, 정치적 분쟁 또는 단기적 이익의 유혹으로 필요한 변화를 실행하지 못할 수도 있다. 게다가 낙관론 자체가 자신감을 부풀리는 위험이 있다. 비가 오지 않을 게 뻔한데 무엇하러 우산을 가져가는가?

하지만 낙관론은 앞이 보이지 않는 시기에도 긍정의 가능성을 보게 하며, 우리 자신을 운명론에서 벗어나게 하고 더 나은 미래를 적극적으로 창조하도록 동기를 줄 수 있다. 그래서 낙관적인 생각들이 모두 다 보장되지 않는다는 걸 알면서도 포용함으로써 이익을 얻을 수 있다. 지식과 낙관적 예측을 공유하여 협업을 격려하고 긍정적인 변화를 이끌어낼 수도 있다. 플라시보 효과에 활용 가치가 있는 것처럼 장밋빛 안경을 가까이하여 얻는 이익이 있다.[67] 겸손과 자신감 사이에서 적당한 균형을 지킨다면 어떤 어려움도 이겨낼 수 있다.

이 놀라운 예지력 외에도 인간은 주변 사람과 마음을 연결하길 원하는 특유의 욕망과 또 그걸 해낼 능력이 있다.[68] 우리는 질문하고 조언하여 좀 더 정확하게 미래를 예측하고 생산적인 계획을 세울 수 있도록 돕는다. 연결하고자 하는 욕구와 시나리오를 상상하는 능력은 서로에게 내일과 그 이후의 이야기를 들려줄 때 결합한다. 모닥불 앞에서 주고받는 잡담에서부터 현대 문학까지, 이야기는 직접 목격하지 못한 사건으로 우리의 멘탈 타임머신을 안내한다. 이야기에는 종종 미래를 위한 교훈이 있어서 우리는 타인의 분투를 보며 결국 무엇을 추구해야 하고 무엇을 피해야 하며 어떻게 장애물을 극복해야 할지 배운다. 외계인 침공이나 로봇의 반란 같은 실존적 재앙을 다루는 이야기는 말할 것도 없고, 예컨대 조지 오웰George Orwell의 《1984》나 올더스 헉슬리Aldous Huxley의 《멋진 신세계》 같은 디스토피아 소설은 경고의 역할을 할 수 있다. 디스토피아적 비전을 피하도록 동기가 부여될 수 있는 것처럼, 우리는 긍정적인 변화와 더 나은 세계에 대한 아이디어에 이끌려 행동할 수도 있다.[69]

우리는 먼 미래의 시나리오를 즐기는 데도 멘탈 타임머신을 사용한다. 우리가 상상하는 수백만 년 후의 미래에서는 심지어, 우리 종의 마지막 흔적이 오직 다른 호미닌들 옆에 그려진 화석 기록으로만 발견될 수도 있고, 또는 우리의 후손이 세상을 지배했으나 더 이상 우리의 후손을 알아보지 못하는 미래를 상상할 수도 있다.[70] 우리 종, 우리 지구, 우리 태양계, 우리 은하, 심지어 우주 전체의 궁극적인 운명 앞에서 지금의 도전이 하찮게 보일 수도 있다. 우주는 계속해서 확장을 거듭해 결국 어떤 생명도 살지 못하도록 차갑게 식을 것인가, 아니면 어느 시점부터 수축하기 시작해서 결국 빅 크런치big crunch로 붕괴하고 말 것인가. 하지만 그조차도 또 다른 빅뱅과 함께 모든 것이 다시 존재하게 되는 새로운 우주의 시간으로 연결될 수 있다.[71] 그중 어느 것도 확실하지 않으며 누구도 그 시간을 살아 직접 목격하는 일은 없을 것이다. 따라서 이것들은 모두 여러분이 마지막으로 본 영화의 행복한 결말처럼 온전히 허구인 시나리오와 다르지 않다고 여길 수 있다.

대부분 우리의 멘탈 타임머신은 방금 지나간 사건의 기억이나 조만간 마주칠 기회들이 있는 매우 짧은 여행으로 우리를 데려간다. 이 타임머신은 자신의 운명을 이해하고 그 의미를 찾고 통제하게 하는 탐구로 우리를 이끈다. 이 머릿속 기계는 기대의 기쁨과 깊은 두려움을 가져오며, 지나간 날들을 그리워하고, 더 나은 내일을 꿈꾸고, 목표를 위해 힘겹게 나아가고, 죽음이 갈라놓을 때까지 사랑하겠노라 맹세하게 한다. 또한 향수와 반추, 음모와 계획, 걱정과 두려움, 약속과 의무, 믿음과 희망 그리고 의지와 포부처럼 우리가 의도하는 최선의 것과 최악의 것을 가져온다. 이 멘탈 타임머신과 함께 우리는 우리가 달려온 곳과 달려갈 곳 사이에서 삶의 이야기를 엮는다.

다른 동물들도 사람처럼 서로 만나면 인사한다. 침팬지는 "안녕hello"이라고 말하는 듯한 소리를 내기도 하고 심지어 포옹을 하거나 뽀뽀도 한다. 그러나 제인 구달이 지적한 것처럼 이들이 "잘 가goodbye"라고 말하는 법이 없다. 인간은 나와 당신이 서로 다른 길을 가고 있다는 것을 인정하고, 각자의 길이 내일 다시 교차할지도 모른다는 기대감으로 작별 인사를 나누는 유일한 동물인지도 모른다.

여러분이 이 여행을 즐겼길 바란다. 다음에 또 만납시다.

감사의 말

　인간의 예지력은 여러모로 한심하기 그지없다. 사람들은 일어나지 않을 일을 예측하고 일어날 일은 예측하지 못한다. 2018년 후반 이 책을 쓰기 시작할 때만 해도 세계적인 팬데믹으로 출간에 문제가 생기리라고는 꿈에도 생각하지 못했다. 확신에 찬 많은 예상이 보란 듯이 빗나가고 성공을 약속한 많은 계획은 예상과 달리 어긋나면서 예지력의 오류가 훤히 드러난 시기였다. 그러나 세계적인 위기는 예방과 격리 전략, 바이러스 전파의 상세한 예측, 집단 면역을 위해 빠르게 개발된 백신까지, 인간의 예지력이 얼마나 강한지도 보여주었다. 인간은 자신의 멘탈 타임머신에 의해 잘못된 길로 이끌리기도 하고 힘을 얻기도 한다.

　우리 세 사람은 예지력이 어디에서 기원하고 어떻게 작동하는지 탐구하며 그 속성에 매료되었다. 사실 토머스는 이미 30년 전 멘탈 타임머신으로 석사 논문을 썼고 그 이후로 계속해서 이 주제를 연구해왔다. 조너선과 애덤은 토머스의 지도를 받아 멘탈 타임머신으로 박사학위를 받았다. 그러니 인간의 예지력 이야기를 다양한 청중에게 들려주는 일이라면 우리 셋이 좋은 팀이 될 거라고 생각했다.

저자가 세 명인 것은 (서로의 실수와 편견을 바로잡는 것은 말할 것도 없고) 각자의 지식과 기술을 한데 모을 수 있다는 점에서 유리했다. 그러나 우리는 다른 전문가들의 도움도 많이 받았다. 초안을 읽고 사려 깊은 제안을 해준 다음 분들에게 감사한다. 알렉스 테일러, 앤드루 휘튼, 비나 벤카타라만, 케리 십턴, 크리스 더전, 크리스토퍼 크루페네, 클레어 오캘러헌, 콘래드 레너드, 크리스티나 어탠스, 대니얼 샥터, 프레야 영, 제프 보닝, 질리언 페퍼, 제임스 스티브스, 존 서턴, 존 클린데니얼, 라클란 브라운, 맨프레드 서든도프, 매트 맥팔레인, 마이클 코벌리스, 미셸 랭글리, 뮈리언 아이리시, 니키 하레, 레이철 매켄지, 루벤 라우코넨, 샬리니 고탐. 친절하게 각 장을 확인한 전문가들도 있었다. 데니스 슈만트-베세라트, 휴 포싱엄, 막달레나 지크, 피터 에번스, 폴 셀리. 심지어 어떤 이들은 책 전체를 읽고 아낌없이 피드백을 주었다. 비욘 밀로얀, 빌 폰 히펠, 브렌던 치에치, 데이비드 벌리에게 진심으로 감사드린다. 아직까지 이 책에 오류가 남아 있다면 그건 다 우리의 책임이다.

이 책의 많은 연구가 오스트레일리아, 독일, 뉴질랜드, 영국과 미국 등 여러 나라의 연구자들과 협업으로 이루어졌다. 과학은 협력의 사업이며 이들의 도움이 없었다면 해내지 못했을 것이다. 이 책에서 "우리" 연구, "우리" 연구팀이라고 언급할 때 그 안에는 많은 이들이 포함된다. 호주연구위원회와 국립보건의료연구위원회의 연구비 지원에 깊이 감사드리며, 특별히 수년간 우리 연구에 참여한 많은 분들께도 고마운 마음을 전한다. 아이들을 대상으로 한 연구는 주로 퀸즐랜드 박물관의 초기인지발달센터에서 수행되었다. 시간을 내어 참여해준 아이들과 부모님 그리고 오래도록 지원을 아끼지 않은 센터와 박물관 직원들께도 감사한다. 동물 연구는 록햄프턴, 퍼스, 애들레이드 동물원과 남부어의 와일드라이프 HQ에서 수행했다. 그 과정에 다치거나 해를 입은 동물은 없었고 동물들은 자의로 언제든 실험을 멈출 수 있었다. 특히 록햄프턴 동물원의 침팬지 캐시와 홀리와 함께한 몇 해는 특별한 기쁨이었다. 우리는 이 동물들의 행복을 위해 애쓰는 동물원 전 직원의 계속된 지원에 감사한다.

퀸즐랜드대학교 심리학부에서 동료들과의 작업 환경을 즐길 수 있던 것은 큰 행운이다. 특히 심리학및진화센터와 초기인지발달센터의 정기 모임에 크게 감사한다. 위에서 언급한 분들 외에도 응원과 조언을 아끼지 않고 생산적인 대화를 나누어준 다음의 친구, 동료, 공동 연구자들에게 감사를 표하고 싶다.

아이슬링 멀비힐, 앤디 동, 애슐리 헤이, 애슐리 펠런, 브렌던 보오코너, 브라이언 레이히, 첼시 보카뇨, 셰릴 디사나야케, 크리스 무어, 클레어 플레처-플린, 콜린 콘웰, 다니엘라 팔롬보, 데릭 아널드, 도나 로즈 애디스, 피오나 발로, 프랭키 퐁, 가브리엘 심콕,

게일 로빈슨, 길 테렛, 그레임 스트래찬, 홀가이어 샤스타드, 해나 비덜, 일라나 무신, 아이작 베이커, 제임스 셜록, 제이슨 매팅글리, 제러미 내시, 조-마리 체카토, 요하네스 마하, 존 맥클린, 조너선 크리스털, 조더나 윈, 줄리 헨리, 저스틴 윌리엄스, 카나 이무타, 카롤리나 렘퍼트, 켈리 커클랜드, 케얀 토마셀리, 크리스틴 소머, 마크 닐슨, 마르쿠스 뵈클레, 마르쿠스 베르닝, 마티 윌크스, 낸시 파카나, 니콜라 클레이턴, 니콜 넬슨, 니콜라스 멀캐히, 오트마 립, 패트리샤 개니아, 폴 덕스, 폴 잭슨, 피터 렌델, 레베카 콜린스, 로스 커닝턴, 러셀 그레이, 샘 길버트, 샐리 클라크, 셴 첸, 시오반 케네디-코스탄티니, 스티븐 핑커, 수 통가, 수전 캐리, 티안 포 오이, 버지니아 슬로터, 영 지 튄.

우리는 이 책과 관련된 프로젝트에서 훌륭한 학생들과 함께 일하는 즐거움을 누렸다. 알리시아 존스, 어맨다 라이언스, 에이미 버기스, 앤드루 힐, 아니아 가노위츠, 케이트 맥콜, 샹탈 리, 샬럿 케이시, 데이비드 버틀러, 디애나 발리, 엘리자베스 컬런, 엠마 콜리어-베이커, 지앙 응우옌, 재키 니, 재클린 데이비스, 제니 버스비 그랜트, 자닌 우첸브록, 제니 모리시, 제스 크림스턴, 제시카 부셀, 조 데이비스, 요하나 밴더시, 캐리 넬드너, 케이트 왓슨, 켈리 브룩스, 크리스티 아미티지, 릴리 디컨, 루카 부작, 매디슨 보가트, 멜리사 브리넘스, 올리비아 데미켈리스, 피비 핀쿠스, 레베카 폰 겔렌, 리건 갤러거, 샘 피어슨, 새라 바톨로마이, 탈리아 리미, 티건 매켄지, 토머스 맥카티, 조이 오커비.

이 책을 쓰는 동안 우리 셋은 각각 많은 이들로부터 응원과 격려를 받았다.

존은 특히 부모님 웬디와 스튜어트의 자애로운 사랑과 격려에 감사를 전한다. 또한 형제자매인 대니얼, 페니, 애나와 할머니 뮤리얼의 응원과 웃음, 행복한 기억에 깊이 감사한다. 존은 퀸즐랜드 대학교의 친구들 그리고 위에서 언급하지 못했지만 연구 생활 중에 기쁨과 슬픔을 함께 나눠준 많은 이들 그리고 즐겁게 수다를 떨어주고 필요할 때마다 격려해준 이들에게 진심 어린 고마움을 표한다. 마지막으로 고향인 퀸즐랜드 입스위치의 친구들, 평생 함께해준 소중한 벗들에게 특별한 감사를 보낸다. 무엇보다 오늘의 그를 있게 한 애슐리 쿠퍼와 크리스토퍼 에인슬리에게 특별히 고맙다는 말을 하고 싶다.

애덤은 어머니 루이즈의 변함없는 사랑과 지지에 감사하며, 이 책을 헌정한 아버지 데이비드가 이 프로젝트에 깊은 관심과 신뢰를 보여준 것에 깊이 감사의 마음을 전한다. 한결같은 형제애를 보여준 리처드 벌리에게도 고마움을 전한다. 프레야 영의 인내와 긍정과 신뢰와 사랑에 마음 깊이 감사한다. 마음 깊은 곳에서 우러나오는 진심 어린 고마움을 벌리, 파예, 영 가족과 애덤이 운 좋게 친구로 삼게 된 모든 이들에게 전한다. 위에서 언급되지 않은 친구들 중에서 특별히 아델 젤룰, 알렉스 리스터, 알레그라 영, 캐럴라인 버넷, 어제이 파텔, 치에-링 황, 다니엘레 포레스티, 에번 로만, 조지아 쿠난, 굿맨 가족, 재클린 해치, 제이슨 매켄지-루어, 조던

틸데슬리, 카이 밀리켄, 캐스린 커츠너, 리 기어스, 매들린 쿠넌, 매트 그랜트, 매트 호킨스, 매트 미칼락, 패트릭 터니, 패트릭 달링, 리스 가르만, 소피 클라크, 클라크 가족, 토머스 코카드, 틸 알머, 트렌트 먼스에게 감사한다.

애덤은 하버드대학교 심리학과 샥터기억연구실과 커뮤니티에 감사의 인사를 전한다. 또한 시드니대학교 뇌정신센터와 심리학부 사람들의 지원에 고마움을 느끼며 그중에서도 뮈리언 아이리시가 이끄는 기억 및 상상 신경장애 그룹에 감사한다.

토머스는 배우자인 크리스 더전에게 고마움을 전한다. 크리스는 토머스의 가족 중에서 진정한 생물학자로 상어와 가오리를 비롯한 멋진 동물의 생태와 유전학을 연구한다. 당신의 열정과 변함없는 지지, 그리고 사랑에 감사한다. 두 아이 티모와 니나에게도 수많은 연구에 참여하고 많은 즐거움을 준 것에 특별히 감사의 인사를 전한다. 또한 형제자매인 잉그리드, 맨프레드, 베티나, 그 밖의 가족과 친구들에게 모두 감사한다.

이 책에서 토머스가 특별히 감사를 전하고 싶은 분이 있다. 토머스는 이 책을 지도교수였던 마이클 코벌리스에게 바친다. 안타깝게도 그는 이 책이 출간되기 전에 세상을 떠났다. 코벌리스는 인지신경과학에 한 획을 그은 위대한 인물로 훌륭한 학자이고 놀라운 교사이자 격려하는 동료였고 친구였다. 그가 없었다면 이 책은 존재하지 않았을 것이다. 토머스가 1992년 와이카토대학교에서 석사 과정을 밟기 위해 독일에서 뉴질랜드로 건너갔을 때 그는 미래를 생각하는 인간 능력의 속성에 관해 쓰고자 했던 논문의 지도교수를 찾지 못했다. 그래서 그는 오클랜드대학교의 코벌리스에게 연락했다. 그는 마침 뇌의 비대칭성의 진화와 창조적인 정신에 관한 책을 쓴 참이었다. 코벌리스는 토머스의 미숙한 개념을 일관된 주장으로 탈바꿈시키는 과정을 돕겠다고 했다.

그 논문에서 토머스는 과거의 사건을 기억하는 능력과 미래의 상황을 상상하는 능력은 정신과 뇌에 밀접하게 연관되어 있고, 우리 선조의 뇌에서 탄생한 '정신적 시간여행'은 인간 진화의 핵심적인 원동력이었다는 개념을 제안했다. 이런 생각은 당시에 인기가 없었는데 인지심리학자는 예지력보다는 기억에 더 관심이 있었고 진화심리학자는 전반적인 뇌의 능력보다 영역 특수적 적응에 초점을 맞췄기 때문이다. 이 논문을 출판하려는 첫 시도가 실패한 후 집요함과 뻔뻔함을 가르쳐준 코벌리스의 차분하고 신사적인 지도가 아니었다면 토머스는 이 연구를 진작 그만두었을 것이다. 마침내 1997년에 이 논문은 임팩트 지수가 낮은 저널에 실렸다. 그 이후로 사람들이 주목하기 시작했고, 토머스와 코벌리스는 10년 후 한 논문에서 그간의 발전을 훑어보면서 이 분야가 흥분으로 들썩인다는 것을 알게 되었다. 정신적 시간여행은 동물 인지, 신경과학 그리고 임상심리학, 발달심리학, 사회심리학을 포함해 다양한 심리학 하위 분야에서 연구되고 있었다. 심지어 《사이언스》는 기억과 예지력 사이의 연결고리에 관한 새로운 증거를 그 해의 혁신적인 과학 연구 상위 10위 안에 넣었다.

2011년에 《인지과학 트렌드Trends in Cognitive Sciences》 편집자는 토머스에게 코벌리스가 "생각을 바꿨다"라면서 그에 대한 견해를 요청하여 토머스를 놀라게 했다. 당시 코벌리스는 한 기고문에서 해마의 단일세포 기록과 관련된 신경과학 분야의 발전으로 설치류에도 인간의 정신적 시간여행과 상당히 비슷한 무엇이 있다는 것을 알게 되었다고 주장했다. 《사이언스》에서 '지적 균열'로 묘사할 만한 논쟁이 두 사람 간에 이어졌으나 코벌리스와 토머스는 여전히 친구였고, 인간과 다른 동물의 공통점과 차이점에 관한 연구가 실제로는 한 동전의 양면임을 두 사람 모두 인지하고 있었다. 이들은 인간은 정신의 근본을 이루는 건축 재료를 다른 동물과 똑같이 공유하고 있으며, 인간의 욕망, 계획과 기억을 교환하는 능력처럼 다른 종에서 유사성을 찾아볼 수 없는 측면이 있다는 것에 동의했다. 토머스와 코벌리스는 한동안 이탈리아에서 함께 칩거하며 이 모든 것에 대한 책을 쓸 계획까지 세웠었다. 그 계획이 무산된 후 대신 토머스는 자신의 제자들과 함께 지금 여러분이 손에 들고 있는 이 책을 쓰게 된 것이다. 코벌리스는 이 책의 출간을 몹시 고대했고 언제나처럼 적극적으로 도와주었다. 토머스는 그에게 영원히 변치 않을 감사를 전하며 진심으로 그립다는 말을 전한다.

이 책은 사이언스팩토리의 헌신적인 에이전트 피터 탤럭과 LPA의 루이사 프리처드의 도움으로 출판사에 원고를 넘겼다. 두 사람의 지원에 진심으로 감사한다. 이 책의 삽화와 이미지를 제공한 모든 이들의 너그러움에도 감사한다. 마지막으로 이 책의 훌륭한 편집자 T. J. 켈러허 그리고 베이직북스의 브리타니 스메일, 제시카 브린, 카라 오제부보, 라라 하이머트, 리즈 웨첼, 매들린 리, 메건 브로피, 로저 라브리, 세나 레드먼드를 포함한 팀에 감사의 마음을 전한다. 이들은 우리의 계획을 현실로 만들어주었다.

정신적 시간여행에 관한 책을 쓰는 데는 긴 시간이 걸렸다. 이 여행을 공유할 수 있어서 감사하고 이 책을 애정 어린 시선으로 돌아볼 수 있길 기대한다.

사진 출처

1 저마다의 타임머신

그림 1-1 플리커 사용자 틸레마호스 에프티미아디스Tilemahos Efthimiadis, 제공. CC BY 2.0, recreation courtesy of Freeth et al., 2021, Scientific Reports, CC BY 4.0

그림 1-2 저자 제공.

그림 1-3 스티븐 호킹의 시간여행자 초대장—피터 딘Peter Dean / kiteprint.com

2 미래의 창조

그림 2-1 공개 도메인 이미지.

그림 2-2 루브르 박물관 제공, 슈만트-베세라트Schmandt-Besserat 박사.

3 자아의 발명

그림 3-1 저자 제공.

그림 3-2 저자 제공(레미에게 감사를 전한다).

4 뇌가 하는 일

그림 4-1 파트마 드니즈Fatma Deniz 제공.

그림 4-2 플리커 사용자 알렉스 페퍼힐Alex Pepperhill 제공, CC BY 2.0

주석

1 저마다의 타임머신

1 외치의 마지막 순간과 그의 소지품에 관해서는 다음을 참조하라. Capasso, 1998; O'Sullivan et al., 2016; Oeggl et al., 2007; Peintner et al., 1998; Wierer et al., 2018. 활과 화살은 미완성 상태였다. 외치의 스토리는 펠릭스 랜도Felix Randau 감독의 2017년 영화 〈아이스맨〉에서 생생하게 묘사되었다.

2 Suddendorf & Corballis, 1997.

3 Oliver, 1993.

4 계획(Buehler et al., 2010; Kahneman, 2011)과 기대(Hanoch et al., 2019; Sharot et al., 2011)에서 유사한 편향의 예가 많이 있다.

5 Freeth et al., 2021; Seiradakis & Edmunds, 2018.

6 Cicero, 45 BC/1877.

7 Kilgannon, 2020; Kolb, 2019.

8 Safire, 1969.

9 NASA, 2003.

10 Redshaw et al., 2018; Redshaw & Suddendorf, 2016. 우리는 상설 연구팀이 아니라 세 저자가 각각 여러 분야에서 많은 기관의 다양한 연구자들과 공동으로 연구한다. 이 책을 집필하는 시기에 토머스와 조너선은 퀸즐랜드대학교 소속이고 애덤은 시드니대학교와 하버드대학교에서 펠로십을 하고 있다. 본문에서 "우리" 연구라고 말할 때는 세 사람이 다 함께 연구에 참여한 경우도 있고, 한두 명이 다른 훌륭한 공동 연구자와 협업하는 경우도 있다.

11 Redshaw & Suddendorf, 2020.

12 Gautam et al., 2019.

13 이어서 다윈은 다음과 같이 말했다. "나는 인간과 어느 정도 유사한 지적 정신을 가진 제1 원인First Cause을 찾아야 한다는 압박을 느꼈다. 그리고 나는 유신론자라고 불릴 자격이 있다. 이 결론은 내가 기억하는 한《종의 기원》을 쓸 때만 해도 내 마음속에서 강하게 자리 잡고 있었으나 이후 많은 변화를 겪으면서 서서히 퇴색되었다. 그러나 다시 이런 의문이 들었다. 가장 하등한 동물의 정신처럼 낮은 곳에서 시작해 발달을 거듭하여 형성되었다고 믿어 의심치 않는 인간의 정신이 그런 원대한 결론을 내린다면, 그것을 신뢰할 수 있을까?"(Darwin, 1887/1958).

14 Holden, 2005. '타임머신'은 H. G. 웰스H. G. Wells의 1895년 작품《타임머신》으로 유명해졌고 도서와 영화 분야에서 SF소설의 새로운 장르를 개척했다.

15 일화 기억: Tulving, 2005. 일화 예지: Suddendorf & Moore, 2011.

16 Wearing, 2005.

17 Schacter, 1999.

18 Hoeffel, 2005. 이런 끔찍한 부당함은 생각보다 흔하게 일어난다. 현재 미국에서 사형선고를 받고 복역 중인 사람들 가운데 억울하게 유죄 판결을 받은 비율은 약 4퍼센트 정도로 추정된다(Gross et al., 2014).

19 Bartlett, 1932; Loftus, 2001.

20 설치류 연구에 따르면 기억의 저장은 특정 약물로 차단되거나 촉진될 수 있다. 신경과학자 카림 네이더Karim Nader를 비롯한 여러 과학자가 오래된 기억을 떠올린 직후에 약물을 투여했을 때 비슷한 효과가 관찰됐다. 이 결과는 기억이란 되불러 오는 순간 갱신되거나 왜곡되거나 다른 방식으로 변형되기 쉽다는 것을 제시한다. 일부 사람들이 그리 믿기는 하지만, 특별한 치료나 약물, 최면술을 통해 맨 처음 저장된 기억을 되찾을 기회는 아마 없을 것이다(Lee et al., 2017).

21 Suddendorf & Busby, 2005.

22 Eustache et al., 1996.

23 Klein et al., 2009.

24 Suddendorf & Corballis, 2007.

25 기억과 예지의 공통점: 아이들(Busby Grant & Suddendorf, 2005; Suddendorf, 2010), 노화(Addis et al., 2008), 임상 질환(D'Argembeau et al., 2008; Miloyan et al., 2014), 현상학(D'Argembeau & Van der Linden, 2004; Trope & Liberman, 2010). 이들 공통점에 대한 이론적 관점: Dudai & Carruthers, 2005; Schacter et al., 2007, 2012; Suddendorf & Corballis, 1997, 2007.

26 Suddendorf & Redshaw, 2013.

27 Suddendorf & Corballis, 2007.

28 Suddendorf, 2006.

29 학술적으로는 이것을 메타예지metaforesight라고 부른다. 메타meta라는 말은 그 리스어로 "더 높은" 또는 "그 너머의"라는 뜻이며, 메타예지는 예지력 자체에 관 해 생각하는 행위를 말한다(Redshaw, Bulley, et al., 2019; Bulley, Redshaw, et al., 2020). 아픈 치과 수술을 빨리 끝내려는 이유는 두려워서 예약을 미루게 된 다는 걸 깨달았기 때문일 수도 있다. 반대로 즐거운 일을 미루는 건 그 일을 고 대하는 행위를 고대하기 때문일 수도 있다(Loewenstein, 1987). 다시 말해 우 리는 우리 자신의 예상을 예상한다.

30 Tinbergen, 1963.

31 미국항공우주국의 보이저 1호는 2012년에 인간이 만든 물체 중에서 최초로 별 과 별 사이의 성간 우주에 진입하는 기록을 세웠다(Gurnett et al., 2013).

32 Lewis & Maslin, 2015; Waters et al., 2016.

33 Nielsen et al., 2016.

2 미래의 창조

1 앨런 케이의 인용문은 다음을 참조하라. Hiltzik, 1999. 패니 버니가 쓴 편지는 다음을 참조하라. Holmes, 2008.

2 Davy, 1800.

3 《경이의 시대》에서 리처드 홈스Richard Holmes는 마취술의 상용화가 지연되는 것에 따른 막대한 비용을 예시하기 위해 버니의 생생한 유방절제술 이야기를 전했다(Holmes, 2008).

4 Green, 2016; Gillman, 2019; Haridas, 2013. 의학계를 설득하려는 웰스의 첫 시도는 허사였으나 비밀은 오래지 않아 새어나갔다. 마취제의 사용이 전 세계 로 퍼지면서 유사한 효과를 가진 클로로포름과 에테르가 빠르게 활용되었다.

5 Tooby & DeVore, 1987.

6 인간이 지구 전역으로 이주하면서 동반된 종의 소실을 신생대 제4기 후기 멸 종이라고 부른다. 이 시기 인간의 활동과 자연적인 기후변화의 상대적인 기 여 정도에 대해서는 논쟁이 진행 중이다(Koch & Barnosky, 2006). 많은 연구 가 인간이 멸종의 주요 원인이라고 제시한다(Sandom et al., 2014; Smith et al., 2018).

7 Henrich, 2015.

8 Boyd et al., 2011; Heyes, 2018; Mesoudi et al., 2006; Sterelny, 2012; Tennie et al., 2009.

9 헨릭(2015)은 다음과 같이 말했다(pp. 5~6). "수렵채집인이 사용한 카약과 컴 파운드 보(활의 일종)에서부터 현대의 항생제와 항공기까지 우리 종의 특징인 놀라운 기술은 한 명의 천재가 아니라 수 세대를 거쳐 많은 사람들 사이에서

아이디어의 흐름과 재조합, 연습, 행운을 가져온 실수, 우연한 통찰에서 왔다."

10 찰스 다윈 자서전의 첫 판본은 아들인 프랜시스 다윈이 편집했는데, 그는 종교에 관한 불쾌감을 일으킬 소지가 있는 구절들은 삭제했다. 나중에 다윈의 손녀인 유전학자 노라 발로Nora Barlow가 개정판을 내면서 삭제된 부분을 복원했다(Darwin, 1887/1958).

11 Dawkins, 1986.

12 Meltzoff & Moore, 1977, 1983; Meltzoff & Decety, 2003.

13 Oostenbroek et al., 2016.

14 Keven & Akins, 2017; Oostenbroek et al., 2019; Redshaw, 2019; Redshaw et al., 2020. 종합적 메타분석에서 우리 연구팀은 지난 40년간 여러 연구에서 사용된 방법의 차이가 결과의 차이를 설명할 수 있는지를 평가했다. 유아가 어른을 흉내 낸다는 결과가 있는지 없는지를 예측할 수 있는 유일한 요인은 어느 연구팀이 연구를 수행했는지였다(Davis et al., 2021).

15 Heyes, 2016. 헤이스의 논문 제목은 〈모방: 우리 유전자에 없다Imitation: Not in Our Genes〉이다. 그러나 우리는 모방이 "우리 유전자에 없다"는 사실을 확신하지는 못한다. 왜냐하면 "우리 유전자"에 있는 모든 것이 태어날 때부터 발현되는 것은 아니기 때문이다. 사춘기를 생각해보라.

16 Whiten et al., 1999.

17 비인간 동물의 문화에 관한 증거의 리뷰는 다음을 참조하라. Whiten, 2021.

18 Mercader et al., 2007.

19 Schuppli & van Schaik, 2019.

20 Horner & Whiten, 2005.

21 Derex et al., 2019. 바퀴가 비탈길을 굴러가는 속도에 영향을 미치는 두 가지 요인이 있었다. 하나는 무게중심(무게중심이 살의 위쪽에 치중하면 시작할 때 더 잘 굴러간다)이고 다른 하나는 관성(회전축을 중심으로 질량이 어떻게 분배되는가)이다.

22 Kendal, 2019; Osiurak et al., 2021.

23 문화적 진화에서 예지력의 역할은 문화적 진화이론이 처음 제시된 이후로 상당한 논란을 일으킨 주제였다. 전체적인 개괄은 다음을 참조하라. Mesoudi, 2008.

24 문화적 진화에서 예지력의 역할에 관해서는 다음 주장을 참고하라. Vale et al., 2012. 다음 문헌도 함께 참조하라. Osiurak & Reynaud, 2020; Mesoudi, 2021.

25 Thornton & McAuliffe, 2006.

26 Caro & Hauser, 1992; Hoppitt et al., 2008. 인간의 가장 가까운 동물 친척인 침팬지는 이렇게 기능적인 측면에서 정의된 가르치기 행동을 보여주지 않는다고 오랫동안 여겨졌다(Hoppitt et al., 2008). 그러나 좀 더 최근의 증거에 따르

면 침팬지는 다른 침팬지가 견과의 껍데기를 여는 법(Boesch et al., 2019), 또는 흰개미 잡는 법(Musgrave et al., 2020)을 배울 때 이들을 돕는다. 그러나 이런 사례를 의도적인 가르침의 예시라고 치더라도 가르치기라고 부를 만한 행위의 빈도는 여전히 낮은 편이다. 인간에게서는 유치원이나 놀이터에 몇 분만 있어도 다양한 형태의 의도적인 가르치기의 예를 관찰하게 될 것이다.

27 Lepre et al., 2011.

28 Pargeter et al., 2019.

29 Morgan et al., 2015. 한 실험에서 연구자들이 실험에 처음 참가하는 사람들을 앞서 말한 바퀴 실험에서처럼 연속적으로 배치했다. 경험 있는 도구 제작자가 학생들에게 천천히 제작법을 보여주었을 때 학생들의 제작 기술의 수준과 전달력이 향상되었다. 당연한 일이지만 경험 있는 도구 제작자가 말로 과정을 설명했더니 결과물의 수준과 전달력이 훨씬 더 좋았다(Balter, 2015).

30 Dean et al., 2012.

31 Lake Eacham; Nunn et al., 2019. 다른 이들에게 정보를 주기 위해 정신적 시간 여행을 사용하는 것에 관해서는 다음을 참조하라. Mahr & Csibra, 2018.

32 Weir et al., 2002. 심리학자 사라 벡Sarah Beck과 동료들은 다른 이들을 모방할 기회가 없는 경우, 아이들이 양동이 과제를 해결하기 위해 어떻게 자발적으로 고리를 만드는 능력을 개발하는지 기록했다(Beck et al., 2011).

33 al-Jazari, 1206/1974. 심리학자는 전통적으로 "확산적 사고divergent thinking" 과제로 창의성을 측정한다. 예를 들어 사람들에게 간단한 가정용품을 제시하고 그 물건을 사용할 수 있는 다른 방법을 최대한 많이 생각해내도록 하는 것이다. 벽돌에 어떤 쓸모가 있다고 생각하는가? 집을 짓는 데 사용한다는 대답은 진부한 답변이다. 좀 더 창의적인 사람이라면 크리스마스에 예쁘게 포장한 다음 원수에게 복수의 선물로 준다는 생각을 떠올릴 수도 있다(Guilford, 1967). 어떤 연구에서는 확산적 사고를 정신적 시간여행과 연관된 뇌의 네트워크와 연결 지어서, 근본적으로 창의성이란 기억 속의 발상을 새로운 것과 결합하는 능력이라는 개념을 지지한다(Beaty et al., 2019). 오늘날 우리는 기성제품을 가지고 친구들한테 약간의 도움을 받아 대부분의 일상적인 문제를 해결할 수 있다. 그 말은 기술적 해결책을 혁신할 필요 자체를 느끼는 사람이 상대적으로 적어졌다는 말이다. 하지만 핀란드, 일본, 영국, 미국에서 다수의 표본을 대상으로 조사했을 때 3~6퍼센트의 사람이 지난 몇 년 동안 새로운 것을 창조했거나 기존 제품을 수정한 적이 있다고 대답했다(De Jong et al., 2015; von Hippel et al., 2012).

34 von Hippel & Suddendorf, 2018.

35 하지만 바퀴에 기반한 장치를 발달시키지 못한 것은 바퀴를 굴릴 평평한 표면이 부족했거나, 바퀴 달린 탈것을 끌 짐승이 없었거나, 원하는 장치를 만들 기

술이 발전하지 못한 것 등 다른 생태학적·문화적 이유가 있을 수 있다(Bulliet, 2016).

36 Hero of Alexandria, ca. 62 AD/1851.

37 Diggins, 1999.

38 Ward, 2014.

39 Pinker, 2006.

40 인간이 사회적·문화적 또는 인지적 적소에 거주한다는 발상에 대한 논의는 다음을 참조하라. Pinker, 2010; Sterelny, 2007; Whiten, 1999; Whiten & Erdal, 2012.

41 Schmandt-Besserat, 1981.

42 Kramer, 1949.

43 뉴턴은 1675년에 로버트 훅에게 보낸 편지에서 이 유명한 말을 했다. 다음을 참조하라. Gleick, 2004.

3 자아의 발명

1 Suddendorf & Corballis, 2007; Suddendorf & Redshaw, 2013.

2 Nielsen & Dissanayake, 2004.

3 Lillard, 2017.

4 Baddeley, 1992.

5 한 대규모 연구에서 네 살부터 열한 살 사이의 작업 기억 능력의 선형 증가를 보고했다(Alloway et al., 2006). 내면의 단계가 성장하는 것과 더불어 아이들은 다수의 정보와 그들 사이의 관계에 의존해 복잡한 이야기를 점점 더 즐길 수 있게 된다(Balter, 2010; Halford et al., 1998).

6 Slaughter & Boh, 2001.

7 이 연구에서는 침팬지도 과제를 해결할 수 있었다(Collier-Baker & Suddendorf, 2006).

8 Suddendorf & Whiten, 2001.

9 아인슈타인에 관한 자세한 이야기는 다음을 참조하라. Kaku, 2021. Spelke and Kinzler(2007)는 유아들도 물건, 행동, 수, 공간에 관한 '핵심 지식'을 갖추고 있지만 인과적 추론은 유아기(Walker & Gopnik, 2014), 유치원(Kuhn, 2012), 아동기 초기(McCormack et al., 2018)까지 지속해서 발달한다는 개념을 제안했다. 다섯 살 무렵의 아이들은 연역적 추론 능력을 강하게 나타낸다. 이번에도 이것은 컵에 스티커를 숨기는 실험으로 보일 수 있다. 한 과제에서 우리는 아이들에게 두 개의 서로 다른 한 쌍의 컵(A와 B, C와 D)을 보여주고 각각 한 쌍 가운데 컵 하나에 스티커를 숨겼다(A 또는 B, C 또는 D). 아이들에게 한 쌍의 컵

가운데 한 컵이 빈 것을 보여주었을 때(예를 들어 A가 비어 있다고 하자), C나 D가 아닌 B를 찾는 것이 합리적이다. 그러나 우리가 A에서 스티커를 꺼내는 모습을 보여주었을 때는 C나 D에서 스티커를 찾는 것이 가장 좋은 선택이다. 아직 스티커를 찾을 가능성이 50퍼센트는 남아 있기 때문이다. 다섯 살 무렵의 아이들은 이 두 버전의 과제에서 일관적으로 최고의 선택을 한다. 그들은 확실히 연역적 추론을 사용해 성공의 가능성을 최적화할 수 있었다(Gautam et al., 2021; Mody & Carey, 2016).

10 Piaget & Inhelder, 1958.

11 지향적 자세: Gergeley et al., 1995; Liu et al., 2019. 데닛은 지향적 자세를 "주체의 '신념'과 '욕망'을 '숙고'하여 '행위'의 '선택'을 지배하는 합리적 대리인으로 취급함으로써 한 주체(사람, 동물 등)의 행동을 해석하는 전략"라고 정의한다(Dennett, 2009). 틀린 믿음 이해하기: Wellman et al., 2001; Wimmer & Perner, 1983. 마음이론의 발달: Wellman et al., 2011; Wellman & Liu, 2004. 거짓말의 발달: Bigelow & Dugas, 2009. 복잡한 사회적 상호작용의 이해: Baron-Cohen et al., 1999; Weimer et al., 2012.

12 Owens, 2008. See also Wells, 1985.

13 Redshaw & Suddendorf, 2016; Redshaw, Suddendorf, et al., 2019. 개념적으로 유사한 방식을 사용한 초기 연구에 관해서는 다음을 참조하라. Beck et al., 2006; Robinson et al., 2006. 갈라진 관 과제에 관한 아이들의 수행 능력에 관한 추가적인 논의는 다음을 참조하라. Leahy & Carey, 2020; Redshaw & Suddendorf, 2020.

14 Rafetseder et al., 2010; Rafetseder & Perner, 2014. 다음도 함께 참조하라. Nyhout & Ganea, 2019.

15 Zelazo, 2006.

16 실행 제어 능력의 발달: Diamond & Taylor, 1996. 유아는 태어나서 첫 해가 끝날 무렵부터 자동 반응을 일부 유보하기 시작한다. 그러나 네 살은 되어야 앞서 배운 것과 모순된 규칙이 제시되었을 때 새로운 규칙을 따르는 경향이 생긴다. 일반적으로 실행 제어 능력의 발달은 다음 세 가지 주요 전환을 수반하는 것 같다. 고집에서 외부 신호에 기반한 반응으로, 반응의 통제에서 사전 통제로, 환경적 유발에서 텔레프롬프터식으로의 전환으로(Davidson et al., 2006). 청소년기로의 계속적인 향상: Luna et al., 2004.

17 발달심리학은 아이들의 기억을 연구한 오랜 역사가 있다(Bauer, 2007; Fivush, 2011).

18 부모는 세 살 아동의 40퍼센트, 네 살 아동의 58퍼센트, 다섯 살 아동의 70퍼센트가 '내일'이라는 단어를 이해한다고 답한 반면에 '다음 주'라는 단어를 이해한 비율은 각각 21퍼센트, 33퍼센트, 54퍼센트로 낮아졌다(Busby Grant &

Suddendorf, 2011).

19 부모와 아이의 대화는 아이의 기억(Fivush et al., 2006)과 미래의 시간 개념 (Hudson, 2006)과 연관성이 있는 것으로 보인다.

20 Busby & Suddendorf, 2005; Suddendorf, 2010.

21 Lyon & Flavell, 1994.

22 Busby & Suddendorf, 2010.

23 토머스는 마이클 코벌리스와 잠재적인 다른 설명을 배제하기 위해 다음과 같은 엄격한 행동 범주를 제안했다. "(1) 동일한 자극-반응 관계에 반복된 노출을 피하기 위해 단일 실험을 사용한다. (2) 관련된 주제로 학습한 적이 있을 가능성을 배제하기 위해 참신한 문제를 사용한다. (3) 단서 제공을 피하기 위해 중요한 미래지향적 행위를 위한 여러 가지 시간적/공간적 맥락을 사용한다. (4) 특정 행동 성향을 피하기 위해 여러 영역에서 문제를 추출한다."(Suddendorf & Corballis, 2010).

24 Redshaw & Suddendorf, 2013; Suddendorf & Busby, 2005; Suddendorf et al., 2011.

25 Atance, 2015; Suddendorf, 2017.

26 Bulley, McCarthy, et al., 2020. 이것은 허락의 문제는 아니었다. 우리는 아이들에게 원할 때마다 어떤 컵이든 볼 수 있다고 여러 차례 말해주었고 심지어 그렇게 할 것을 격려하기도 했다.

27 이 시기의 아이들은 또한 다른 기억력 과제에서 외부 전략을 사용하기 시작했고(Armitage et al., 2022) 머릿속에서가 아닌 손으로 직접 이미지를 거꾸로 돌리기도 했다(Armitage et al., 2020).

28 Busby Grant & Suddendorf, 2009; Friedman, 1990. 아이들과 동물의 시간적 추론에 대한 자세한 논의는 다음을 참조하라. Hoerl & McCormack, 2019; Martin-Ordas, 2020.

29 Atance, 2015; Atance & Meltzoff, 2005; Bélanger et al., 2014; Caza et al., 2021.

30 Ghetti & Coughlin, 2018; Lagattuta, 2014.

31 Zimbardo & Boyd, 1999.

32 Košť,l et al., 2015.

33 Kooij et al., 2018.

34 Casey et al., 2011; Mischel et al., 1989; Mischel et al., 2011. 좀 더 최근 연구에서는 사회경제적 지위와 다른 인지 변수를 고려할 때 원조 마시멜로 연구의 효과가 그다지 크지 않다는 것을 발견했다(Watts et al., 2018). 그러나 이 반복된 시도에 관한 비판적 견해에 관해서는 다음을 참조하라. Doebel et al., 2019; Falk et al., 2020.

35 Kidd et al., 2013. 미셸 자신도 수십 년 전에 비슷한 관찰을 한 적이 있었다. 1974년에 그는 이렇게 썼다. "한 사람이 당장의 만족을 지연하려는 의지는 그가 그 선택으로부터 기대하는 결과에 크게 좌우된다. 그가 일해야 하거나 또는 기다려야 하는 지연된 미래의 보상이 실제로 실현될 것인가에 대한 개인의 기대와 그것의 상대적인 가치가 특히 중요하다. 그런 기대 또는 신뢰감은 과거에 약속을 지키는 것과 연관된 개인적 경험에 달려 있다."

36 각 국가에서 1인당 GDP의 변수를 통제한 후에도 같은 결과가 나왔다. 물론 이와 같은 상관관계를 해석하기는 어렵다. 인과관계는 불투명하고 우리가 측정하지 않은 다른 변수와 관련되어 있을 수도 있다(Bulley & Pepper, 2017).

37 Brezina et al., 2009.

38 Augenblick et al., 2016.

39 Bulley et al., 2016; Bulley & Schacter, 2020; Lee & Carlson, 2015.

40 Bulley et al., 2017.

41 Drabble, 2015.

42 guinnessworldrecords.com에 올라온 기록이며 2021년 7월 기준으로 확인되었음.

43 Polden, 2015; Villar, 2012.

44 Ericsson et al., 1993; Gladwell, 2008.

45 Macnamara et al., 2014; Macnamara & Maitra, 2019.

46 Macnamara et al., 2016.

47 미국심장협회 심폐소생술 권고 사항(cpr.heart.org)을 참조하라. 2021년 12월 기준으로 확인되었음.

48 Suddendorf et al., 2016.

49 Brinums et al., 2018; Davis et al., 2016.

50 그 이후 이 결과를 반복한 결과 여섯 살 이후의 아이들은 연습을 명확하게 이해하고 있었으며 부추기지 않아도 스스로 참여했다(Brinums et al., 2018).

51 Suddendorf et al., 2016.

52 Biederman & Vessel, 2006.

53 Brinums et al., 2021.

54 교사들은 아이들이 학습하는 방식에 대한 정보를 찾는다. 이를 통해 다른 사람을 훈련하는 임무를 잘 완수하기 위한 계획을 세울 수 있다. 연구에 따르면 예를 들어 짧은 세션을 여러 개로 나누어 연습하는 것이 한 번에 길게 연습하는 것보다 효율적이었다(Donovan & Radosevich, 1999). 세션 사이의 쉬는 시간은 배운 것을 뇌가 통합할 수 있는 기회를 더 제공하며, 흥미롭게도 양질의 낮잠이 비슷한 효과를 내는 것으로 보인다(Mazza et al., 2016).

55 Miloyan & Suddendorf, 2015.

56 Coffman, 1990.

57 Pham & Taylor, 1999.

58 Oettingen & Mayer, 2002; Oettingen & Reininger, 2016.

59 누군가는 DR과 ABC 사이에 S를 넣으라고 권한다. 구조를 요청할 사람을 보내라send라는 뜻이다. 또한 끝에 D를 붙여서 사람들에게 제세동defibrillation이라는 마지막 옵션을 상기시키라는 제안도 있다.

60 반복적인 실험: Butler, 2010; Larsen et al., 2009; Chunking: Gobet et al., 2001. 〈살아 있어줘Stayin' Alive〉: Hafner et al., 2012.

61 Sharpe, 2019.

62 그리고 개의 품종을 개량하는 사람들은 좀 더 쉽게 훈련할 수 있는 성향의 개를 선택해서 교배한다(Suddendorf et al., 2016).

63 Biron, 2019.

64 Maslow, 1943; Wahba & Bridwell, 1976.

65 Suddendorf & Redshaw, 2013. 발달 궤도에는 당연히 변이가 있으며 일부 신경발달 장애는 예지력의 손상과 연관이 있다. 예를 들어 자폐 스펙트럼 장애에서 정신적 시간여행에 대한 메타분석은 다음을 참조하라. Ye et al., 2021.

66 1945년 10월 29일 파리에서 사르트르가 "실존주의는 휴머니즘이다"라는 제목으로 강연한 내용 중에서.

67 Gautam et al., unpublished. 다음을 함께 참조하라. Harris et al., 1996; McCormack et al., 2020.

68 Bulley & Schacter, 2020; Redshaw & Suddendorf, 2020. 소설가들은 반사실적인 것을 세밀하게 탐험할 때가 있다. 예를 들어 누군가 아돌프 히틀러가 태어나지 못하게 막았다면 세상이 어떻게 되었을까 같은(Fry, 1996).

69 Roberts & Stewart, 2018.

4 뇌가 하는 일

1 Tulving, 1985.

2 신경심리학자들은 코크런이 살아 있는 동안 총체적인 뇌영상 촬영을 시도한 적이 있었다. 코크런의 전기와 그가 과학에 이바지한 내용은 다음을 참조하라. Rosenbaum et al., 2005. 사후에 그의 뇌를 분석한 내용은 앞선 영상 분석 결과를 확증했고 광범위한 내측 측두엽 손상 범위를 확인했다(Gao et al., 2020).

3 해마와 주변 지역의 손상이 과거에 대한 기억 상실을 유발하고 또한 예지력에도 지장을 준다는 발상을 입증한 다른 연구에 대해서는 다음을 참조하라. Hassabis et al., 2007; Klein et al., 2002; Palombo et al., 2015.

4 Bloom, 2004.

5 Buonomano, 2017.

6   증거에 따르면 시각계는 감각 입력에 앞서서 기대되는 미래 사건을 마치 이미 일어나고 있는 것처럼 제시함으로써 앞서 나간다(Blom et al., 2020).

7   자연선택은 시간의 흐름을 추적하는 다양한 메커니즘을 만들어냈다. 어떻게 인간이 시간의 간격을 측정하고 흐름을 인지하는지 폭넓게 조사한 연구가 있다. 다음을 참조하라. Wittmann, 2016.

8   Nijhawan, 2008.

9   Bar, 2009.

10   Helmholtz, 1866/1925.

11   Barrett & Simmons, 2015; Clark, 2016; Corcoran et al., 2020; Friston, 2010; Rao & Ballard, 1999.

12   Imamoglu et al., 2012; Imamoglu et al., 2013.

13   Seth, 2019.

14   이는 시각계의 가장 초보적인 수준에서도 일어난다. 여기에서 선의 방향 같은 특징이 처리되며 이는 힘든 작업 기억 과제처럼 경쟁적인 요구를 다루고 있는지의 여부와는 상관없이 발생한다(Garrido et al., 2016; Tang et al., 2018).

15   Clark, 2013.

16   Koch, 2016.

17   BBC News, 2019. 바둑을 탐구하는 딥마인드의 이야기는 2017년 다큐멘터리 〈알파고〉에서 잘 설명되었다.

18   Glimcher, 2011; Schultz, 1998; Watabe-Uchida et al., 2017.

19   생물이 목표를 추구하는 방법에 대한 초기 연구 가운데는 사이버네틱스 cybernetics라는 분야에서 온 것도 있다. 사이버네틱스는 그리스어로 '키잡이'를 뜻하는 'kubernētēs'에서 유래했다(Weiner, 1950).

20   Burgess, 2014. 수상으로 이어진 핵심 연구에 관해서는 다음 문헌을 참조하라. Hafting et al., 2005; O'Keefe & Dostrovsky, 1971; O'Keefe & Nadel, 1978.

21   Epstein et al., 2017; Moser et al., 2017.

22   Foster & Wilson, 2007; Johnson & Redish, 2007.

23   Tolman, 1939. 이런 행동을 '대리적 시행착오vicarious trial and error'라고 부른다(Muenzinger, 1938).

24   대리적 시행착오와 연관된 신경 활동에 대한 자세한 리뷰는 다음을 참조하라. Redish, 2016.

25   Redish, 2016.

26   Quiroga, 2019.

27   Eichenbaum, 2014; Umbach et al., 2020.

28   Quiroga, 2021.

29   Schacter et al., 2007. 기능성자기공명영상 촬영은 산소를 운반하는 혈액과 그

렇지 않은 혈액의 독특한 자기적 특징을 포착한다. 뇌세포도 연료로 산소를 사용하기 때문에 신경과학자들은 산소가 포화된 혈액이 많이 분포된 지역은 일을 열심히 하고 있다고 추정한다. 과거를 기억하는 것과 미래를 상상하는 것 사이의 중첩에 관한 신경영상 메타분석에 관해서는 다음을 참조하라. Benoit & Schacter, 2015.

30 Addis et al., 2007; Okuda et al., 2003. 해마가 중요한 것은 의심할 여지가 없지만, 이 영역에 대한 연구는 정신적 시간여행과 연관된 다른 뇌 영역의 역할을 과소평가하는 것일 수도 있다. 예를 들어 뇌의 두정엽에 있는 각회angular gyrus가 상상된 시나리오의 감각적이고 지각적인 세부 사항에 있어서 대단히 중요한 것처럼 보인다는 연구 결과도 있다(Ramanan et al., 2018; Thakral et al., 2017). 또한 어떤 영역은 과거를 기억할 때보다 미래를 상상할 때 훨씬 활성화된다는 점에 주목하라. 이것은 미래의 사건을 상상할 때는 정신적 세부 사항 안에 이미 존재하는 연결고리를 재활성화하는 대신 새로운 연결을 만들어야 하기 때문일 수도 있다(Benoit & Schacter, 2015).

31 이 문제들에 대한 상세한 내용은 다음을 참조하라. Miloyan & McFarlane, 2019; Miloyan, McFarlane, et al., 2019.

32 Aging: Schacter et al., 2018. Dementia: Irish et al., 2013; Irish et al., 2012; Irish & Piolino, 2016.

33 Henry et al., 2016; Lyons et al., 2014; Lyons et al., 2016; Lyons et al., 2019; Terrett et al., 2017.

34 Bulley & Irish, 2018.

35 자기투사Self-projection: Buckner & Carroll, 2007; Suddendorf & Corballis, 1997. 거울 자기인식: Nielsen et al., 2003. 걸음마쟁이들도 이런 예상을 빠르게 업데이트할 수 있다. 우리가 수행한 한 연구에서 아이들을 유아용 의자에 앉히고 선반을 올려 아이들이 직접 다리를 보지는 못하지만 앞에 거울을 두어 자신의 모습이 비치게 했다. 우리가 아이의 다리에 몰래 스티커를 붙였을 때 아이들은 이마에 표시가 있을 때와 같은 방식으로 행동했다. 스티커를 떼어서 보려고 손을 뻗는 것이다. 다른 상황에서 우리는 의자에 헐렁한 바지를 붙이고 아이가 바지를 자기 눈으로 볼 기회를 주지 않고 바로 아이를 바지 안에 넣었다. 헐렁한 바지에 붙은 스티커를 거울로 본 아이들은 그 스티커를 무시했다. 그러나 한 실험군에서는 우리가 선반을 설치하기 전에 아이가 30초 동안 의자에 설치된 바지를 볼 수 있게 했다. 이때 아이들은 손을 뻗어 스티커를 떼려고 했다. 30초의 노출로도 자기의 다리가 어떻게 보일 것이라는 기대를 업데이트하기에 충분했다는 말이다(Nielsen et al., 2006).

36 Gallup, 1970; Suddendorf & Butler, 2013; Butler & Suddendorf, 2014.

37 데이비드 버틀러가 퀸즐랜드 뇌 연구소의 제이슨 매팅글리와 공동으로 이끈

연구에서 우리는 참가자가 자기 자신의 사진을 보고 있는지, 아니면 거울 이미지를 보고 있는지에 따라 뚜렷이 다른 신경 신호를 발견했다(Butler et al., 2012). 그리고 쌍둥이에게 과거 다른 시절에 찍은 그들 자신의 사진 또는 쌍둥이 형제의 사진을 보여주었을 때, 전형적으로 기억을 회수하는 것과 연관된 처리 과정을 제외하고는 인식과 관련된 신경 과정은 동일하게 나타났다 (Butler et al., 2013).

38 Fleming, 2021. 치매 상태에서 자아 인식에 대한 리뷰는 다음을 참조하라. Strikwerda-Brown et al., 2019. 시간에 따른 자아에 대한 다른 관점에 대해서는 다음을 참조하라. D'Argembeau, 2020.

39 Canadian Press, 2007.

40 정신적 시간여행 능력이 성숙해지면서 아이들은 죽음(Slaughter & Griffiths, 2007), 그리고 사후 세계의 가능성(Bering & Bjorklund, 2004)을 생각하기 시작한다. 죽음에 대한 두려움이 가져올 포괄적인 영향에 관한 많은 추측이 있다 (Greenberg et al., 1997).

41 Laukkonen & Slagter, 2021. 명상과 연관된 뇌의 영역에 대한 메타분석에 관해서는 다음을 참조하라. Fox et al., 2016.

42 Buckner & DiNicola, 2019; Smallwood et al., 2021. 피가 이 영역 중 하나로 흐를 때 다른 영역으로도 피가 흐르는 것은 서로 다른 영역들 안에서 활성이 동시에 일어나는 경향이 있다는 것을 제시한다. 인지신경과학자가 이것을 네트워크라고 부르는 이유가 여기에 있다.

43 Gal.ra et al., 2012; Corballis, 2015; Ruby et al., 2013. 딴생각의 비용과 편익에 대한 리뷰는 다음을 참조하라. Mooneyham & Schooler, 2013.

44 Seli et al., 2018. 의도적인 딴생각과 무의식적인 딴생각의 차이에 관한 폭넓은 논의는 다음을 참조하라. Seli et al., 2016.

45 Burgess et al., 2007; Golchert et al., 2017; Smallwood & Schooler, 2015.

46 O'Callaghan et al., 2019. 건강한 사람의 노화에서 발견된 비슷한 결과에 대해서는 다음을 참조하라. Irish et al., 2019.

47 Burgess et al., 2007; Fleming & Dolan, 2012; Smaers et al., 2017.

48 Gilbert, 2006.

49 Dawes et al., 2020.

50 Hesslow, 2002. 정신적 이미지에 대해서는 다음을 참조하라. Pearson, 2019. 사람들에게 미래를 상상하라고 요청할 때 90퍼센트 이상 내면의 말이 아닌 정신적 이미지를 상상한다는 증거가 있다(Clark et al., 2020).

51 Miloyan, Bulley, et al., 2019; Sapolsky, 2004.

52 Bulley et al., 2019. 미래에 대한 상상이 지연 할인delay discounting에 미치는 효과에 대한 철저한 메타분석에 관해서는 다음을 참조하라. Rösch et al., in press.

53 미래에 대한 상상이 지연 할인에 미치는 영향에 관한 최초의 연구는 기능성자 기공명영상 연구였다(Benoit et al., 2011; Peters & Büchel, 2010). 이 연구의 뒤를 이어 Boyer(2008)의 영향력 있는 이론적 주장이 나왔다.

54 Gilbert & Wilson, 2007.

55 Darwin, 1871.

56 Gilbert et al., 1998.

57 Miloyan & Suddendorf, 2015.

58 Gautam et al., 2017; Kopp et al., 2017.

59 Seneca, 65 AD/1969.

60 LeDoux, 2015; Nesse, 1998. 에이드리언 웰스Adrian Wells 같은 일부 임상의에 따르면, 메타인지는 우리가 일반적으로 걱정을 하게 되는 이유 중 하나로, 이는 유용할 수도 있지만, 심신을 약화시키는 장애를 불러일으키기도 한다. 우리가 하는 가장 큰 걱정 가운데 하나는 걱정에 대한 걱정에서 온다(Wells, 2005).

61 Craik, 1943. 크레이크가 인지과학에 미친, 중요하지만 인정받지 못한 기여에 대해서는 다음 리뷰를 참조하라. Williams, 2018.

62 Benoit et al., 2019.

63 Reddan et al., 2018.

64 이것은 심리학에서 인지 혁명을 이끄는 주요 주제였다. 다음을 참조하라. Chomsky, 1959.

65 Poldrack, 2018; Dehaene, 2014.

5 다른 동물은 그저 현재에 갇혀 있는가

1 오스트레일리아 에덴 범고래 박물관에서 이야기 전체를 들을 수 있다. 다음을 함께 참조하라. Crew, 2014.

2 뇌의 비교에 관해서는 다음을 참조하라. Jerison, 1973; Marino, 2007; Roth & Dicke, 2005. 범고래는 약 5킬로그램이나 되는 가장 무거운 뇌를 지녔지만 대뇌화지수는 '고작' 2.5에 불과하다.

3 Marino et al., 2007; Smolker et al., 1997; Visser et al., 2008. 돌고래는 공기 방울 고리로 노는 것처럼 보인다(Janik, 2015).

4 왜가리 같은 일부 새들도 미끼를 이용해 낚시하는 것이 관찰되었다. 특정 물체를 띄웠을 때 물고기들이 모여드는 것과 연관된 학습일 가능성이 크다(Ruxton & Hansell, 2011).

5 Kuczaj & Walker, 2006.

6 비인간 동물에서 수 능력을 암시하는 사례가 있지만 동물을 훈련하거나 자발적인 선택을 조사하여 연구했을 때 다른 결과가 나오는 경향이 있다(Agrillo &

Bisazza, 2014).

7   Suddendorf, 2013a.

8   Mitchell et al., 2009. 다음을 함께 참조하라. Tagkopoulos et al., 2008.

9   Lorenz & Tinbergen, 1939.

10   Feeney et al., 2012.

11   Davies et al., 2003.

12   Dawkins et al., 1979. 위협 대응 메커니즘, 두려움과 불안에 관해서는 다음을 참조하라. Miloyan, Bulley, et al., 2019. 포식이나 회피 행동에서 나타나는 규칙성은 상대측에서 이것을 활용한 수단을 진화시키는 위험이 따를 수도 있다. 따라서 군비 경쟁은 어느 정도의 예측 불가능을 선호할지도 모른다.

13   많은 진화심리학 연구가 성적 파트너를 유혹할 필요와 성 선택의 결과에 초점을 맞춰왔다(Brooks, 2011; Buss, 1999; Miller, 2000; Zietsch et al., 2015).

14   Suddendorf et al., 2018.

15   연합학습은 동시에 일어난 사건이 놀라운 것일 때 가장 강하게 형성된다(Rescorla & Wagner, 1972; Roesch et al., 2012).

16   Maier & Seligman, 2016. 자극에 대한 반복적인 노출은 안전을 예측하는 데 유용할 수도 있다. 예를 들어 두 세트의 유정란을 각각 다른 소리에 노출했을 때, 부화한 병아리는 알껍데기 안에 있는 동안 들었던 소리에 다시 노출되었을 때 도움을 요청하는 울음소리를 덜 냈다(Rajecki, 1974).

17   Ferster & Skinner, 1957; Thorndike, 1898.

18   Brosnan & de Waal, 2003.

19   Engelmann et al., 2017; Ulber et al., 2017; Wynne, 2004.

20   쥐는 심지어 학습한 기대치를 소급하여 조정한다는 연구 결과가 있다. 만약 쥐가 두 종류의 새로운 과일, 이를테면 사과와 배를 먹고 아주 만족스러웠으나 둘 중의 어느 것이 좋았는지 알지 못한 상황에서, 이후에 사과를 먹고 같은 만족감을 얻지 못했다면 쥐는 대조군의 쥐들보다 배를 더 찾아나설 것이다. 그들이 경험한 것은 사과의 맛이 별로였다는 것뿐이지만 배를 먹었을 때 얻게 될 기대치를 소급하여 상승시킨 것이다(Adams & Dickinson, 1981; Dickinson, 2012).

21   Skinner, 1948.

22   미각 회피 학습은 예외인데, 쥐들은 나중에 질병으로 이어지는 맛을 피하는 법을 배웠다고 기록되었기 때문이다(Garcia et al., 1966). 그러나 시간이 지나 트림을 통해 맛 경험으로 돌아갈 수 있고, 그것이 몸이 아픈 것과 직접적으로 연결되는 것도 가능하다.

23   Clayton & Dickinson, 1998; Clayton et al., 2001.

24   Suddendorf & Corballis, 2007.

25 Suddendorf & Busby, 2003.

26 일부 연구자들은 그런 결과를 계속해서 부풀려 해석한다. 예를 들어 심리학
    자 조너선 크리스탈Jonathon Crystal은 동물이 '일화 기억의 기본'을 갖추고 있다
    고 주장한다. 그는 쥐를 대상으로 한 기억의 다양한 측면에 관한 실험을 바탕으
    로 이 주장을 펼친다. 그 증거의 강점과 약점에 관한 논쟁은 다음을 참조하라.
    Crystal & Suddendorf, 2019.

27 Cheng et al., 2016; Suddendorf & Corballis, 2010.

28 다음 리뷰를 참조하라. Bulley et al., 2016.

29 Santos & Rosati, 2015; Tobin & Logue, 1994.

30 Beran & Evans, 2006. 이런 과제들은 요구하는 바가 다르고 모두 같은 능력
    을 측정하지 않을 수도 있다(Bulley et al., 2016). 한 연구에서 침팬지는 더 잘
    기다리기 위해 심지어 다른 활동으로 주의를 돌리는 것처럼 보이기까지 했다
    (Evans & Beran, 2007). 다만 이것은 이 전략이 그들이 기다릴 가능성을 높여
    줄 거라고 생각했다기보다는 단지 기다려야 하는 불안을 줄이려는 시도일 수
    도 있다.

31 Goodall, 1986.

32 Janmaat et al., 2016.

33 van Schaik et al., 2013.

34 초기 실험에서 에드워드 톨먼은 쥐가 강화 작용 없이도 환경의 배치도를 학습
    한다는 사실을 증명했다. 미로의 출구에 도착했을 때 보상을 받는 쥐는 시도를
    여러 번 할수록 길을 찾을 때 실수가 줄어들었다. 보상을 받지 못한 다른 쥐들
    은 실력이 늘지 않았다. 그러나 일단 보상을 받자, 후자의 쥐들도 내내 보상을
    받은 집단만큼이나 효율적으로 미로를 통과했다(Tolman, 1948).

35 사전 재생에 관한 데이터: Dragoi & Tonegawa, 2011; Pfeiffer & Foster, 2013.
    논의: Corballis, 2013a, 2013b; Balter, 2013; Bendor & Spiers, 2016; Suddendorf,
    2013b.

36 Collias & Collias, 1984.

37 Redshaw & Suddendorf, 2016.

38 Suddendorf et al., 2017; Suddendorf, Watson, et al., 2020.

39 한 연구에서 연구자들은 침팬지들이 미래에 일어날 일이 확실하고 평행한 두
    관에서 동시에 간식을 떨어뜨릴 때에도 두 손을 사용하는 것이 일관적이지 않
    은 것으로 보아 어쩌면 이것이 결국 운동 조정 능력의 문제일 수도 있다고 제안
    했다(Lambert & Osvath, 2018). 그러나 전체 실험의 약 4분의 1에서 침팬지는
    양쪽 출구를 모두 덮었는데, 이는 두 관 중에서 하나에 무작위적으로 간식을
    떨어뜨릴 때보다 7배 많은 것으로, 문제는 행동적 반응보다는 정신에 있다는
    것을 암시한다. 침팬지는 확실히 양쪽 입구를 다 덮을 수 있다. 우리가 최초로

수행한 연구에서 침팬지 홀리는 심지어 열두 번의 시도 중에서 처음 두 번 모두 양쪽 출구를 덮었는데 이 결과로 우리는 홀리가 그 문제를 알아낸 것이 아닐까 의심하게 되었다. 그런 다음 우리는 수십 번을 더 시도했으나 홀리는 고작 두 번 더 양쪽을 덮었을 뿐이었다. 홀리가 양쪽 손을 사용하도록 유인하기 위해서 우리는 의도적으로 홀리가 덮지 않은 출구에 간식을 떨어뜨렸는데 열 번의 시도 끝에 홀리는 양쪽을 다 막는 대신에 아예 실험을 포기해버렸다.

40 최근의 한 연구가 이 결론에 도전했다(Engelmann et al., 2021). 침팬지는 한 연구자가 사과 한 조각을 들고 있다가 자기 양손 사이에 숨기는 것을 보았다. 연구자는 분리된 두 개의 불투명한 상자에 각각 손을 하나씩 넣었다가 빼면서 둘 중 하나에 사과 조각을 넣었고 그런 다음 빈손을 보여주었다. 침팬지들에게 상자를 하나 또는 두 개 모두 끌어올 수 있는 기회를 주었을 때, 어떤 침팬지는 둘 다 끌어당겼다. 이 결과는 침팬지가 이미 일어난 일에 관해 확신하지 못한다는 것을 암시하지만, 대안적인 미래의 가능성을 이해하는지 알려주지는 않는다. 갈라진 관 과제를 통과하려면 참가자들은 불확실한 사건이 일어나기 전에 상호배타적인 두 가능성을 고려하여 각각의 상황을 준비할 기회가 주어져야 한다.

41 연구에 따르면 고릴라와 오랑우탄도 선택의 기회가 주어진 당시 눈앞에 있지 않은 문제를 푸는 데 적합한 긴 도구를 선택할 수 있다(Mulcahy et al., 2005). 그리고 뉴칼레도니아까마귀는 도구를 사용해 자기에게 필요한 다른 도구를 얻을 수 있다(Gruber et al., 2019).

42 Boesch & Boesch, 1984.

43 Osvath, 2009; Osvath & Karvonen, 2012.

44 Bischof, 1985; Bischof-K.hler, 1985; Suddendorf & Corballis, 1997.

45 먹이를 숨겨두는 덤불어치에 관한 한 연구도 이 가설에 도전한다(Cheke & Clayton, 2012). 이 새들은 처음에 한 종류의 먹이를 먹고 만족했고, 그런 다음 두 군데에 그 먹이를 숨겨둘 기회를 받았다. 덤불어치는 미래에 그 음식을 다시 먹고 싶을 때 쉽게 접근할 수 있는 장소에 먹이를 저장하는 경향이 있었다. 그러나 연구자들은 그 새가 훈련하는 과정에서 그 먹이에 대한 동기적 선호도를 관련된 저장 위치와 연관시켰을 가능성을 인정한다. 그렇다면 저장 행동은 미래에 동기가 될 상태를 인지해서가 아니라 현재에 동기를 주는 상태에서 받은 신호를 반영하는지도 모른다(Redshaw, 2014).

46 이것이 비쇼프퀼러의 가설 자체를 실험하지는 않지만(동요, 굶주림, 목마름 같은 미래의 상태를 예상하는 것과 관련된 가설이다), 동물에게 나중에서야 사용하게 될 도구를 챙기는 예지력까지 있는지는 흥미로운 문제다.

47 Mulcahy & Call, 2006; Suddendorf, 2006.

48 두 번째 조건은 큰까마귀가 보상을 받기 위해 토큰을 들고 돌아와야 했는데 여기에서도 비슷한 결과가 나왔다(Kabadayi & Osvath, 2017).

49 Hampton, 2019; Redshaw et al., 2017. 이 깐깐한 해석은 아동에 대한 한 연구에서 강력한 실험적 지지를 받았다(Dickerson et al., 2018).

50 Gruber et al., 2019; Taylor, Elliffe, et al., 2010; Taylor, Medina, et al., 2010; Taylor et al., 2012.

51 Boeckle et al., 2020. '적대적 협동 연구adversarial collaboration'라고 알려진 것으로, 과거에 서로 다른 해석을 주장했던 학자들이 함께 모여서 하는 연구다. 우리는 모두 정확한 방법론을 미리 합의하고 누구의 편을 들어주는 데이터가 나오든 모든 결과를 보고하겠다고 약속했다.

52 토큰 교환: Dufour & Sterck, 2008; Tecwyn et al., 2013. 노 비틀기: Tecwyn et al., 2013. 도구 준비하기: Bräuer & Call, 2015.

53 Suddendorf, 2013a.

54 유인원의 작업 기억 능력 평가에 관해서는 다음을 참조하라. Balter, 2010; Read, 2008. 어떤 연구에서는 침팬지가 인간처럼 작업 기억을 융통성 있게 업데이트하며 산만함에 취약하다는 결과가 나왔다(V.lter et al., 2019). 침팬지 에이이아이의 기억력 과제: Inoue & Matsuzawa, 2007; Kawai & Matsuzawa, 2000; Silberberg & Kearns, 2009.

55 Krupenye et al., 2016. 그러나 암시된 마음이론 과제와 기대 시선을 어떻게 해석할 것인가에 관한 문제가 남아 있다(Kulke & Hinrichs, 2021). 다음을 함께 참조하라. Povinelli & Vonk, 2003; Tomasello et al., 2003; Penn et al., 2008; Suddendorf, 2013a; Vonk, 2020.

56 음악, 언어, 수에서 결말이 정해지지 않은 개방성은 일반적으로 재귀의 결과로 여겨지며, 비인간 동물은 재귀적 능력이 명백하게 부재하다는 것은 널리 논의된 바 있다(Corballis, 2011; Hauser et al., 2002).

57 Suddendorf & Busby, 2003.

58 Redshaw, 2014; Suddendorf, 1999.

59 재현을 재현으로 인지하는 것을 메타재현이라고 한다(Perner, 1991).

60 Redshaw & Bulley, 2018.

61 Delsuc, 2003.

62 헉슬리는 Darwin(1871)의 2판에서 나온다.

63 Seligman et al., 2016.

64 Goodall, 1986.

65 마이클 코벌리스와 함께 토머스는 인간의 정신적 시간여행에는 구별되는 것이 있다고 제안했으며(Suddendorf & Corballis, 1997), 그는 비인간 동물의 예지력이 연극의 비유에서 예시된 구성 요소 가운데 하나 또는 그 이상이 결합된 형태로 결합이 있어서 제한되었다는 가설을 포함해 여러 가능성을 조사했다(Suddendorf & Corballis, 2007).

66 Cross & Jackson, 2019.

67 Godfrey-Smith, 2016.

6 4차원의 발견

1 Goren-Inbar et al., 2004. 약 30만 년 전에 화덕이 반복적으로 사용되었다는 증거는 다음을 참조하라. Shahack-Gross et al. (2014)

2 Annaud, 1981.

3 불을 통제하는 것과 불을 만드는 것의 차이를 구분하는 것은 둘째 치고 퇴적물을 보고 통제된 불의 잔여물과 자연적인 불을 구분하는 것도 어렵다. 남아프리카의 본데르베르크 동굴 같은 발굴지는 불을 사용했을 가능성이 있는 시기를 게셰르 베노트 야코브보다 더 앞당길 수도 있다. 그러나 아프리카, 아시아, 유럽에서 발견된 광범위한 증거, 실제로 불을 사용했다는 것을 반영하는 증거는 '오로지' 약 30만 년 전부터 나타난다. 본데르베르크 동굴의 증거에 관해서는 다음을 참조하라. Berna et al., 2012. 선사시대 불의 사용에 관해 현재까지 알려진 지식에 관해서는 다음을 참조하라. Gowlett, 2016.

4 Wrangham, 2009.

5 과거에는 자작나무 껍질 생산이 복잡한 과정으로 여겨졌으나 최근 연구는 그렇지 않다는 사실을 보여준다(Kozowyk et al., 2017; Schmidt et al., 2019).

6 Taungurung Land and Waters Council, 2021.

7 Suddendorf, 1994.

8 해부학적으로 현생 호모 사피엔스의 가장 오래된 화석은 20만 년 전의 것이었으나(Leakey, 1969; McDougall et al., 2005), 그보다 10만 년 전으로 거슬러 간다는 증거가 있다(Hublin et al., 2017).

9 Brown et al., 1985. 뇌 용량의 비교에 관해서는 다음을 참조하라. Holloway, 2008; Robson & Wood, 2008.

10 호모 에렉투스의 이주는 자바, 중국, 조지아에서 발견된 초기 화석과 함께 약 180년 전에 시작되었다고 오랫동안 알려졌다. 그러나 최근 보고에서는 중국에서 발견된 석기 도구를 증거로 훨씬 이전인 210만 년을 제시한다(Zhu et al., 2018).

11 이것을 때때로 이스트 사이드 스토리라고 부른다(Coppens, 1994).

12 유조동물의 사냥법(Read & Hughes, 1987).

13 Suddendorf, 2013a. 과녁을 겨냥하여 던지는 방식의 출현이 인간 두뇌(Calvin, 1982)와 협동(Bingham, 1999)의 진화에 중요한 역할을 했다는 주장이 제기되었다.

14 Young, 2003.

15 Harmand et al., 2015; Lewis & Harmand, 2016.

16 도구 제작의 반복 연구에 따르면 개인들이 올도완 석기 제작 방법을 서로 모방했다(Stout et al., 2019).

17 올도완 도구와 그 인지적 영향력에 관한 개요는 다음을 참조하라. Toth & Schick, 2018. 다음을 함께 참조하라. Osvath & Gardenfors, 2005.

18 Pargeter et al., 2019.

19 이러한 도구들이 특별한 계획 없이 만들어졌을 가능성이 제기되었다(Corbey et al., 2016; Rogers et al., 2016). 그러나 강화학습이나 타고난 고정 행동 패턴이 어떻게 그렇게 복잡한 기술의 제작과 사용을 이끌었는지 알기는 어렵다. 적어도 모방을 통해서 일부 사회적 학습이 수반되는 것처럼 보인다(Shipton, 2020).

20 Hallos, 2005.

21 물의 흐름, 내리막 지형에서의 쏠림 등 자연적 과정으로도 현재 관찰되는 유물의 밀도를 설명할 수 있다(Potts et al., 1999). 그래서 도구의 밀도가 축적된 것이 자연적인 현상이라는 가설을 배제할 수 없다.

22 Suddendorf et al., 2016.

23 Bramble & Lieberman, 2004. 그러나 호모 에렉투스에 관해 밝혀진 내용이 모두 아슐리안 석기와 연관된 것은 아니다. 그 도구는 처음에 아프리카에서 나타났고, 자바와 중국의 초기 호모 에렉투스는 이런 도구를 가지고 있지 않았던 것 같다. 그 기술은 나중에 도착했고, 현재 아시아에서 발견된 것 중 가장 오래된 도구는 인도에서 발굴되었다(Dennell, 2011).

24 Brooks et al., 2018. 이 연구는 또한 이 호미닌들이 수십 킬로미터 떨어진 곳에서 오커 안료를 운반했다는 증거를 발견했다. 오커는 동굴 벽화과 바디 페인팅, 그 밖의 예술 활동과 종종 연관되었다.

25 호모 하이델베르겐시스 분류군의 정확한 정의에 관해서는 약간의 논쟁이 있다. 그 화석의 범주를 다시 설정해야 한다는 제안이 있다(Roksandic et al., 2022).

26 White & Ashton, 2003.

27 30만 년 전에 결합 도구가 사용되었다는 강력한 증거가 있다(e.g., Sahle et al., 2013). 그러나 이런 기술은 아주 더 일찍 시작되었을지도 모른다(Wilkins et al., 2012).

28 Ambrose, 2010.

29 Thieme, 1997.

30 Milks et al., 2019.

31 Conard et al., 2020.

32 Ortega Mart.nez et al., 2016.

33 결국 인간은 거대 동물을 잡기 위해 함정을 파면서 미래를 준비했다. 2019년에 멕시코에서 두 개의 커다란 함정이 발견되었는데 그 안에서 최소한 열 마

리가 넘는 도살된 매머드의 잔해가 나왔다. 하지만 이것은 아슐리안 석기에서 르발루아 기법으로 전환되던 수십만 년 전이 아니라 1만 5000년 전의 것이다 (Tuckerman, 2019).

34 이스라엘의 케셈 동굴에서 나온 증거에 따르면 이 시기에 숙련된 석공은 자기보다 기술이 못한 다른 이들에게 의도적으로 학습의 기회를 주기 위해 몸돌을 공유했다. 그 증거는 케셈 동굴에 쌓여 있는 수백 개의 몸돌이다. 많은 몸돌이 생산의 첫 단계에서는 상당히 기술이 뛰어나고 정교해 보이지만, 두 번째 단계에서는 놀라울 정도로 미숙한 실수가 보였다. 이것은 노련한 석공이 미리 준비된 몸돌을 신참에게 주어 배울 기회를 준 것으로 해석되었다(Assaf, 2019).

35 Ambrose, 2010.

36 Suddendorf, Kirkland, et al., 2020.

37 Falk, 2009.

38 Langley & Suddendorf, 2020.

39 Hardy et al., 2020.

40 일부 인류는 좀 더 일찍, 아마도 20만 년 전에 아프리카를 벗어나 이스라엘 (Hershkovitz et al., 2018) 또는 그리스(Harvati et al., 2019)까지 이주했다는 증거가 있다.

41 van den Bergh et al., 2016.

42 Ikeya, 2015. 선박을 사용했다는 주장을 뒷받침한 것은 불과 몇천 년 후에 한국의 신북 유적에서 발견된 고대 흑요석 유물을 분석한 결과로서, 일본에서 유래한 것으로 나타났다(Lee & Kim, 2015).

43 당연한 말이지만 선박의 잔재가 수만 년씩 남아 있을 가능성은 크지 않다. 현재까지 남아 있는 가장 확실하고 오래된 증거는 네덜란드에서 발견된 중석기시대의 '페세 카누Pesse canoe'로 약 1만 년 전으로 거슬러 올라간다(Wierenga, 2001).

44 McBrearty & Brooks, 2000.

45 Corballis, 2017.

46 다음에서 사례를 참조하라. Nobel & Davidson, 1996.

47 피리는 3만 5000년 이상 된 것이다(Conard et al., 2009). 시각적 지도 가운데 가장 오래된 것으로 꼽을 만한 지도는 2만 7000년 전 매머드의 엄니에 조각된 것으로, 오늘날 체코의 고대 파블로프 주변 강과 계곡, 길을 묘사한 것처럼 보인다. 선사시대 예술에 나타난 지도에 대한 리뷰는 다음을 참조하라. Utrilla et al., 2021. 어디에서 무엇을 해야 하는지에 대한 지시 사항이 포함된 지도도 있다. 토머스가 전에 쓴 《간극: 우리를 다른 동물과 구분하는 것의 과학》의 표지 이미지는 스페인의 발토라 협곡 사면의 바위 은신처인 코바 델스 카바스에서 출토된 그림의 일부다. 이 그림은 사냥꾼이 다른 사냥꾼들이 기다리는 막다른

길로 사슴을 몰아가는 장면을 그렸다. 출판사는 오로지 미적 이유로 이 그림을 고른 것이라 토머스가 나중에 이 유적지를 찾아갔을 때 계곡에서 사냥하는 방식에 대한 지침을 발견하고 기분 좋게 놀랐다.

48 Davies, 2021.

49 Clarkson et al., 2017.

50 Yellen et al., 1995.

51 Grun et al., 2005.

52 블롬보스 동굴 발굴: Henshilwood et al., 2004; Henshilwood et al., 2009; Henshilwood et al., 2018. 십자 격자 무늬가 직조법을 나타낸다는 제안: Anderson, 2020.

53 Bar-Yosef Mayer et al., 2020.

54 Aubert, Setiawan, et al., 2018.

55 Langley et al., 2020.

56 매장: Pomeroy et al., 2020. 목걸이: Finlayson et al., 2019; Radovčić et al., 2015. 동굴 예술: 스페인의 고고학자들이 6만 5000년 전의 것으로 보이는 핸드 프린트와 채색된 도형들을 발견했다. 그렇다면 이것은 현생 인류가 유럽에 도착하기 2만 년 이상 전의 것이며, 세계 어디에서 발견된 동굴 예술보다도 훨씬 오래된 것이다(Hoffmann et al., 2018). 그러나 이 증거에 대한 비판적 견해가 있다. 다음을 참조하라. White et al., 2020, and Aubert, Brumm, et al., 2018. 5만 년 전 독일의 네안데르탈인 관련 발굴된 것들 중에는 그림을 새겨 넣은 뼈가 있었다(Leder et al., 2021).

57 Wallace, 1870.

58 Browne, 2013.

59 Bonta et al., 2017.

60 Wiessner, 2014.

61 Donald, 1999.

62 Corballis, 2002.

63 Tomasello, 2019.

64 Goren-Inbar et al., 1994; von Hippel, 2018.

65 Shipton & Nielsen, 2015.

66 Lordkipanidze et al., 2005.

67 Bonmat. et al., 2010.

68 Boyer, 2008. 마음이론과 정신적 시간여행의 관계에 관한 리뷰는 다음을 참조하라. Gaesser, 2020.

69 Price, 2019.

70 Barnosky et al., 2011.

71 De Vos et al., 2015; Di Marco et al., 2018; Kolbert, 2014.

72 뉴질랜드, 모리셔스, 키프로스에 인간이 도착한 것은 지역 동물의 멸종과 명확히 연관되지만, 다른 경우는 연결고리가 확실하지 않다(Louys et al., 2021).

73 Flannery, 1994.

74 McWethy et al., 2009.

75 D.troit et al., 2019.

76 Hobbes, 1651; Pinker, 2011.

77 Goodall, 1986. 다음 논문의 고찰 부분을 참조하라. Suddendorf, 2013a. 침팬지들이 서로 협력하여 다른 유인원 종인 고릴라를 죽였다는 사실이 최근에 최초로 보고되었다(Southern et al., 2021). 진화적 관점에서 전쟁에 대한 더 자세한 사실은 다음을 참조하라. Majolo, 2019.

78 von Hippel, 2018.

79 Bingham, 1999.

80 Frank, 1988.

81 Buckner & Glowacki, 2019. 예를 들어 남아메리카 전통 사회 44곳에서 발생한 폭력을 분석한 결과 사망 사건 중 2퍼센트만이(238건 중에서 5건) 공격자의 사망으로 이어졌다(Walker & Bailey, 2013).

82 Sun Tzu, ca. fifth century BC/1910.

83 Sala et al., 2015.

84 Keeley, 1996; Lahr et al., 2016; Thorpe, 2003.

85 Hershkovitz et al., 2018; Stringer et al., 1989.

86 Green, Krause, et al., 2010.

87 데니소바인 혼합: Reich et al., 2011. 새로운 증거에 따르면 필리핀의 한 집단에서는 데니소바인의 혈통이 더 강하게 나타났다(Larena et al., 2021).

88 Suddendorf, 2013a.

7 시간여행의 도구

1 Bertemes & Northe, 2007.

2 Mukerjee, 2003. 지구의 극이 태양에 가까워지거나 멀어질 때 궤도는 역전한다.

3 Wurdi Youang: Norris et al., 2013. Nabta Playa: Malville et al., 2007; Malville et al., 1998. Stonehenge: Ruggles, 1997. 고대 천문학적 구조물의 흔적은 페루(Ghezzi & Ruggles, 2007)와 다른 지역에서도 발견되었다.

4 Gaffney et al., 2013. 심지어 더 오래된 태음력을 주장하는 경우도 있다(Marshack, 1972).

5   Orwig, 2015. 이 원반의 정확한 제작 연도를 두고 논쟁이 있다(Gebhard &
     Krause, 2020; Pernicka et al., 2020).

6   Copernicus, 1543/1976. 태양계에 대한 비슷한 모형이 그 전에 고대 그리스와
     중동에서 제안된 적이 있다. 코페르니쿠스가 이 연구를 알고 있었는지는 아직
     논의되고 있다(Swerdlow & Neugebauer, 1984).

7   S.nchez et al., 1999.

8   Uetz et al., 1994.

9   생체시계는 철새의 이주(Gwinner, 2003), 다람쥐의 월동(Kondo et al., 2006),
     매미떼의 활동(Gould, 1992)을 일으킨다.

10   Clark & Chalmers, 1998; Sutton, 2010.

11   Yolngu: Clarke, 2009; Green, Billy, et al., 2010. Inuit: Poirier, 2007.

12   Bradley & Yanyuwa families, 2010.

13   Chatwin, 1987; Kelly, 2016. 가장 오래된 〈노랫길〉 가운데는 플레이아데스성
     단을 구성하는 일곱 자매의 여행을 추적하는 것도 있다. 그 〈노랫길〉은 중앙의
     사막에서 서쪽의 해안까지 오스트레일리아 너비의 설반 이상에 내해 못과 셈,
     그 밖에 대지의 중요한 특징에 대한 정보를 제공한다. 일곱 자매는 호색한에게
     쫓겨 다니다가 결국은 깎아지른 듯한 절벽에서 하늘로 날아올랐다. 그러나 그
     남성도 그들을 따라가 결국 오리온자리의 벨트를 이루는 별 가운데 하나가 되
     었다. 이 이야기는 밤하늘에서 플레이아데스가 떠오르면 뒤이어 오리온자리가
     따라오는 것과 일치한다.

14   이것은 생각보다 더 널리 퍼져 있을지도 모른다. 브루스 패스코Bruce Pascoe는
     2014년에 출간한《다크 에뮤Dark Emu》에서 초기 탐험가들의 기록과 일기를 이
     용해 오스트레일리아 원주민들이 오랫동안 식물을 길들이고 수확물을 저장하
     고 불쏘시개 농업firestick farming으로 경관을 바꾸었다고 썼다. 패스코의 이 주
     장에 대해 인류학자 피터 서턴Peter Sutton과 고고학자 케린 월시Keryn Walshe가
     의문을 제기한 바 있다(2021). 그들은 비록 초기 오스트레일리아 원주민들이
     농업의 가능성을 인지했을지는 모르지만 이 사람들은 거의 보편적으로 농업을
     거부하고 수렵채집 생활방식을 선호했다고 반박했다.

15   Scott, 2017. 마지막 빙하기 이후 농업의 시작과 농업 전파의 지리학적 요인의
     역할에 관해서는 다음 참고문헌에 포괄적으로 설명되어 있다. Diamond, 1997.

16   Ritchie, 2019.

17   Bar-On et al., 2018.

18   Mukerjee, 2003. 네브라 하늘 원반은 농업과 관련된 용도도 있었을 것이다. 플
     레이아데스성단은 가을이면 북쪽 하늘에서 동틀 무렵에 주기적으로 나타났다
     가 봄이면 사라진다. 각각 수확과 파종에 이상적인 시기다.

19   Britton, 1989; Lehoux, 2007; Steele, 2017.

20 Steele, 2021.

21 Hunger & Steele, 2018.

22 Saturno et al., 2006.

23 Vail, 2006.

24 Bricker et al., 2001; Teeple, 1926.

25 Thompson's (1972) translation.

26 Duncan, 2011.

27 Suetonius, 121 AD/1957.

28 Macrobius, 431 AD/2011.

29 Berndt et al., 1993.

30 Pliny the Elder (77 AD/1855) 대플리니우스는 다음과 같이 언급했다. "오벨리스크는 태양 광선을 상징적으로 나타내며, 오벨리스크라는 말은 태양 광선을 뜻하는 이집트 말이다"(Section 36.14).

31 Al-Rawi & George, 1991.

32 Hunger & Steele, 2018.

33 al-Jazari, 1206/1974.

34 Addomine et al., 2018.

35 Willms et al., 2017.

36 Norris & Owens, 2015.

37 Samuelson, 2019.

38 24시간은 바빌론에서 시작된 것으로 보인다. 그곳에서 사람들은 해시계를 열두 구역으로 나누고 밤을 나타내기 위해 12시간을 추가했다(Dohrn-van Rossum, 1992/1996). 60진법의 수 체계는 수메르인이 개발한 것을 바빌론인들이 대중화했고, 서기 1000년 이란의 학자 알 비루니가 이 체계를 받아들여 분과 초를 정의했다(al-Bīrūnī, 1000/1879).

39 Donnachie, 2000. 다른 수들은 그렇게 간결하게 나눠지지 않는다. 예를 들어 십진법도 어떤 면에서는 실용적이지 못한데, 100은 2×50, 4×25, 5×20으로는 나눠지지만 3이나 6으로는 나눠지지 않기 때문이다.

40 에도: Thomas, 1924. 자바: Ammarell, 1996. 아칸: Bartle, 1978. 로마: Ker, 2010. 중국: Smith, 2011. 이집트: Parker, 1974. 프랑스: Shaw, 2011. 7일마다 돌아오는 일주일: Zerubavel, 1989.

41 Cicero, 44 BC/1853.

42 Cicero, 44 BC/1923.

43 Hunger & Steele, 2018. 좀 더 오래된 바빌로니아 문헌인 〈에누마 아누 엔릴 Enuma Anu Enlil〉은 80개 판에 흩어진 7000개의 비슷한 천체의 징조로 구성되었다(Chadwick, 1984).

44 260일의 주기는 어떤 천체 주기에도 직접 맞지는 않지만, 이것의 세 배는 마야인이 측정한 화성의 주기(780일)에 딱 맞는다.

45 Thompson's (1972) translation.

46 또한 이스터섬에서는 문자가 독립적으로 발명되었을지도 모른다. 그곳에서 발견된 롱고롱고 문자는 아직 해독되지 않았지만 그중 일부는 일종의 태봄력을 포함하는 것처럼 보인다(Horley, 2011).

47 Chou, 1979.

48 Cicero, 44 BC/1923.

49 Reagan: Weisberg, 2018. Houdini: Puglise, 2016.

50 Basu et al., 2009.

51 기록을 추적하기 위한 또 다른 간단한 방법은 엄대tally stick인데 뼈나 나뭇가지에 홈을 새긴 것이다. 남아프리카의 레봄보 뼈를 포함해 고고학 기록에서 다수의 엄대가 발견되었다(d'Errico et al., 2012). 개코원숭이의 종아리뼈를 따라 길게 총 29개의 홈이 파여 있었다. 누군가 그것을 사용해 달의 주기, 또는 월경 주기를 따진 것으로 추정된다(Darling, 2004). 그러나 이런 물건의 기능을 파악하기는 대단히 어렵다.

52 Boltz, 2000.

53 Laozi (traditional), 기원전 4세기에서 6세기까지.

54 작자 미상. 기원전 약 9세기. 다음 문헌에서 번역되었다. Jacobsen (1983).

55 Tyerman & Bennet, 1831.

56 Best, 1921.

57 Blust, 1996; Matisoo-Smith, 2015.

58 Jacobsen, 1983.

59 Ascher & Ascher, 1997.

60 Clindaniel, 2019.

61 Urton, 2003.

62 작자 미상. 기원전 31세기. 쇼엔컬렉션은 그 수를 직접 번역한 2만 9086이 아닌 13만 4813리터라는 현대식 단위로 표기했고 또한 '쿠심'이 아닌 '쿠신'이라는 다른 이름이 적혀 있다. 쿠심이 특정 지책을 뜻하는 것이 아니라 보다 일반적인 직함이며, 서판이 주문서가 아닌 영수증일 가능성은 여전히 남아 있다. 실제로 하라리(2014)는 다음과 같은 다른 해석을 덧붙였다. "총 2만 9086자루의 보리를 37개월에 걸쳐 받았음. 쿠심 서명." 어떤 경우든 서명된 기록은 미래를 위해 보관되었다.

63 Harari, 2014.

64 "만약"으로 시작하는 것은 이 법이 처음에 어떻게 해석되었는지를 보여주기 위해 현대 번역에서 사용되었다(King, 1910).

65 Bryce, 2006.

66 Aristotle, ca. 328 BC/2008. 제63장에서 제69장까지는 아테네 법정의 다양한 무작위 기술과 익명 절차를 기술한다.

67 Boyer, 2020.

68 Aristotle, ca. 328 BC/2008.

69 Borges, 1967.

70 Berg, 1992; Fitzpatrick & McKeon, 2020.

71 라이 스톤: Bruce et al., 2000. 소유자에게 지불: Bordo & Schwartz, 1984. 믿음으로서의 돈: Ferguson, 2008.

72 Plato (ca. 360 BC), 다음 번역본에서 인용됨. Hackford's (1952), 274c~275b. 플라톤은 소크라테스가 이집트 왕 타무스가 한 말로 추정되는 것을 인용(하고 지지)한 것으로 묘사했다는 점을 알린다.

73 Carr, 2008.

74 Ruginski et al., 2019; Lu et al., 2020.

8 우리 시대의 시간

1 BBC News, 2020. 동물원 침팬지 중에서 발리와 림보 두 마리만 화재에서 살아남아 소방관들에게 구조되었다. 크레펠트 동물원에서 풍등을 날린 모녀는 유인원관에 화재를 일으킨 것을 깊이 뉘우치고 결국 경찰에 자수했다.

2 Herschel, 1830.

3 Newton, 1687.

4 Bristow, 2017.

5 알하이삼의 가장 잘 알려진 작품은 《광학의 서Book of Optics》(1011/1989)이지만 과학적 사고에서 회의주의의 역할에 대한 구절은 그의 책 《프톨레마이오스에 대한 의심Dubitationes in Ptolemaeum》의 도입부 단락에 나온다(사브라의 1989년 《광학의 서》 번역본에서 언급되었다).

6 Gribbin & Gribbin, 2017. 주요 과학적 혁신 중에서 인간적인 측면을 통한 흥미로운 여행에 관해서는 다음을 참조하라. Bryson, 2004.

7 세네카(64 AD/2017)는 《예언에 관하여》에서 달과 조석의 관계에 관해 다음과 같이 기술했다. "사실 조석의 크기는 엄격하게 할당된 것이다. 달의 궤도에 끌려서 특정한 날과 시간에 맞춰 부피가 커지거나 줄어들며 그 동요에 따라 바다가 솟아오른다."

8 Newton, 1687.

9 Parker, 2011.

10 ATLAS Collaboration et al., 2012.

11 Cicero, 44 BC/1853; Laplace, 1814/1951.

12 Newton, 1687.

13 아인슈타인은 1926년 동료 물리학자 막스 보른Max Born에게 보낸 편지에서 결정론을 옹호하면서 이 구절을 썼다.

14 양자물리학에 대한 다양한 해석을 소개하는 입문서는 다음을 참조하라. Bell, 1992. 모든 해석에는 과감한 가정이 필요하다는 사실에 주목하기 바란다. 예를 들어 파일럿파동이론은 입자가 빛의 속도보다 더 빠르게 서로 영향을 주고받아야 한다는 비국소성nonlocality의 가정을 필요로 한다.

15 Skinner, 1953.

16 형이상학은 둘째 치고, 자유롭다는 감각은 우리가 다수의 가능한 미래를 예견하는 능력에 근본적으로 의지할 수 있다(Alexander, 1989).

17 Goldstone, 2000.

18 Bar-On et al., 2018. 척추동물문 전체와 비교하더라도 절지동물의 생물량이 더 크다.

19 Vince, 2019; Zalasiewicz et al., 2017.

20 Behbehani, 1983; Johnson, 2021.

21 Dunsworth & Buchanan, 2017.

22 Harre, 2018. 의사인 한스 로슬링Hans Rosling과 심리학자 스티븐 핑커 같은 연구자들은 기아, 아동 사망률, 빈곤 같은 부정적 특성이 줄고 위생, 면역, 읽고 쓰는 능력 같은 긍정적인 특성이 늘어나는 것으로 보아 많은 인류에게 상당히 더 나은 장소가 되었다고 주장했다(Pinker, 2018; Rosling et al., 2018).

23 그 지진은 너무 강력해서 지구의 자전 속도를 높였고 그 결과 하루가 수백만 분의 1초 짧아졌다(Hopkin, 2004).

24 Hettiarachchi, 2018.

25 벨포의 예측 실패: Velpeau, 1839; Eger II et al., 2014. 톰슨, 아인슈타인, 르윗의 예측 실패: Navasky, 1996. 서머필드의 예측 실패: Albrecht, 2014.

26 McNeill, 2001.

27 안타깝게도 플라스틱 폐기물 생산량의 예측 값은 플라스틱 오염을 줄이려는 노력을 훨씬 웃돈다(Borrelle et al., 2020).

28 Laville & Taylor, 2017.

29 Napper et al., 2020; Peng et al., 2018.

30 Law & Thompson, 2014.

31 Estrada et al., 2017.

32 Suddendorf, 2013a. 하지만 유엔 환경계획 대형유인원생존파트너십과 제인구달연구소는 전망을 바꾸고 우리의 가장 가까운 동물 친척을 살리기 위해 분투하고 있다.

33 한 과학 논문은 다음과 같이 결론을 내린다. "감소하는 개체군 크기와 축소된 영역은 생물다양성, 그리고 문명에 필수적인 생태계 서비스의 대규모 인위적 침식과 같다"(Ceballos et al., 2017).

34 Kolbert, 2014.

35 퀴비에가 종의 멸종을 발견한 이야기는 다음을 참조하라. Kolbert, 2014. 반대로 우리는 멸종에 대한 지식이 있어야만 멸종을 일으킬 계획을 세울 수 있다. 예를 들어 유전자 조작과 기타 최첨단 방법을 동원해 곧 모기 전체 종을 완전히 박멸하게 될지도 모른다. 인간이 그런 과격한 전략을 추구하는 이유는 있다. 이 흡혈귀들은 수많은 사람들에게 말라리아와 같은 끔직한 고통에 처하게 한 책임이 있다. 그렇지만 생태계의 취약한 틀에서 모기가 우리에게 아직 알려지지 않은 중대한 역할을 할지 누가 알겠는가?

36 가장 흔하던 물고기들도 떼죽음을 당했다. 다음 문헌에 잘 예시되었다. Mark Kurlansky's book Cod: A Biography of the Fish That Changed the World (1997).

37 이는 2011년에서 2020년의 목표였다. 많은 가맹국이 올바른 방향으로 나아가고 있지만 이 목표는 2020년까지 달성하지 못했다(생물다양성협약사무국, 2020).

38 오스트레일리아 정부의 그레이트배리어리프 해양공원에서 추정한 수치.

39 Ball et al., 2009; Possingham, 2016; Possingham et al., 2000.

40 Dudgeon et al., 2018; Noad et al., 2020; Noad et al., 2019.

41 Ritchie & Roser, 2018.

42 Steffen et al., 2015.

43 Sharot, 2011.

44 Sharot & Garrett, 2016.

45 Szpunar & Schacter, 2013. See also Baumeister et al., 2018.

46 Kahneman, 2011; Tversky & Kahneman, 1973. 대니얼 카너먼은 아모스 트버스키와의 연구로 2002년에 노벨경제학상을 받았다. 수상 시점에 트버스키는 이미 세상을 떠났고 노벨상은 사후에 수여되지는 않기 때문에 그는 상을 받을 수 없었다. 호프스태터의 법칙에 관해서는 다음을 참조하라. Hofstadter, 1979.

47 기준율과 빈도에 관해서는 다음을 참조하라. Gigerenzer, 1998; 슈퍼예측가에 관해서는 다음을 참조하라. Tetlock & Gardner, 2016.

48 Halley, 1693.

49 Hershfield et al., 2018.

50 Lempert et al., 2019.

51 Hume, 1739.

52 Soutschek et al., 2017.

53 Klein, 2007.

54 Elster, 2000.

55 Jones, 1985.

56 노스트라다무스(1555)는 4행시 모음을 출판했는데 전쟁, 홍수, 지진, 히틀러의 부상, 히로시마 폭격 등을 예언한 것으로 해석된다. 노스트라다무스는 고전 작품에서 아이디어를 빌리고 영감을 얻기 위해 책의 아무 페이지나 펼쳤을지도 모른다.

57 예를 들어 오스트레일리아의 철학자 토비 오드Toby Ord는 앞선 자연 재해들로부터 추정했을 때 소행성이나 혜성이 그런 비극을 일으킬 가능성을 100만 분의 1로, 초대형 화산 폭발로 인한 실존적 위험성은 1만 분의 1로 잡았다. 핵전쟁이나 기후변화로 인한 위험은 1000분의 1이다. 여기에서 실존적 위험의 정의는 인간 종의 멸종에 국한하지 않고 인류의 '장기적 잠재력'이 파괴된다는 좀 더 모호한 개념까지도 포함한다(Ord, 2020).

58 Bostrom, 2002.

59 Witze, 2021.

60 Dennett, 1999.

61 Sagan, 1994. 장기적인 상상력을 불러올 다른 것을 찾는다면 영화감독 마이클 오그던Michael Ogden과 배우 피터 딘Peter Dean이 2269년 6월 6일 정오에 시작하는 파티를 고려해보기 바란다(이들은 미래에서 오는 시간여행자들을 위한 스티븐 호킹 파티의 초대장을 만든 사람들이다).

62 어떤 사상가들은 수십억의 미래 세대를 위한 복지가 현재를 살아가는 우리의 복지에 불리하게 작용한다고 보고 있다. 그러나 다른 한편으로 미래 세대는 너무 불확실하기 때문에 우리는 시간적으로 멀리 떨어진 결과의 중요성을 무시해야 하며, 그 말은 먼 시간 뒤에 살아갈 사람들의 삶은 지금 이곳의 가시적인 결과에 비해서 점점 더 가치가 낮아질 거라는 것을 의미한다(Parfit, 1984).

63 Krznaric, 2020.

64 일부 계획은 비극적으로 기대에 미치지 못할 형편이다. 일례로 마셜 제도의 에네웨타크 환초에서 핵폐기물 위에 세워진 콘크리트 돔의 상태가 나빠지고 있다(Rust, 2019).

65 Nuclear Energy Agency, 2019.

66 Spencer, 1862.

67 낙관론: Venkataraman, 2019. 낙관적 예측의 공유: Solda et al., 2020; Suddendorf, 2011. 플라시보 효과: Humphrey, 2000.

68 Suddendorf, 2013a.

69 More, 1516; Skinner, 1969.

70 엘리자베스 콜버트는 《여섯 번째 대멸종》에서 다음과 같이 말했다. "지금으로

부터 고요한 1억 년이 흘러, 우리가 인간의 위대한 작품이라 여겼던 모든 것, 예컨대 조각품과 도서관, 기념물과 박물관, 도시와 공장은 모두 담배 마는 종이 한 장보다 두껍지 않은 한 겹의 지층으로 압축되지 않겠는가?"(Kolbert, 2014). 시간여행자들이 이상한 인간 이후의 종인 엘로이족과 몰록족과 조우하는 웰스의《타임머신》에서처럼 어느 시점에 이르면 미래 세대는 우리와는 다른 모습일 것이다. 우리가 우리의 고대 호미닌 조상들과 다른 것처럼(Wells, 1895).

71 Mack, 2020.

참고문헌

Adams, C. D., & Dickinson, A. (1981). Instrumental responding following reinforcer devaluation. *Quarterly Journal of Experimental Psychology Section B, 33,* 109~121.

Addis, D. R., Wong, A. T., & Schacter, D. L. (2007). Remembering the past and imagining the future: Common and distinct neural substrates during event construction and elaboration. *Neuropsychologia, 45,* 1363~1377.

Addis, D. R., Wong, A. T., & Schacter, D. L. (2008). Age-related changes in the episodic simulation of future events. *Psychological Science, 19,* 33~41.

Addomine, M., Figliolini, G., & Pennestrì, E. (2018). A landmark in the history of noncircular gears design: The mechanical masterpiece of Dondi's astrarium. *Mechanism and Machine Theory, 122,* 219~232.

Aeschylus. (1926). *Prometheus bound* (H. Weir Smyth, Trans). Harvard University Press. (Original work published ca. 525~456 BC)

Agrillo, C., & Bisazza, A. (2014). Spontaneous versus trained numerical abilities. A comparison between the two main tools to study numerical competence in non-human animals. *Journal of Neuroscience Methods, 234,* 82~91.

al-Bīrūnī, A. R. (1879). *The chronology of ancient nations* (E. Sachau, Trans.). W. H. Allen & Co. (Original work published 1000)

Albrecht, K. (2014). Deconstructing the future: Seeing beyond "magic wand" predictions. *The Futurist, 48,* 44.

Alexander, R. D. (1989). Evolution of the human psyche. In P. Mellars & C. Stringer (Eds.), *The human revolution: Behavioral and biological perspectives on the origins of modern humans.* Princeton University Press.

al-Haytham, I. (1989). *The optics of al-Haytham* (A. I. Sabra, Trans.). W. S. Maney and Son Limited. (Original work published 1011)

al-Jazari, I. a.-R. (1974). *The book of knowledge of ingenious mechanical devices* (D. R. Hill, Trans.). D. Reidel Publishing Co. (Original work published 1206)

Alloway, T. P., Gathercole, S. E., & Pickering, S. J. (2006). Verbal and visuospatial short term and working memory in children: Are they separable? *Child Development, 77,* 1698~1716.

Al-Rawi, F. N., & George, A. R. (1991). Enūma Anu Enlil XIV and other early astronomical tables. *Archiv für Orientforschung, 52~73.*

Ambrose, S. H. (2010). Coevolution of composite-tool technology, constructive memory, and language: Implications for the evolution of modern human behavior. *Current Anthropology, 51,* S135~S147.

Ammarell, G. (1996). The planetarium and the plough: Interpreting star calendars of rural Java. *Archaeoastronomy, 12,* 320~335.

Anderson, H. (2020). Impressions and expressions: Searching for the origins of basketry. In T. A. Heslop & H. Anderson (Eds.), *Basketry and beyond: Constructing culture.* Brill.

Annaud, J.-J. (Director). (1981). *Quest for fire* [Film]. 20th Century Fox.

Aristotle. (2008). *The Athenian constitution* (F. G. Kenyon, Trans.). Project Gutenberg. (Original work published ca. 328 BC)

Armitage, K. L., Bulley, A., & Redshaw, J. (2020). Developmental origins of cognitive offloading. *Proceedings of the Royal Society B, 287,* 20192927.

Armitage, K. L., Taylor, A. H., Suddendorf, T., & Redshaw, J. (2022). Young children spontaneously devise an optimal external solution to a cognitive problem. *Developmental Science, 25,* e13204.

Ascher, M., & Ascher, R. (1997). *Mathematics of the Incas: Code of the Quipu.* Dover Publications.

Assaf, E. (2019). Core sharing: The transmission of knowledge of stone tool knapping in the Lower Palaeolithic, Qesem Cave (Israel). *Hunter Gatherer Research, 3,* 367~399.

Astell, M. (1697). *A serious proposal to the ladies, for the advancement of their true and greatest interest: In two parts.* Richard Wilkin.

Atance, C. M. (2015). Young children's thinking about the future. *Child Development Perspectives, 9,* 178~182.

Atance, C. M., & Meltzoff, A. N. (2005). My future self: Young children's ability to anticipate and explain future states. *Cognitive Development, 20,* 341~361.

ATLAS Collaboration, Aad, G., Abajyan, T., Abbott, B., Abdallah, J., Khalek, S. A., . . . Zwalinski, L. (2012). Observation of a new particle in the search for the Standard Model Higgs boson with the ATLAS detector at the LHC. *Physics Letters B*, 716, 1~29.

Attenborough, D. (2020). *A life on our planet: My witness statement and a vision for the future*. Grand Central Publishing.

Aubert, M., Brumm, A., & Huntley, J. (2018). Early dates for "Neanderthal cave art" may be wrong. *Journal of Human Evolution, 125*, 215~217.

Aubert, M., Setiawan, P., Oktaviana, A. A., Brumm, A., Sulistyarto, P. H., Saptomo, E. W., . . . Brand, H. E. A. (2018). Palaeolithic cave art in Borneo. *Nature, 564*, 254~257.

Augenblick, N., Cunha, J. M., Dal Bó, E., & Rao, J. M. (2016). The economics of faith: Using an apocalyptic prophecy to elicit religious beliefs in the field. *Journal of Public Economics, 141*, 38~49.

Baddeley, A. (1992). Working memory. *Science, 255*, 556~559.

Ball, I. R., Possingham, H. P., & Watts, M. (2009). Marxan and relatives: software for spatial conservation prioritisation. *Spatial Conservation Prioritisation: Quantitative Methods and Computational Tools*, 14, 185~196.

Balter, M. (2010). Did working memory spark creative culture? *Science, 328*, 160~163.

Balter, M. (2013). Can animals envision the future? Scientists spar over new data. *Science, 340*, 909.

Balter, M. (2015, January 13). Human language may have evolved to help our ancestors make tools. *Science News*.

Bar, M. (2009). The proactive brain: Memory for predictions. *Philosophical Transactions of the Royal Society B, 364*, 1235~1243.

Barnosky, A. D., Matzke, N., Tomiya, S., Wogan, G. O., Swartz, B., Quental, T. B., . . . Maguire, K. C. (2011). Has the Earth's sixth mass extinction already arrived? *Nature, 471*, 51~57.

Bar-On, Y. M., Phillips, R., & Milo, R. (2018). The biomass distribution on Earth. *Proceedings of the National Academy of Sciences, 115*, 6506~6511.

Baron-Cohen, S., O'Riordan, M., Stone, V., Jones, R., & Plaisted, K. (1999). Recognition of faux pas by normally developing children and children with Asperger syndrome or high-functioning autism. *Journal of Autism and Developmental Disorders, 29*, 407~418.

Barrett, L. F., & Simmons, W. K. (2015). Interoceptive predictions in the brain.

Nature Reviews Neuroscience, 16, 419~429.

Bartle, P. F. (1978). Forty days: The Akan calendar. *Africa, 48,* 80~84.

Bartlett, F. C. (1932). *Remembering: A study in experimental and social psychology.* Cambridge University Press.

Bar-Yosef Mayer, D. E., Groman-Yaroslavski, I., Bar-Yosef, O., Hershkovitz, I., Kampen Hasday, A., Vandermeersch, B., . . . Weinstein-Evron, M. (2020). On holes and strings: Earliest displays of human adornment in the Middle Palaeolithic. *PLOS ONE, 15,* e0234924.

Basu, S., Dickhaut, J., Hecht, G., Towry, K., & Waymire, G. (2009). Recordkeeping alters economic history by promoting reciprocity. *Proceedings of the National Academy of Sciences, 106,* 1009~1014.

Bauer, P. (2007). *Remembering the times of our lives: Memory in infancy and beyond.* Laurence Erlbaum Associates.

Baumeister, R. F., Maranges, H. M., & Sjåstad, H. (2018). Consciousness of the future as a matrix of maybe: Pragmatic prospection and the simulation of alternative possibilities. *Psychology of Consciousness: Theory, Research, and Practice, 5,* 223~238.

BBC News. (2019, November 27). Go master quits because AI "cannot be defeated." *BBC News.*

BBC News. (2020, January 2). Krefeld zoo fire: German police suspect three women. *BBC News.*

Beaty, R. E., Seli, P., & Schacter, D. L. (2019). Network neuroscience of creative cognition: Mapping cognitive mechanisms and individual differences in the creative brain. *Current Opinion in Behavioral Sciences, 27,* 22~30.

Beck, S. R., Apperly, I. A., Chappell, J., Guthrie, C., & Cutting, N. (2011). Making tools isn't child's play. *Cognition, 119,* 301~306.

Beck, S. R., Robinson, E. J., Carroll, D. J., & Apperly, I. A. (2006). Children's thinking about counterfactuals and future hypotheticals as possibilities. *Child Development, 77,* 413~426.

Behbehani, A. M. (1983). The smallpox story: Life and death of an old disease. *Microbiological Reviews, 47,* 455~509.

Bélanger, M. J., Atance, C. M., Varghese, A. L., Nguyen, V., & Vendetti, C. (2014). What will I like best when I'm all grown up? Preschoolers' understanding of future preferences. *Child Development, 85,* 2419~2431.

Bell, J. (1992). Six possible worlds of quantum mechanics. *Foundations of Physics, 22,* 1201~1215.

Bendor, D., & Spiers, H. J. (2016). Does the hippocampus map out the future? *Trends in Cognitive Sciences, 20*, 167~169.

Benoit, R. G., Gilbert, S. J., & Burgess, P. W. (2011). A neural mechanism mediating the impact of episodic prospection on farsighted decisions. *Journal of Neuroscience, 31*, 6771~6779.

Benoit, R. G., Paulus, P. C., & Schacter, D. L. (2019). Forming attitudes via neural activity supporting affective episodic simulations. *Nature Communications, 10*, 2215.

Benoit, R. G., & Schacter, D. L. (2015). Specifying the core network supporting episodic simulation and episodic memory by activation likelihood estimation. *Neuropsychologia, 75*, 450~457.

Beran, M. J., & Evans, T. A. (2006). Maintenance of delay of gratification by four chimpanzees (*Pan troglodytes*): The effects of delayed reward visibility, experimenter presence, and extended delay intervals. *Behavioural Processes, 73*, 315~324.

Berg, M. L. (1992). Yapese politics, Yapese money and the Sawei tribute network before World War I. *Journal of Pacific History, 27*, 150~164.

Bering, J. M., & Bjorklund, D. F. (2004). The natural emergence of reasoning about the afterlife as a developmental regularity. *Developmental Psychology, 40*, 217.

Berna, F., Goldberg, P., Horwitz, L. K., Brink, J., Holt, S., Bamford, M., & Chazan, M. (2012). Microstratigraphic evidence of in situ fire in the Acheulean strata of Wonderwerk Cave, Northern Cape province, South Africa. *Proceedings of the National Academy of Sciences, 109*, E1215~E1220.

Bernard, E., & Titov, V. (2015). Evolution of tsunami warning systems and products. *Philosophical Transactions of the Royal Society A: Mathematical, Physical and Engineering Sciences, 373*, 20140371.

Berndt, R. M., Berndt, C. H., & Stanton, J. E. (1993). *A world that was: The Yaraldi of the Murray River and the Lakes, South Australia*. UBC Press.

Bertemes, F., & Northe, A. (2007). Der Kreisgraben von Goseck–Ein Beitrag zum Ver ständnis früher monumentaler Kultbauten Mitteleuropas. In K. Schmotz (Ed.), *Vorträge des 25. Niederbayerischen Archäologentages*. Verlag Marie Leidorf.

Best, E. (1921). Polynesian mnemonics: Notes on the use of the Quipus in Polynesia in former times; also some account of the introduction of the art of writing. *New Zealand Journal of Science and Technology, 4*, 67~74.

Biederman, I., & Vessel, E. A. (2006). Perceptual pleasure and the brain: A novel theory explains why the brain craves information and seeks it through the senses. *American Scientist, 94*, 247~253.

Bigelow, A. E., & Dugas, K. (2009). Relations among preschool children's understanding of visual perspective taking, false belief, and lying. *Journal of Cognition and Development, 9*, 411~433.

Bingham, P. M. (1999). Human uniqueness: A general theory. *Quarterly Review of Biology, 74*, 133~169.

Biron, B. (2019, July 10). Beauty has blown up to be a $532 billion industry— and analysts say that these 4 trends will make it even bigger. *Business Insider Australia.*

Bischof, N. (1985). *Das Rätzel Ödipus [The Oedipus riddle].* Piper.

Bischof-Köhler, D. (1985). Zur Phylogenese menschlicher Motivation [On the phylogeny of human motivation]. In L. H. Eckensberger & E. D. Lantermann (Eds.), *Emotion und Reflexivität.* Urban & Schwarzenberg.

Blom, T., Feuerriegel, D., Johnson, P., Bode, S., & Hogendoorn, H. (2020). Predictions drive neural representations of visual events ahead of incoming sensory information. *Proceedings of the National Academy of Sciences, 117*, 7510~7515.

Bloom, P. (2004, May 11). *Natural-born dualists: A talk with Paul Bloom.* Edge. org.

Blust, R. (1996). Austronesian culture history: The window of language. *Transactions of the American Philosophical Society, 86*, 28~35.

Boeckle, M., Schiestl, M., Frohnwieser, A., Gruber, R., Miller, R., Suddendorf, T., . . . Clayton, N. (2020). New Caledonian crows plan for specific future tool use. *Proceedings of the Royal Society B, 287*, 20201490.

Boesch, C., & Boesch, H. (1984). Mental map in wild chimpanzees: An analysis of hammer transports for nut cracking. *Primates, 25*, 160~170.

Boesch, C., Bombjaková, D., Meier, A., & Mundry, R. (2019). Learning curves and teaching when acquiring nut-cracking in humans and chimpanzees. *Scientific Reports, 9*, 1515.

Boltz, W. G. (2000). The invention of writing in China. *Oriens Extremus, 42*, 1~17.

Bonmatí, A., Gómez-Olivencia, A., Arsuaga, J.-L., Carretero, J. M., Gracia, A., Martínez, I., . . . Carbonell, E. (2010). Middle Pleistocene lower back and pelvis from an aged human individual from the Sima de los Huesos site, Spain. *Proceedings of the National Academy of Sciences, 107*, 18386~18391.

Bonta, M., Gosford, R., Eussen, D., Ferguson, N., Loveless, E., & Witwer, M.

(2017). Intentional fire-spreading by "Firehawk" raptors in Northern Australia. *Journal of Ethnobiology, 37,* 700~718.

Bordo, M. D., & Schwartz, A. J. (1984). *A retrospective on the classical gold standard, 1821~1931.* University of Chicago Press.

Borges, J. L. (1967). *A personal anthology.* Grove Press.

Borrelle, S. B., Ringma, J., Law, K. L., Monnahan, C. C., Lebreton, L., McGivern, A., . . . Rochman, C. M. (2020). Predicted growth in plastic waste exceeds efforts to mitigate plastic pollution. *Science, 369,* 1515~1518.

Bostrom, N. (2002). Existential risks: Analyzing human extinction scenarios and related hazards. *Journal of Evolution and Technology, 9,* 1~31.

Boswell, J. (1791). *The life of Samuel Johnson, LL.D.* Henry Baldwin.

Boyd, R., Richerson, P. J., & Henrich, J. (2011). The cultural niche: Why social learning is essential for human adaptation. *Proceedings of the National Academy of Sciences, 108,* 10918~10925.

Boyer, P. (2008). Evolutionary economics of mental time travel? *Trends in Cognitive Sciences, 12,* 219~224.

Boyer, P. (2020). Why divination? Evolved psychology and strategic interaction in the production of truth. *Current Anthropology, 61,* 100~123.

Bradley, J., & Yanyuwa families. (2010). *Singing saltwater country: Journey to the songlines of Carpentaria.* Allen & Unwin.

Bramble, D. M., & Lieberman, D. E. (2004). Endurance running and the evolution of *Homo. Nature, 432,* 345~352.

Brand, S. (n.d.). *About Long Now: The clock and library projects.* Long Now Foundation.

Bräuer, J., & Call, J. (2015). Apes produce tools for future use. *American Journal of Primatology, 77,* 254~263.

Brezina, T., Tekin, E., & Topalli, V. (2009). "Might not be a tomorrow": A multi-methods approach to anticipated early death and youth crime. *Criminology, 47,* 1091~1129.

Bricker, H. M., Aveni, A. F., & Bricker, V. R. (2001). Ancient Maya documents concerning the movements of Mars. *Proceedings of the National Academy of Sciences, 98,* 2107~2110.

Brinums, M., Imuta, K., & Suddendorf, T. (2018). Practicing for the future: Deliberate practice in early childhood. *Child Development, 89,* 2051~2058.

Brinums, M., Redshaw, J., Nielsen, M., Suddendorf, T., & Imuta, K. (2021). Young children's capacity to seek information in preparation for a future event.

Cognitive Development, 58, 101015.

Bristow, W. (2017). Enlightenment. In E. N. Zalta (Ed.), *Stanford encyclopedia of philosophy*.

Britton, J. P. (1989). An early function for eclipse magnitudes in Babylonian astronomy. *Centaurus, 32*, 1~52.

Brooks, A. S., Yellen, J. E., Potts, R., Behrensmeyer, A. K., Deino, A. L., Leslie, D. E., . . . Clark, J. B. (2018). Long-distance stone transport and pigment use in the earliest Middle Stone Age. *Science, 360*, 90~94.

Brooks, R. C. (2011). *Sex, genes & rock' n' roll: How evolution has shaped the modern world*. ReadHowYouWant.com.

Brosnan, S. F., & de Waal, F. B. M. (2003). Monkeys reject unequal pay. *Nature, 425*, 297~299.

Brown, F., Harris, J., Leakey, R., & Walker, A. (1985). Early *Homo erectus* skeleton from West Lake Turkana, Kenya. *Nature, 316*, 788~792.

Browne, J. (2013). Wallace and Darwin. *Current Biology, 23*, R1071~R1072.

Bruce, C., & Salkeld, A. (Director). (2000). The love of money [Television series episode]. In C. Bruce, A. Salkeld, & B. Want (Executive producers), *The Road to Riches*. BBC Two.

Bryce, T. (2006). The "Eternal Treaty" from the Hittite perspective. *British Museum Studies in Ancient Egypt and Sudan*, 6~11.

Bryson, B. (2004). *A short history of nearly everything*. Broadway.

Buckner, R. L., & Carroll, D. C. (2007). Self-projection and the brain. *Trends in Cognitive Sciences*, 11, 49~57.

Buckner, R. L., & DiNicola, L. M. (2019). The brain's default network: Updated anatomy, physiology and evolving insights. *Nature Reviews Neuroscience*, 20, 593~608.

Buckner, W., & Glowacki, L. (2019). Reasons to strike first. *Behavioral and Brain Sciences, 42*, 17~18.

Buehler, R., Griffin, D., & Peetz, J. (2010). The planning fallacy: Cognitive, motivational, and social origins. *Advances in Experimental Social Psychology, 43*, 1~62.

Bulley, A., Henry, J., & Suddendorf, T. (2016). Prospection and the present moment: The role of episodic foresight in intertemporal choices between immediate and delayed rewards. *Review of General Psychology, 20*, 29~47.

Bulley, A., & Irish, M. (2018). The functions of prospection—Variations in health and disease. *Frontiers in Psychology, 9*, 2328.

Bulley, A., McCarthy, T., Gilbert, S. J., Suddendorf, T., & Redshaw, J. (2020). Children devise and selectively use tools to offload cognition. *Current Biology, 30*, 3457~3464.

Bulley, A., Miloyan, B., Pepper, G. V., Gullo, M. J., Henry, J. D., & Suddendorf, T. (2019). Cuing both positive and negative episodic foresight reduces delay discounting but does not affect risk-taking. *Quarterly Journal of Experimental Psychology, 72*, 1998~2017.

Bulley, A., & Pepper, G. V. (2017). Cross-country relationships between life expectancy, intertemporal choice and age at first birth. *Evolution and Human Behavior, 38*, 652~658.

Bulley, A., Pepper, G., & Suddendorf, T. (2017). Using foresight to prioritise the present. *Behavioral and Brain Sciences, 40*, 15~16.

Bulley, A., Redshaw, J., & Suddendorf, T. (2020). The future-directed functions of the imagination: From prediction to metaforesight. In A. Abraham (Ed.), *The Cambridge handbook of the imagination*. Cambridge University Press.

Bulley, A., & Schacter, D. L. (2020). Deliberating trade-offs with the future. *Nature Human Behaviour, 4*, 238~247.

Bulliet, R. W. (2016). *The wheel: Inventions and reinventions*. Columbia University Press.

Buonomano, D. (2017). *Your brain is a time machine: The neuroscience and physics of time*. WW Norton & Company.

Burgess, N. (2014). The 2014 Nobel Prize in Physiology or Medicine: A spatial model for cognitive neuroscience. *Neuron, 84*, 1120~1125.

Burgess, P. W., Dumontheil, I., & Gilbert, S. J. (2007). The gateway hypothesis of rostral prefrontal cortex (area 10) function. *Trends in Cognitive Sciences, 11*, 290~298.

Busby Grant, J., & Suddendorf, T. (2005). Recalling yesterday and predicting tomorrow. *Cognitive Development, 20*, 362~372.

Busby Grant, J., & Suddendorf, T. (2009). Preschoolers begin to differentiate the times of events from throughout the lifespan. *European Journal of Developmental Psychology, 6*, 746~762.

Busby Grant, J., & Suddendorf, T. (2010). Young children's ability to distinguish past and future changes in physical and mental states. *British Journal of Developmental Psychology, 28*, 853~870.

Busby Grant, J., & Suddendorf, T. (2011). Production of temporal terms by 3-, 4-, and 5-year-old children. *Early Childhood Research Quarterly, 26*, 87~95.

Buss, D. M. (1999). *Evolutionary psychology: The new science of the mind.* Allyn and Bacon.

Butler, A. C. (2010). Repeated testing produces superior transfer of learning relative to repeated studying. *Journal of Experimental Psychology: Learning, Memory, and Cognition, 36*, 1118~1133.

Butler, D. L., Mattingley, J. B., Cunnington, R., & Suddendorf, T. (2012). Mirror, mirror on the wall, how does my brain recognize my image at all? *PLOS ONE, 7*, e31452.

Butler, D. L., Mattingley, J. B., Cunnington, R., & Suddendorf, T. (2013). Different neural processes accompany self-recognition in photographs across the lifespan: An ERP study using dizygotic twins. *PLOS ONE, 8*, e72586.

Butler, D. L., & Suddendorf, T. (2014). Reducing the neural search space for hominid cognition: What distinguishes human and great ape brains from those of small apes? *Psychonomic Bulletin and Review, 21*, 590~619.

Calvin, W. H. (1982). Did throwing stones shape hominid brain evolution? *Ethology and Sociobiology, 3*, 115~124.

Canadian Press. (2007, November 23). Toronto-area amnesiac helps neuroscientists. *CTV News.*

Capasso, L. (1998). 5300 years ago, the Ice Man used natural laxatives and antibiotics. *The Lancet, 352*, 1864.

Caro, T. M., & Hauser, M. D. (1992). Is there teaching in nonhuman animals? *Quarterly Review of Biology, 67*, 151~174.

Carr, N. (2008, July/August). Is Google making us stupid? *The Atlantic.*

Casey, B. J., Somerville, L. H., Gotlib, I. H., Ayduk, O., Franklin, N. T., Askren, M. K., . . . Shoda, Y. (2011). Behavioral and neural correlates of delay of gratification 40 years later. *Proceedings of the National Academy of Sciences, 108*, 14998~15003.

Caza, J. S., O'Brien, B. M., Cassidy, K. S., Ziani-Bey, H. A., & Atance, C. M. (2021). Tomorrow will be different: Children's ability to incorporate an intervening event when thinking about the future. *Developmental Psychology, 57*, 376~385.

Ceballos, G., Ehrlich, P. R., & Dirzo, R. (2017). Biological annihilation via the ongoing sixth mass extinction signaled by vertebrate population losses and declines. *Proceedings of the National Academy of Sciences, 114*, E6089~E6096.

Chadwick, R. (1984). The origins of astronomy and astrology in Mesopotamia. *Archaeoastronomy, 7*, 89~95.

Chatwin, B. (1987). *The songlines*. Penguin.

Cheke, L. G., & Clayton, N. S. (2012). Eurasian jays (*Garrulus glandarius*) overcome their current desires to anticipate two distinct future needs and plan for them appropriately. *Biology Letters, 8*, 171~175.

Cheng, S., Werning, M., & Suddendorf, T. (2016). Dissociating memory traces and scenario construction in mental time travel. *Neuroscience and Biobehavioral Reviews, 60*, 82~89.

Chomsky, N. (1959). A review of B. F. Skinner's Verbal Behavior. *Language, 35*, 26~58.

Chou, H.-h. (1979). Chinese oracle bones. *Scientific American, 240*, 134~149.

Cicero. (1853). *On divination* (C. D. Yonge, Trans.). H. G. Bohn. (Original work published 44 BC)

Cicero. (1877). *On the nature of the gods* (C. D. Yonge, Trans.). Harper & Brothers. (Original work published 45 BC)

Cicero. (1923). *On divination* (W. A. Falconer, Trans.). Loeb Classical Library. (Original work published 44 BC)

Clark, A. (1996). *Being there: Putting brain, body, and world together again*. MIT Press.

Clark, A. (2013). Whatever next? Predictive brains, situated agents, and the future of cognitive science. *Behavioral and Brain Sciences, 36*, 181~204.

Clark, A. (2016). *Surfing uncertainty: Prediction, action, and the embodied mind*. Oxford University Press.

Clark, A., & Chalmers, D. (1998). The extended mind. *Analysis, 58*, 7~19.

Clark, I. A., Monk, A. M., & Maguire, E. A. (2020). Characterizing strategy use during the performance of hippocampal-dependent tasks. *Frontiers in Psychology, 11*, 2119.

Clarke, P. A. (2009). Australian Aboriginal ethnometeorology and seasonal calendars. *History and Anthropology, 20*, 79~106.

Clarkson, C., Jacobs, Z., Marwick, B., Fullagar, R., Wallis, L., Smith, M., . . . Pardoe, C. (2017). Human occupation of northern Australia by 65,000 years ago. *Nature, 547*, 306~310.

Clayton, N. S., & Dickinson, A. (1998). Episodic-like memory during cache recovery by scrub jays. *Nature, 395*, 272~278.

Clayton, N. S., Griffiths, D. P., Emery, N. J., & Dickinson, A. (2001). Elements of episodic like memory in animals. *Philosophical Transactions of the Royal Society of London B: Biological Sciences, 356*, 1483~1491.

Clindaniel, J. (2019). *Toward a grammar of the Inka Khipu: Investigating the production of non-numerical signs.* (Unpublished doctoral dissertation). Harvard University.

Coffman, D. D. (1990). Effects of mental practice, physical practice, and knowledge of results on piano performance. *Journal of Research in Music Education, 38,* 187~196.

Collias, N. E., & Collias, E. C. (1984). *Nest building and bird behavior.* Princeton University Press.

Collier-Baker, E., & Suddendorf, T. (2006). Do chimpanzees (*Pan troglodytes*) and 2-year old children (*Homo sapiens*) understand double invisible displacement? *Journal of Comparative Psychology, 120,* 89~97.

Conard, N. J., Malina, M., & Münzel, S. C. (2009). New flutes document the earliest musical tradition in southwestern Germany. *Nature, 460,* 737~740.

Conard, N. J., Serangeli, J., Bigga, G., & Rots, V. (2020). A 300,000-year-old throwing stick from Schöningen, northern Germany, documents the evolution of human hunting. *Nature Ecology & Evolution, 4,* 690~693.

Copernicus, N. (1976). *On the revolutions of the heavenly spheres* (A. M. Duncan, Trans.). Barnes & Noble Books. (Original work published 1543)

Coppens, Y. (1994). East side story: The origin of humankind. *Scientific American, 270,* 62~69.

Corballis, M. C. (2002). *From hand to mouth: The origins of language.* Princeton University Press.

Corballis, M. C. (2011). *The recursive mind: The origins of human language, thought, and civilization.* Princeton University Press.

Corballis, M. C. (2013a). Mental time travel: A case for evolutionary continuity. *Trends in Cognitive Sciences, 17,* 5~6.

Corballis, M. C. (2013b). The wandering rat: Response to Suddendorf. *Trends in Cognitive Sciences, 17,* 152.

Corballis, M. C. (2015). *The wandering mind: What the brain does when you're not looking.* University of Chicago Press.

Corballis, M. C. (2017). *The truth about language: What it is and where it came from.* University of Chicago Press.

Corbey, R., Jagich, A., Vaesen, K., & Collard, M. (2016). The Acheulean handaxe: More like a bird's song than a Beatles' tune? *Evolutionary Anthropology, 25,* 6~19.

Corcoran, A. W., Pezzulo, G., & Hohwy, J. (2020). From allostatic agents to counterfactual cognisers: Active inference, biological regulation, and the origins of cognition. *Biology & Philosophy, 35,* 32.

Craik, K. J. W. (1943). *The nature of explanation.* Cambridge University Press.

Crew, B. (2014, June 4). The legend of Old Tom and the gruesome "law of the tongue." *Scientific American.*

Cross, F. R., & Jackson, R. R. (2019). Portia's capacity to decide whether a detour is necessary. *Journal of Experimental Biology, 222,* jeb203463.

Crystal, J. D., & Suddendorf, T. (2019). Episodic memory in nonhuman animals? *Current Biology, 29,* R1291~R1295.

D'Argembeau, A. (2020). Zooming in and out on one's life: Autobiographical representations at multiple time scales. *Journal of Cognitive Neuroscience, 32,* 2037~2055.

D'Argembeau, A., Raffard, S., & Van der Linden, M. (2008). Remembering the past and imagining the future in schizophrenia. *Journal of Abnormal Psychology, 117,* 247~251.

D'Argembeau, A., & Van der Linden, M. (2004). Phenomenal characteristics associated with projecting oneself back into the past and forward into the future: Influence of valence and temporal distance. *Consciousness and Cognition, 13,* 844~858.

Darling, D. (2004). *The universal book of mathematics from abracadabra to Zeno's paradoxes.* John Wiley & Sons, Inc.

Darwin, C. (1871). *The descent of man, and selection in relation to sex.* John Murray.

Darwin, C. (1958). *The autobiography of Charles Darwin 1809~1882. With original omissions restored. Edited with Appendix and Notes by his grand-daughter Nora Barlow.* (N. Barlow, Ed.). Collins. (Original work published 1887)

Davidson, M. C., Amso, D., Anderson, L. C., & Diamond, A. (2006). Development of cognitive control and executive functions from 4 to 13 years: Evidence from manipulations of memory, inhibition, and task switching. *Neuropsychologia, 44,* 2037~2078.

Davies, N. B., Butchart, S. H. M., Burke, T. A., Chaline, N., & Stewart, I. R. K. (2003). Reed warblers guard against cuckoos and cuckoldry. *Animal Behaviour, 65,* 285~295.

Davies, S. (2021). Behavioral modernity in retrospect. *Topoi, 40,* 221~232.

Davis, J., Cullen, E., & Suddendorf, T. (2016). Understanding deliberate practice in preschool-aged children. *Quarterly Journal of Experimental Psychology, 69,* 361~380.

Davis, J., Redshaw, J., Suddendorf, T., Nielsen, M., Kennedy-Costantini, S., Oostenbroek, J., & Slaughter, V. (2021). Does neonatal imitation exist? Insights from a meta-analysis of 336 effect sizes. *Perspectives on Psychological Science, 16,* 1373~1397.

Davy, H. (1800). *Researches, chemical and philosophical; chiefly concerning nitrous oxide: Or dephlogisticated nitrous air, and its respiration.* J. Johnson.

Dawes, A. J., Keogh, R., Andrillon, T., & Pearson, J. (2020). A cognitive profile of multisensory imagery, memory and dreaming in aphantasia. *Scientific Reports, 10,* 10022.

Dawkins, R. (1986). *The blind watchmaker: Why the evidence of evolution reveals a universe without design.* Norton.

Dawkins, R., Krebs, J. R., Maynard Smith, J., & Holliday, R. (1979). Arms races between and within species. *Proceedings of the Royal Society of London B: Biological Sciences, 205,* 489~511.

De Jong, J. P., Von Hippel, E., Gault, F., Kuusisto, J., & Raasch, C. (2015). Market failure in the diffusion of consumer-developed innovations: Patterns in Finland. *Research Policy, 44,* 1856~1865.

De Vos, J. M., Joppa, L. N., Gittleman, J. L., Stephens, P. R., & Pimm, S. L. (2015). Estimating the normal background rate of species extinction. *Conservation Biology, 29,* 452~462.

Dean, L. G., Kendal, R. L., Schapiro, S. J., Thierry, B., & Laland, K. N. (2012). Identification of the social and cognitive processes underlying human cumulative culture. *Science, 335,* 1114~1118.

Dehaene, S. (2014). *Consciousness and the brain: Deciphering how the brain codes our thoughts.* Penguin.

Delsuc, F. (2003). Army ants trapped by their evolutionary history. *PLOS Biology, 1,* 155~156.

Dennell, R. (2011). An earlier Acheulian arrival in South Asia. *Science, 331,* 1532.

Dennett, D. (1999, August 15). *We earth neurons.* Tufts University website.

Dennett, D. (2009). Intentional systems theory. In A. Beckermann, B. P. McLaughlin, & S. Walter (Eds.), *The Oxford handbook of philosophy of mind.* Oxford University Press.

Derex, M., Bonnefon, J.-F., Boyd, R., & Mesoudi, A. (2019). Causal understanding is not necessary for the improvement of culturally evolving technology. *Nature Human Behaviour, 3,* 446~452.

d'Errico, F., Backwell, L., Villa, P., Degano, I., Lucejko, J. J., Bamford, M. K., . . .

Beaumont, P. B. (2012). Early evidence of San material culture represented by organic artifacts from Border Cave, South Africa. *Proceedings of the National Academy of Sciences, 109,* 13214~13219.

Détroit, F., Mijares, A. S., Corny, J., Daver, G., Zanolli, C., Dizon, E., . . . Piper, P. J. (2019). A new species of Homo from the Late Pleistocene of the Philippines. *Nature, 568,* 181~186.

Di Marco, M., Venter, O., Possingham, H. P., & Watson, J. E. M. (2018). Changes in human footprint drive changes in species extinction risk. *Nature Communications, 9,* 4621.

Diamond, A., & Taylor, C. (1996). Development of an aspect of executive control: Development of the abilities to remember what I said and to "Do as I say, not as I do". *Developmental Psychobiology, 29,* 315~334.

Diamond, J. (1997). *Guns, germs and steel: A short history of everybody for the last 13,000 years.* Simon and Schuster.

Dickerson, K. L., Ainge, J. A., & Seed, A. M. (2018). The role of association in preschoolers' solutions to "spoon tests" of future planning. *Current Biology, 28,* 2309~2313.

Dickinson, A. (2012). Associative learning and animal cognition. *Philosophical Transactions of the Royal Society B: Biological Sciences, 367,* 2733~2742.

Diggins, F. W. (1999). The true history of the discovery of penicillin, with refutation of the misinformation in the literature. *British Journal of Biomedical Science, 56,* 83~93.

Doebel, S., Michaelson, L. E., & Munakata, Y. (2019). Good things come to those who wait: Delaying gratification likely does matter for later achievement (A commentary on Watts, Duncan, & Quan, 2018). *Psychological Science, 31,* 97~99.

Dohrn-van Rossum, G. (1996). *History of the hour: Clocks and modern temporal orders* (T. Dunlap, Trans.). University of Chicago Press. (Original work published 1992)

Donald, M. (1999). Preconditions for the evolution of protolanguages. In M. C. Corballis & S. E. G. Lea (Eds.), *The descent of mind: Psychological perspectives on hominid evolution.* Oxford University Press.

Donnachie, I. (2000). *Robert Owen: Owen of New Lanark and New Harmony.* Tuckwell Press.

Donovan, J. J., & Radosevich, D. J. (1999). A meta-analytic review of the distribution of practice effect: Now you see it, now you don't. *Journal of Applied*

Psychology, 84, 795~805.

Drabble, J. (2015, October 4). Clemmons teenager at the pinnacle of sport stacking. *Winston-Salem Journal*.

Dragoi, G., & Tonegawa, S. (2011). Preplay of future place cell sequences by hippocampal cellular assemblies. *Nature, 469*, 397~401.

Dudai, Y., & Carruthers, M. (2005). The Janus face of Mnemosyne. *Nature, 434*, 567.

Dudgeon, C. L., Dunlop, R. A., & Noad, M. J. (2018). Modelling heterogeneity in detection probabilities in land and aerial abundance surveys in humpback whales (*Megaptera novaeangliae*). *Population Ecology, 60*, 371~387.

Dufour, V., & Sterck, E. H. M. (2008). Chimpanzees fail to plan in an exchange task but succeed in a tool-using procedure. *Behavioural Processes, 79*, 19~27.

Duncan, D. E. (2011). *The calendar* (4th ed.). Fourth Estate.

Dunsworth, H., & Buchanan, A. (2017, August 9). Sex makes babies. *Aeon*.

Eger II, E. I., Saidman, L. J., & Westhorpe, R. N. (2014). *The wondrous story of anesthesia*. Springer.

Eichenbaum, H. (2014). Time cells in the hippocampus: a new dimension for mapping memories. *Nature Reviews Neuroscience, 15*, 732~744.

Elster, J. (2000). *Ulysses unbound: Studies in rationality, precommitment, and constraints*. Cambridge University Press.

Engelmann, J. M., Clift, J. B., Herrmann, E., & Tomasello, M. (2017). Social disappointment explains chimpanzees' behaviour in the inequity aversion task. *Proceedings of the Royal Society B: Biological Sciences, 284*, 20171502.

Engelmann, J. M., Völter, C. J., O'Madagain, C., Proft, M., Haun, D. B., Rakoczy, H., & Herrmann, E. (2021). Chimpanzees consider alternative possibilities. *Current Biology, 31*, R1377~R1378.

Epstein, R. A., Patai, E. Z., Julian, J. B., & Spiers, H. J. (2017). The cognitive map in humans: spatial navigation and beyond. *Nature Neuroscience, 20*, 1504~1513.

Ericsson, K. A., Krampe, R. T., & Tesch-Römer, C. (1993). The role of deliberate practice in the acquisition of expert performance. *Psychological Review, 100*, 363~406.

Estrada, A., Garber, P. A., Rylands, A. B., Roos, C., Fernandez-Duque, E., Di Fiore, A., . . . Li, B. (2017). Impending extinction crisis of the world's primates: Why primates matter. *Science Advances, 3*, e1600946.

Eustache, F., Desgranges, B., & Messerli, P. (1996). Edouard Claparede and human memory. *Revue Neurologique, 152*, 602~610.

Evans, T. A., & Beran, M. J. (2007). Chimpanzees use self-distraction to cope with impulsivity. *Biology Letters, 3*, 599~602.

Falk, A., Kosse, F., & Pinger, P. (2020). Re-revisiting the marshmallow test: A direct comparison of studies by Shoda, Mischel, and Peake (1990) and Watts, Duncan, and Quan (2018). *Psychological Science, 31*, 100~104.

Falk, D. (2009). *Finding our tongues: Mothers, infants, and the origins of language.* Basic Books.

Feeney, W. E., Welbergen, J. A., & Langmore, N. E. (2012). The frontline of avian brood parasite–host coevolution. *Animal Behaviour, 84*, 3~12.

Ferguson, N. (2008). *The ascent of money: A financial history of the world.* Penguin.

Ferster, C. B., & Skinner, B. F. (1957). *Schedules of reinforcement.* Appleton-Century-Crofts.

Feynman, R. P. (1955). The value of science. *Engineering and Science, 19*, 13~15.

Finlayson, S., Finlayson, G., Guzman, F. G., & Finlayson, C. (2019). Neanderthals and the cult of the Sun Bird. *Quaternary Science Reviews, 217*, 217~224.

Fitzpatrick, S. M., & McKeon, S. (2020). Banking on stone money: Ancient antecedents to Bitcoin. *Economic Anthropology, 7*, 7~21.

Fivush, R. (2011). The development of autobiographical memory. *Annual Review of Psychology, 62*, 559~582.

Fivush, R., Haden, C. A., & Reese, E. (2006). Elaborating on elaborations: Role of maternal reminiscing style in cognitive and socioemotional development. *Child Development, 77*, 1568~1588.

Flannery, T. (1994). *The future eaters: An ecological history of the Australian lands and people.* Grove Press.

Fleming, S. M. (2021). *Know thyself.* Basic Books.

Fleming, S. M., & Dolan, R. J. (2012). The neural basis of metacognitive ability. *Philosophical Transactions of the Royal Society B: Biological Sciences, 367*, 1338~1349.

Foster, D. J., & Wilson, M. A. (2007). Hippocampal theta sequences. *Hippocampus, 17*, 1093~1099.

Fox, K. C., Dixon, M. L., Nijeboer, S., Girn, M., Floman, J. L., Lifshitz, M., . . . Christ off, K. (2016). Functional neuroanatomy of meditation: A review and meta-analysis of 78 functional neuroimaging investigations. *Neuroscience & Biobehavioral Reviews, 65*, 208~228.

Frank, R. H. (1988). *Passions within reason: The strategic role of the emotions.* WW

Norton & Company.

Freeth, T., Higgon, D., Dacanalis, A., MacDonald, L., Georgakopoulou, M., & Wojcik, A. (2021). A model of the cosmos in the ancient Greek Antikythera mechanism. *Scientific Reports, 11*, 5821.

Friedman, W. J. (1990). *About time: Inventing the fourth dimension*. MIT Press.

Friston, K. (2010). The free-energy principle: A unified brain theory? *Nature Reviews Neuro science, 11*, 127~138.

Fry, S. (1996). *Making history*. Random House.

Gaesser, B. (2020). Episodic mindreading: Mentalizing guided by scene construction of imagined and remembered events. *Cognition, 203*, 104325.

Gaffney, V. L., Fitch, S., Ramsey, E., Yorston, R., Ch'ng, E., Baldwin, E., . . . Sparrow, T. (2013). Time and a place: A luni-solar "time-reckoner" from 8th millennium BC Scotland. *Internet Archaeology, 34*, ia.34.31.

Galéra, C., Orriols, L., M'Bailara, K., Laborey, M., Contrand, B., Ribéreau-Gayon, R., . . . Fort, A. (2012). Mind wandering and driving: Responsibility case-control study. *BMJ, 345*, e8105.

Gallup, G. G. (1970). Chimpanzees: Self recognition. *Science, 167*, 86~87.

Gao, A. F., Keith, J. L., Gao, F. Q., Black, S. E., Moscovitch, M., & Rosenbaum, R. S. (2020). Neuropathology of a remarkable case of memory impairment informs human memory. *Neuropsychologia, 140*, 107342.

Garcia, J., Ervin, F. R., & Koelling, R. (1966). Learning with prolonged delay of reinforcement. *Psychonomic Science, 5*, 121~122.

Garrido, M. I., Teng, C. L. J., Taylor, J. A., Rowe, E. G., & Mattingley, J. B. (2016). Surprise responses in the human brain demonstrate statistical learning under high concurrent cognitive demand. *npj Science of Learning, 1*, 1~7.

Gautam, S., Bulley, A., von Hippel, W., & Suddendorf, T. (2017). Affective forecasting bias in preschool children. *Journal of Experimental Child Psychology, 159*, 175~184.

Gautam, S., Suddendorf, T., Henry, J. D., & Redshaw, J. (2019). A taxonomy of mental time travel and counterfactual thought: Insights from cognitive development. *Behavioural Brain Research, 374*, 112108.

Gautam, S., Suddendorf, T., & Redshaw, J. (2021). When can young children reason about an exclusive disjunction? *Cognition, 207*, 104507.

Gautam, S., Suddendorf, T., & Redshaw, J. (unpublished). What could have happened: Do young children experience regret and relief?

Gebhard, R., & Krause, R. (2020). Critical comments on the find complex of the so-called Nebra Sky Disk. *Archäologische Informationen, 43*, 325~346.

Gergeley, G., Nadasdy, Z., Csibra, G., & Biro, S. (1995). Taking the intentional stance at 12 months of age. *Cognition, 56*, 165~193.

Ghetti, S., & Coughlin, C. (2018). Stuck in the present? Constraints on children's episodic prospection. *Trends in Cognitive Sciences, 22*, 846~850.

Ghezzi, I., & Ruggles, C. (2007). Chankillo: A 2300-year-old solar observatory in coastal Peru. *Science, 315*, 1239~1243.

Gigerenzer, G. (1998). Ecological intelligence: An adaptation for frequencies. In D. D. Cummins & C. Allen (Eds.), *The evolution of mind*. Oxford University Press.

Gilbert, D. T. (2006). *Stumbling on happiness*. A.A. Knopf.

Gilbert, D. T., & Wilson, T. D. (2007). Prospection: Experiencing the future. *Science, 317*, 1351~1354.

Gilbert, D. T., Wilson, T. D., Pinel, E. C., Blumberg, S. J., & Wheatley, T. P. (1998). Immune neglect: A source of durability bias in affective forecasting. *Journal of Personality and Social Psychology, 75*, 617~638.

Gillman, M. A. (2019). Mini-review: A brief history of nitrous oxide (N2O) use in neuropsychiatry. *Current Drug Research Reviews, 11*, 12~20.

Gladwell, M. (2008). *Outliers: The story of success*. Little, Brown.

Gleick, J. (2004). *Isaac Newton*. Vintage.

Glimcher, P. W. (2011). Understanding dopamine and reinforcement learning: The dopamine reward prediction error hypothesis. *Proceedings of the National Academy of Sciences, 108*, 15647~15654.

Gobet, F., Lane, P. C., Croker, S., Cheng, P. C., Jones, G., Oliver, I., & Pine, J. M. (2001). Chunking mechanisms in human learning. *Trends in Cognitive Sciences, 5*, 236~243.

Godfrey-Smith, P. (2016). *Other minds: The octopus and the evolution of intelligent life*. Wiliam Collins.

Golchert, J., Smallwood, J., Jefferies, E., Seli, P., Huntenburg, J. M., Liem, F., . . . Villringer, A. (2017). Individual variation in intentionality in the mind-wandering state is reflected in the integration of the default-mode, fronto-parietal, and limbic networks. *Neuroimage, 146*, 226~235.

Goldstone, J. A. (2000). The rise of the west—or not? A revision to socio-economic history. *Sociological Theory, 18*, 175~194.

Goodall, J. (1986). *The Chimpanzees of Gombe: Patterns of behaviour*. Harvard University Press.

Goren-Inbar, N., Alperson, N., Kislev, M. E., Simchoni, O., Melamed, Y., Ben-Nun, A., & Werker, E. (2004). Evidence of hominin control of fire at Gesher Benot Ya'aqov, *Israel. Science, 304*, 725~727.

Goren-Inbar, N., Lister, A., Werker, E., & Chech, M. (1994). A butchered elephant skull and associated artifacts from the Acheulian site of Gesher Benot Ya'aqov, Israel. *Paléorient, 20*, 99~112.

Gould, S. J. (1992). *Ever since Darwin: Reflections in natural history.* WW Norton & Company.

Gowlett, J. A. J. (2016). The discovery of fire by humans: A long and convoluted process. *Philosophical Transactions of the Royal Society B: Biological Sciences, 371*, 20150164.

Green, A. (2016). *"Oh excellent air bag": Under the influence of nitrous oxide 1799~1920.* Public Domain Review Press.

Green, D., Billy, J., & Tapim, A. (2010). Indigenous Australians' knowledge of weather and climate. *Climatic Change, 100*, 337~354.

Green, R. E., Krause, J., Briggs, A. W., Maricic, T., Stenzel, U., Kircher, M., . . . Paeaebo, S. (2010). A draft sequence of the Neandertal genome. *Science, 328*, 710~722.

Greenberg, J., Solomon, S., & Pyszczynski, T. (1997). Terror management theory of selfesteem and cultural worldviews: Empirical assessments and conceptual refinements. *Advances in Experimental Social Psychology, 29*, 61~139.

Gribbin, J., & Gribbin, M. (2017). *Out of the shadow of a giant: Hooke, Halley, and the birth of science.* Yale University Press.

Gross, S. R., O'Brien, B., Hu, C., & Kennedy, E. H. (2014). Rate of false conviction of criminal defendants who are sentenced to death. *Proceedings of the National Academy of Sciences 111*, 7230~7235.

Gruber, R., Schiest, M., Boeckle, M., Frohnwieser, A., Miller, R., Gray, R. D., . . . Taylor, A. H. (2019). New Caledonian crows use mental representations to solve metatool problems. *Current Biology, 29*, 686~692.

Grun, R., Stringer, C., McDermott, F., Nathan, R., Porat, N., Robertson, S., . . . McCulloch, M. (2005). U-series and ESR analyses of bones and teeth relating to the human burials from Skhul. *Journal of Human Evolution, 49*, 316~334.

Guilford, J. P. (1967). *The nature of human intelligence.* McGraw-Hill.

Gurnett, D., Kurth, W., Burlaga, L., & Ness, N. (2013). In situ observations of interstellar plasma with Voyager 1. *Science, 341*, 1489~1492.

Gwinner, E. (2003). Circannual rhythms in birds. *Current Opinion in Neurobiology*,

13, 770~778.

Hafner, J. W., Sturgell, J. L., Matlock, D. L., Bockewitz, E. G., & Barker, L. T. (2012). "Stayin' alive": A novel mental metronome to maintain compression rates in simulated cardiac arrests. *Journal of Emergency Medicine, 43*, e373~377.

Hafting, T., Fyhn, M., Molden, S., Moser, M.-B., & Moser, E. I. (2005). Microstructure of a spatial map in the entorhinal cortex. *Nature, 436*, 801~806.

Halford, G. S., Wilson, W. H., & Phillips, S. (1998). Processing capacity defined by relational complexity: Implications for comparative, developmental and cognitive psychology. *Behavioral and Brain Sciences, 21*, 803~864.

Halley, E. (1693). An estimate of the degrees of the mortality of mankind; drawn from curious tables of the births and funerals at the city of Breslaw; with an attempt to ascertain the price of annuities upon lives. *Philosophical Transactions of the Royal Society of London, 17*, 596~610.

Hallos, J. (2005). "15 minutes of fame": Exploring the temporal dimension of Middle Plaistocene lithic technology. *Journal of Human Evolution, 49*, 155~179.

Hampton, R. (2019). Parallel overinterpretation of behavior of apes and corvids. *Learning & Behavior, 47*, 105~106.

Hanoch, Y., Rolison, J., & Freund, A. M. (2019). Reaping the benefits and avoiding the risks: Unrealistic optimism in the health domain. *Risk Analysis, 39*, 792~804.

Harari, Y. N. (2014). *Sapiens: A brief history of humankind*. Random House.

Hardy, B. L., Moncel, M. H., Kerfant, C., Lebon, M., Bellot-Gurlet, L., & Mélard, N. (2020). Direct evidence of Neanderthal fibre technology and its cognitive and behavioral implications. *Scientific Reports, 10*, 4889.

Haridas, R. P. (2013). Horace Wells' demonstration of nitrous oxide in Boston. *Anesthesiology, 119*, 1014~1022.

Harmand, S., Lewis, J. E., Feibel, C. S., Lepre, C. J., Prat, S., Lenoble, A., . . . Roche, H. (2015). 3.3-million-year-old stone tools from Lomekwi 3, West Turkana, Kenya. *Nature, 521*, 310~315.

Harre, N. (2018). *Psychology for a better world*. Department of Psychology, Auckland University Press.

Harris, P. L., German, T., & Mills, P. (1996). Children's use of counterfactual thinking in causal reasoning. *Cognition, 61*, 233~259.

Harvati, K., Röding, C., Bosman, A. M., Karakostis, F. A., Grün, R., Stringer, C., .

. . Kouloukoussa, M. (2019). Apidima Cave fossils provide earliest evidence of *Homo sapiens in Eurasia. Nature, 571,* 500~504.

Hassabis, D., Kumaran, D., Vann, S. D., & Maguire, E. A. (2007). Patients with hippocampal amnesia cannot imagine new experiences. *Proceedings of the National Academy of Sciences, 104,* 1726~1731.

Hauser, M. D., Chomsky, N., & Fitch, W. T. (2002). The faculty of language: What is it, who has it, and how did it evolve? *Science, 298,* 1569~1579.

Helmholtz, H. v. (1925). *Treatise on physiological optics. Vol. 3: The perceptions of vision* (J. P. C. Southall, Trans.). Optical Society of America. (Original work published 1866)

Henrich, J. (2015). *The secret of our success.* Princeton University Press.

Henry, J. D., Addis, D. R., Suddendorf, T., & Rendell, P. G. (2016). Introduction to the Special Issue: Prospection difficulties in clinical populations. *British Journal of Clinical Psychology, 55,* 1~3.

Henshilwood, C., d'Errico, F., Vanhaeren, M., van Niekerk, K., & Jacobs, Z. (2004). Middle Stone Age shell beads from South Africa. *Science, 304,* 404.

Henshilwood, C. S., d'Errico, F., & Watts, I. (2009). Engraved ochres from the Middle Stone Age levels at Blombos Cave, South Africa. *Journal of Human Evolution, 57,* 27~47.

Henshilwood, C. S., d'Errico, F., van Niekerk, K. L., Dayet, L., Queffelec, A., & Pollarolo, L. (2018). An abstract drawing from the 73,000-year-old levels at Blombos Cave, South Africa. *Nature, 562,* 115~118.

Hero of Alexandria. (1851). *Pneumatica* (J. W. Greenwood, Trans.). Taylor, Walton & Maberly. (Original work published ca. 62 AD)

Herschel, J. (1830). *A preliminary discourse on the study of natural philosophy.* Longman Press.

Hershfield, H. E., John, E. M., & Reiff, J. S. (2018). Using vividness interventions to improve financial decision making. *Policy Insights from the Behavioral and Brain Sciences, 5,* 209~215.

Hershkovitz, I., Weber, G. W., Quam, R., Duval, M., Grün, R., Kinsley, L., . . . Weinstein Evron, M. (2018). The earliest modern humans outside Africa. *Science, 359,* 456.

Hesslow, G. (2002). Conscious thought as simulation of behaviour and perception. *Trends in Cognitive Sciences, 6,* 242~247.

Hettiarachchi, S. (2018). Establishing the Indian Ocean Tsunami Warning and Mitigation System for human and environmental security. *Procedia*

Engineering, 212, 1339~1346.

Heyes, C. (2016). Imitation: Not in our genes. *Current Biology, 26,* R412~R414.

Heyes, C. (2018). *Cognitive gadgets.* Harvard University Press.

Hiltzik, M. (1999). *Dealers of lightning: Xerox parcand the dawn of the computer age.* Harper Business.

Hobbes, T. (1651). *Leviathan.* Andrew Crooke.

Hoeffel, J. C. (2005). Prosecutorial discretion at the core: The good prosecutor meets Brady. Dickinson *Law Review, 109,* 1133~1154.

Hoerl, C., & McCormack, T. (2019). Thinking in and about time: A dual systems perspective on temporal cognition. *Behavioral and Brain Sciences, 42.*

Hoffmann, D. L., Standish, C. D., García-Diez, M., Pettitt, P. B., Milton, J. A., Zilhão, J., . . . Pike, A. W. G. (2018). U-Th dating of carbonate crusts reveals Neandertal origin of Iberian cave art. *Science, 359,* 912~915.

Hofstadter, D. R. (1979). *Gödel, Escher, Bach.* Basic Books.

Holden, C. (2005). Time's up on time travel. *Science, 308,* 1110.

Holloway, R. L. (2008). The human brain evolving: A personal retrospective. *Annual Review of Anthropology, 37,* 1~19.

Holmes, R. (2008). *The age of wonder: How the Romantic generation discovered the beauty and terror of science.* Harper Press.

Hopkin, M. (2004). Sumatran quake sped up Earth's rotation. *Nature,* 10.1038.

Hoppitt, W. J. E., Brown, G. R., Kendal, R., Rendell, L., Thornton, A., Webster, M. M., & Laland, K. N. (2008). Lessons from animal teaching. *Trends in Ecology & Evolution, 23,* 486~493.

Horley, P. (2011). Lunar calendar in rongorongo texts and rock art of Easter Island. *Journal de la Société des Océanistes,* 17~38.

Horner, V., & Whiten, A. (2005). Causal knowledge and imitation/emulation switching in chimpanzees (*Pan troglodytes*) and children (*Homo sapiens*). *Animal Cognition, 8,* 164~181.

Hublin, J.-J., Ben-Ncer, A., Bailey, S. E., Freidline, S. E., Neubauer, S., Skinner, M. M., . . . Gunz, P. (2017). New fossils from Jebel Irhoud, Morocco and the pan-African origin of *Homo sapiens. Nature, 546,* 289~292.

Hudson, J. A. (2006). The development of future time concepts through mother-child conversation. *Merrill Palmer Quarterly: Journal of Developmental Psychology, 52,* 70~95.

Hume, D. (1739). *A treatise of human nature.* John Noon.

Humphrey, N. (2000, July). *Great expectations: The evolutionary psychology of faith healing and the placebo effect.* Paper presented at the XXVII International Congress of Psychology, Stockholm, Sweden.

Hunger, H., & Steele, J. (2018). *The Babylonian astronomical compendium MUL. APIN.* Routledge.

Ikeya, N. (2015). Maritime transport of obsidian in Japan during the Upper Paleolithic. In Y. Kaifu (Ed.), *Emergence and diversity in modern human behaviour in Paleolithic Asia.* Texas A&M University Press.

Imamoglu, F., Kahnt, T., Koch, C., & Haynes, J.-D. (2012). Changes in functional connectivity support conscious object recognition. *Neuroimage, 63,* 1909~1917.

Imamoglu, F., Koch, C., & Haynes, J.-D. (2013). MoonBase: Generating a database of two tone Mooney images. *Journal of Vision, 13,* 50.

Inoue, S., & Matsuzawa, T. (2007). Working memory of numerals in chimpanzees. *Current Biology, 17,* R1004~R1005.

Irish, M., Goldberg, Z.-l., Alaeddin, S., O'Callaghan, C., & Andrews-Hanna, J. R. (2019). Age-related changes in the temporal focus and self-referential content of spontaneous cognition during periods of low cognitive demand. *Psychological Research, 83,* 747~760.

Irish, M., Hodges, J. R., & Piguet, O. (2013). Episodic future thinking is impaired in the behavioural variant of frontotemporal dementia. *Cortex, 49,* 2377~2388.

Irish, M., Piguet, O., & Hodges, J. R. (2012). Self-projection and the default network in frontotemporal dementia. *Nature Reviews Neurology, 8,* 152~161.

Irish, M., & Piolino, P. (2016). Impaired capacity for prospection in the dementias—Theoretical and clinical implications. *British Journal of Clinical Psychology, 55,* 49~68.

Jacobsen, L. E. (1983). Use of knotted string accounting records in old Hawaii and ancient China. *Accounting Historians Journal, 10,* 53~61.

James, W. (1890). *The principles of psychology.* Macmillan.

Janik, V. M. (2015). Play in dolphins. *Current Biology, 25,* R7~R8.

Janmaat, K. R., Boesch, C., Byrne, R., Chapman, C. A., Goné Bi, Z. B., Head, J. S., . . . Polansky, L. (2016). Spatio-temporal complexity of chimpanzee food: How cognitive adaptations can counteract the ephemeral nature of ripe fruit. *American Journal of Primatology, 78,* 626~645.

Jerison, H. J. (1973). *The evolution of the brain and intelligence.* Academic Press.

Johnson, A., & Redish, A. D. (2007). Neural ensembles in CA3 transiently encode paths forward of the animal at a decision point. *Journal of Neuroscience, 27,*

12176~12189.

Johnson, S. (2021, April 27). How humanity gave itself an extra life. *New York Times Magazine.*

Jones, E. M. (1985). *"Where is everybody." An account of Fermi's question.* Los Alamos National Lab.

Kabadayi, C., & Osvath, M. (2017). Ravens parallel great apes in flexible planning for tool use and bartering. *Science, 357,* 202~204.

Kahneman, D. (2011). *Thinking: Fast and slow.* Farrar, Straus & Giroux.

Kaku, M. (2021, December 15). *Albert Einstein.* Encyclopedia Britannica.

Kawai, N., & Matsuzawa, T. (2000). Numerical memory span in a chimpanzee. *Nature, 403,* 39~40.

Keeley, L. H. (1996). *War before civilization.* Oxford University Press.

Kelly, L. (2016). *The memory code.* Simon and Schuster.

Kendal, R. L. (2019). Explaining human technology. *Nature Human Behaviour, 3,* 422~423.

Ker, J. (2010). Nundinae: The culture of the Roman week. *Phoenix, 64,* 360~385.

Keven, N., & Akins, K. A. (2017). Neonatal imitation in context: Sensorimotor development in the perinatal period. *Behavioral and Brain Sciences, 40,* 1~58.

Kidd, C., Palmeri, H., & Aslin, R. N. (2013). Rational snacking: Young children's decision-making on the marshmallow task is moderated by beliefs about environmental reliability. *Cognition, 126,* 109~114.

Kilgannon, C. (2020, January 1). Don't drink and drive, Republican leader said. Then he was arrested. *New York Times.*

King, L. W. (1910). *Codex Hammurabi (King translation).* Yale Law School.

Klein, G. (2007). Performing a project premortem. *Harvard Business Review, 85,* 18~19.

Klein, S. B., Cosmides, L., Gangi, C. E., Jackson, B., Tooby, J., & Costabile, K. A. (2009). Evolution and episodic memory. *Social Cognition, 27,* 283~319.

Klein, S. B., Loftus, J., & Kihlstrom, J. F. (2002). Memory and temporal experience: The effects of episodic memory loss on an amnesic patient's ability to remember the past and imagine the future. *Social Cognition, 20,* 353~379.

Koch, C. (2016). How the computer beat the Go player. *Scientific American Mind, 27,* 20~23.

Koch, P. L., & Barnosky, A. D. (2006). Late Quaternary extinctions: State of the debate. *Annual Review of Ecology, Evolution, and Systematics, 37,* 215~250.

Kolb, B. (2019, December 24). Drive safely this holiday season. *Daily Messenger.*

Kolbert, E. (2014). *The sixth extinction: An unnatural history.* A&C Black.

Kondo, N., Sekijima, T., Kondo, J., Takamatsu, N., Tohya, K., & Ohtsu, T. (2006). Circannual control of hibernation by HP complex in the brain. *Cell, 125,* 161~172.

Kooij, D. T., Kanfer, R., Betts, M., & Rudolph, C. W. (2018). Future time perspective: A systematic review and meta-analysis. *Journal of Applied Psychology, 103,* 867~893.

Kopp, L., Atance, C. M., & Pearce, S. (2017). "Things aren't so bad!": Preschoolers over predict the emotional intensity of negative outcomes. *British Journal of Developmental Psychology, 35,* 623~627.

Košťál, J., Klicperová-Baker, M., Lukavsská, K., & Lukavský, J. (2015). Short version of the Zimbardo Time Perspective Inventory (ZTPI-short) with and without the Future Negative scale, verified on nationally representative samples. *Time & Society, 25,* 169~192.

Kozowyk, P. R. B., Soressi, M., Pomstra, D., & Langejans, G. H. J. (2017). Experimental methods for the Palaeolithic dry distillation of birch bark: Implications for the origin and development of Neandertal adhesive technology. *Scientific Reports, 7,* 8033.

Kramer, S. N. (1949). Schooldays: A Sumerian composition relating to the education of a scribe. *Journal of the American Oriental Society, 69,* 199~215.

Krupenye, C., Kano, F., Hirata, S., Call, J., & Tomasello, M. (2016). Great apes anticipate that other individuals will act according to false beliefs. *Science, 354,* 110~114.

Krznaric, R. (2020). *The good ancestor: How to think longterm in a short-term world.* WH Allen.

Kuczaj, S. A., & Walker, R. T. (2006). How do dolphins solve problems? In E. A. Wasser man & T. R. Zentall (Eds.), *Comparative cognition: Experimental explorations of animal intelligence.* Oxford University Press.

Kuhn, D. (2012). The development of causal reasoning. *Wiley Interdisciplinary Reviews: Cognitive Science, 3,* 327~335.

Kulke, L., & Hinrichs, M. A. B. (2021). Implicit Theory of Mind under realistic social circumstances measured with mobile eye-tracking. *Scientific Reports, 11,* 1215.

Kurlansky, M. (1997). *Cod: A biography of the fish that changed the world.* Walker & Co.

Lagattuta, K. H. (2014). Linking past, present, and future: Children's ability to connect mental states and emotions across time. *Child Development Perspectives, 8,* 90~95.

Lahr, M. M., Rivera, F., Power, R. K., Mounier, A., Copsey, B., Crivellaro, F., . . . Lawrence, J. (2016). Inter-group violence among early Holocene hunter-gatherers of West Turkana, Kenya. *Nature, 529,* 394~398.

Lambert, M. L., & Osvath, M. (2018). Comparing chimpanzees' preparatory responses to known and unknown future outcomes. *Biology Letters, 14,* 20180499.

Langley, M. C., Amano, N., Wedage, O., Deraniyagala, S., Pathmalal, M. M., Perera, N., . . . Roberts, P. (2020). Bows and arrows and complex symbolic displays 48,000 years ago in the South Asian tropics. *Science Advances, 6,* eaba3831.

Langley, M. C., & Suddendorf, T. (2020). Mobile containers in human cognitive evolution studies: Understudied and underrepresented. *Evolutionary Anthropology, 29,* 299~309.

Laozi (1989). *Tao Te Ching* (G-F. Feng & J. English, Trans.). Vintage Books. (Original work ca. fourth to sixth century BC)

Laplace, P.-S. (1951). *A philosophical essay on probabilities* (F. W. Truscott and F. L. Emory, Trans.). Dover Publications. (Original work published 1814)

Larena, M., McKenna, J., Sanchez-Quinto, F., Bernhardsson, C., Ebeo, C., Reyes, R., . . . Jakobsson, M. (2021). Philippine Ayta possess the highest level of Denisovan ancestry in the world. *Current Biology, 31,* 4219~4230.

Larsen, D. P., Butler, A. C., & Roediger III, H. L. (2009). Repeated testing improves longterm retention relative to repeated study: A randomised controlled trial. *Medical Education, 43,* 1174~1181.

Laukkonen, R. E., & Slagter, H. A. (2021). From many to (n)one: Meditation and the plasticity of the predictive mind. *Neuroscience & Biobehavioral Reviews, 128,* 199~217.

Laville, S., & Taylor, M. (2017, June 28). A million bottles a minute: World's plastic binge "as dangerous as climate change". *The Guardian.*

Law, K. L., & Thompson, R. C. (2014). Microplastics in the seas. *Science, 345,* 144.

Leahy, B. P., & Carey, S. E. (2020). The acquisition of modal concepts. *Trends in Cognitive Sciences, 24,* 65~78.

Leakey, R. E. F. (1969). Early *Homo sapiens* remains from Omo River region of south west Ethiopia. *Nature, 222,* 1132~1134.

Leder, D., Hermann, R., Hüls, M., Russo, G., Hoelzmann, P., Nielbock, R., . . .

Terberger, T. (2021). A 51,000-year-old engraved bone reveals Neanderthals' capacity for symbolic behaviour. *Nature Ecology & Evolution, 9,* 1273~1282.

LeDoux, J. (2015). *Anxious: The modern mind in the age of anxiety.* Simon and Schuster.

Lee, G., & Kim, J. (2015). Obsidians from the Sinbuk archaeological site in Korea—Evidences for strait crossing and long-distance exchange of raw material in Paleolithic Age. *Journal of Archaeological Science: Reports, 2,* 458~466

Lee, J. L. C., Nader, K., & Schiller, D. (2017). An update on memory reconsolidation updating. *Trends in Cognitive Sciences, 21,* 531~545.

Lee, W. S. C., & Carlson, S. M. (2015). Knowing when to be "rational": Flexible economic decision making and executive function in preschool children. *Child Development, 86,* 1434~1448.

Lehoux, D. (2007). *Astronomy, weather, and calendars in the ancient world: Parapegmata and related texts in classical and Near-Eastern societies.* Cambridge University Press.

Lempert, K. M., Steinglass, J. E., Pinto, A., Kable, J. W., & Simpson, H. B. (2019). Can delay discounting deliver on the promise of RDoC? *Psychological Medicine, 49,* 190~199.

Lepre, C. J., Roche, H., Kent, D. V., Harmand, S., Quinn, R. L., Brugal, J. P., . . . Feibel, C. S. (2011). An earlier origin for the Acheulian. *Nature, 477,* 82~85.

Lewis, J. E., & Harmand, S. (2016). An earlier origin for stone tool making: Implications for cognitive evolution and the transition to *Homo. Philosophical Transactions of the Royal Society B, 371,* 20150233.

Lewis, S. L., & Maslin, M. A. (2015). Defining the Anthropocene. Nature, 519, 171~180. Lillard, A. S. (2017). Why do the children (pretend) play? *Trends in Cognitive Sciences, 21,* 826~834.

Liu, S., Brooks, N. B., & Spelke, E. S. (2019). Origins of the concepts cause, cost, and goal in prereaching infants. *Proceedings of the National Academy of Sciences, 116,* 17747~17752.

Loewenstein, G. (1987). Anticipation and the valuation of delayed consumption. *Economic Journal, 97,* 666~684.

Loftus, E. F. (2001). Imagining the past. *Psychologist, 14,* 584~587.

Lordkipanidze, D., Vekua, A., Ferring, R., Rightmire, G. P., Agustill, J., Kiladze, G., . . . Zollikofer, C. P. E. (2005). The earliest toothless hominin skull. *Nature, 434,* 717~718.

Lorenz, K., & Tinbergen, N. (1939). Taxis und Instinkthandlung in der Eirollbewegung der Graugans. *Zeitschrift für Tierpsychologie, 2*, 1~29.

Louys, J., Braje, T. J., Chang, C.-H., Cosgrove, R., Fitzpatrick, S. M., Fujita, M., . . . O'Connor, S. (2021). No evidence for widespread island extinctions after Pleistocene hominin arrival. *Proceedings of the National Academy of Sciences, 118*, e2023005118.

Lu, X., Kelly, M. O., & Risko, E. F. (2020). Offloading information to an external store increases false recall. *Cognition, 205*, 104428.

Luna, B., Garver, K. E., Urban, T. A., Lazar, N. A., & Sweeney, J. A. (2004). Maturation of cognitive processes from late childhood to adulthood. *Child Development, 75*, 1357~1372.

Luria, A. R. (1973). *The working brain: An introduction to neuropsychology* (B. Haigh, Trans.). Basic Books.

Lyon, D. L., & Flavell, J. (1994). Young children's understanding of "remember" and "forget". *Child Development, 65*, 1357~1371.

Lyons, A. D., Henry, J. D., Rendell, P. G., Corballis, M. C., & Suddendorf, T. (2014). Episodic foresight and aging. *Psychology and Aging, 29*, 873~884.

Lyons, A. D., Henry, J. D., Rendell, P. G., Robinson, G., & Suddendorf, T. (2016). Episodic foresight and schizophrenia. *British Journal of Clinical Psychology, 55*, 107~122.

Lyons, A. D., Henry, J. D., Robinson, G., Rendell, P. G., & Suddendorf, T. (2019). Episodic foresight and stroke. *Neuropsychology, 33*, 93~102.

Mack, K. (2020). *The end of everything (astrophysically speaking)*. Simon and Schuster.

Macnamara, B. N., Hambrick, D. Z., & Oswald, F. L. (2014). Deliberate practice and performance in music, games, sports, education, and professions: A meta-analysis. *Psychological Science, 25*, 1608~1618.

Macnamara, B. N., & Maitra, M. (2019). The role of deliberate practice in expert performance. *Royal Society Open Science, 6*, 190327.

Macnamara, B. N., Moreau, D., & Hambrick, D. Z. (2016). The relationship between deliberate practice and performance in sports: A meta-analysis. *Perspectives on Psychological Science, 11*, 333~350.

Macrobius. (2011). *Saturnalia* (R. A. Kaster, Trans.). Harvard University Press. (Original work published 431 AD)

Mahr, J. B., & Csibra, G. (2018). Why do we remember? The communicative function of episodic memory. *Behavioral and Brain Sciences, 41*, e1.

Maier, S. F., & Seligman, M. E. P. (2016). Learned helplessness at fifty: Insights from neuroscience. *Psychological Review, 123*, 349~367.

Majolo, B. (2019). Warfare in an evolutionary perspective. *Evolutionary Anthropology: Issues, News, and Reviews, 28*, 321~331.

Malville, J. M., Schild, R., Wendorf, F., & Brenmer, R. (2007). Astronomy of Nabta Playa. *African Skies, 11*, 2~7.

Malville, J. M., Wendorf, F., Mazar, A. A., & Schild, R. (1998). Megaliths and Neolithic astronomy in southern Egypt. *Nature, 392*, 488~491.

Marino, L. (2007). Cetacean brains: How aquatic are they? *The Anatomical Record: Advances in Integrative Anatomy and Evolutionary Biology, 290*, 694~700.

Marino, L., Connor, R. C., Fordyce, R. E., Herman, L. M., Hof, P. R., Lefebvre, L., . . . Whitehead, H. (2007). Cetaceans have complex brains for complex cognition. *PLOS Biology, 5*, 966~972.

Marshack, A. (1972). Cognitive aspects of Upper Paleolithic engraving. *Current Anthropology, 13*, 445~477.

Martin-Ordas, G. (2020). It is about time: Conceptual and experimental evaluation of the temporal cognitive mechanisms in mental time travel. *Wiley Interdisciplinary Reviews-Cognitive Science, 11*, e1530.

Maslow, A. H. (1943). A theory of human motivation. *Psychological Review, 50*, 370~396.

Matisoo-Smith, E. (2015). Ancient DNA and the human settlement of the Pacific: A review. *Journal of Human Evolution, 79*, 93~104.

Mazza, S., Gerbier, E., Gustin, M., Kasikci, Z., Koenig, O., Toppino, T., & Magnin, M. (2016). Relearn faster and retain longer: Along with practice, sleep makes perfect. *Psychological Science, 27*, 1321~1330.

McBrearty, S., & Brooks, A. S. (2000). The revolution that wasn't: A new interpretation of the origin of modern human behavior. *Journal of Human Evolution, 39*, 453~563.

McCormack, T., Feeney, A., & Beck, S. R. (2020). Regret and decision-making: A developmental perspective. *Current Directions in Psychological Science, 29*, 346~350.

McCormack, T., Ho, M., Gribben, C., O'Connor, E., & Hoerl, C. (2018). The development of counterfactual reasoning about doubly-determined events. *Cognitive Development, 45*, 1~9.

McDougall, I., Brown, F. H., & Fleagle, J. G. (2005). Stratigraphic placement and age of modern humans from Kibish, Ethiopia. *Nature, 433*, 733~736

McNeill, J. R. (2001). *Something new under the sun: An environmental history of the twentieth century world.* WW Norton & Company.

McRobbie, L. R. (2021, November 13). Party like it's 2269. *Boston Globe.*

McWethy, D. B., Whitlock, C., Wilmshurst, J. M., McGlone, M. S., & Li, X. (2009). Rapid deforestation of South Island, New Zealand, by early Polynesian fires. *The Holocene, 19,* 883~897.

Meltzoff, A. N., & Decety, J. (2003). What imitation tells us about social cognition: A rap prochement between developmental psychology and cognitive neuroscience. *Philosophical Transactions of the Royal Society B, 358,* 491~500.

Meltzoff, A. N., & Moore, M. K. (1977). Imitation of facial and manual gestures by human neonates. *Science, 198,* 75~78.

Meltzoff, A. N., & Moore, M. K. (1983). Newborn infants imitate adult facial gestures. *Child Development, 54,* 702~709.

Mercader, J., Barton, H., Gillespie, J., Harris, J., Kuhn, S., Tyler, R., & Boesch, C. (2007). 4,300-year-old chimpanzee sites and the origins of percussive stone technology. *Proceedings of the National Academy of Sciences 104,* 3043~3048.

Mesoudi, A. (2008). Foresight in cultural evolution. *Biology and Philosophy, 23,* 243~255.

Mesoudi, A. (2021). Cultural selection and biased transformation: Two dynamics of cultural evolution. *Philosophical Transactions of the Royal Society B, 376,* 20200053.

Mesoudi, A., Whiten, A., & Laland, K. N. (2006). Towards a unified science of cultural evolution. *Behavioral and Brain Sciences, 29,* 329~347.

Milks, A., Parker, D., & Pope, M. (2019). External ballistics of Pleistocene hand-thrown spears: Experimental performance data and implications for human evolution. *Scientific Reports, 9,* 820.

Miller, G. (2000). *The mating mind: How sexual choice shaped the evolution of human nature.* Anchor.

Miloyan, B., Bulley, A., & Suddendorf, T. (2019). Anxiety: Here and beyond. *Emotion Review, 11,* 39~49.

Miloyan, B., & McFarlane, K. A. (2019). The measurement of episodic foresight: A systematic review of assessment instruments. *Cortex, 117,* 351~370.

Miloyan, B., McFarlane, K. A., & Suddendorf, T. (2019). Measuring mental time travel: Is the hippocampus really critical for episodic memory and episodic foresight? *Cortex, 117,* 371~384.

Miloyan, B., Pachana, N. A., & Suddendorf, T. (2014). The future is here: A review of foresight systems in anxiety and depression. *Cognition and Emotion, 28,* 795~810.

Miloyan, B., & Suddendorf, T. (2015). Feelings of the future. *Trends in Cognitive Sciences, 19,* 196~200.

Mischel, W. (1974). Processes in delay of gratification. In L. Berkowitz (Ed.), *Advances in experimental social psychology.* Academic Press.

Mischel, W., Ayduk, O., Berman, M. G., Casey, B. J., Gotlib, I. H., Jonides, J., . . . Shoda, Y. (2011). "Willpower" over the life span: Decomposing self-regulation. *Social Cognitive and Affective Neuroscience, 6,* 252~256.

Mischel, W., Shoda, Y., & Rodriguez, M. I. (1989). Delay of gratification in children. *Science, 244,* 933~938.

Mitchell, A., Romano, G. H., Groisman, B., Yona, A., Dekel, E., Kupiec, M., . . . Pilpel, Y. (2009). Adaptive prediction of environmental changes by microorganisms. *Nature, 460,* 220~224.

Mody, S., & Carey, S. (2016). The emergence of reasoning by the disjunctive syllogism in early childhood. *Cognition, 154,* 40~48.

Mooneyham, B. W., & Schooler, J. W. (2013). The costs and benefits of mind-wandering: A review. *Canadian Journal of Experimental Psychology, 67,* 11~18.

More, T. (1516). *Utopia.*

Morgan, T. J., Uomini, N. T., Rendell, L. E., Chouinard-Thuly, L., Street, S. E., Lewis, H. M., . . . de la Torre, I. (2015). Experimental evidence for the co-evolution of hominin tool-making teaching and language. *Nature Communications, 6,* 1~8.

Moser, E. I., Moser, M.-B., & McNaughton, B. L. (2017). Spatial representation in the hip pocampal formation: A history. *Nature Neuroscience, 20,* 1448~1464.

Muenzinger, K. F. (1938). Vicarious trial and error at a point of choice: I. A general survey of its relation to learning efficiency. *Pedagogical Seminary and Journal of Genetic Psychology, 53,* 75~86.

Mukerjee, M. (2003). Circles for space. *Scientific American, 289,* 32~34.

Mulcahy, N. J., & Call, J. (2006). Apes save tools for future use. *Science, 312,* 1038~1040.

Mulcahy, N. J., Call, J., & Dunbar, R. I. M. (2005). Gorillas (*Gorilla gorilla*) and orangutans (*Pongopygmaeus*) encode relevant problem features in a tool-using task. *Journal of Comparative Psychology, 119,* 23~32.

Musgrave, S., Lonsdorf, E., Morgan, D., Prestipino, M., Bernstein-Kurtycz, L.,

Mundry, R., & Sanz, C. (2020). Teaching varies with task complexity in wild chimpanzees. *Proceedings of the National Academy of Sciences, 117*, 969~976.

Napper, I. E., Davies, B. F. R., Clifford, H., Elvin, S., Koldewey, H. J., Mayewski, P. A., . . . Thompson, R. C. (2020). Reaching new heights in plastic pollution—preliminary findings of microplastics on Mount Everest. *One Earth, 3*, 621~630.

NASA. (2003). *Agency contingency action plan (CAP) for space flight operations (SFO)*.

Navasky, V. (1996, September 29). Tomorrow never knows. *New York Times Magazine*.

Nesse, R. (1998). Emotional disorders in evolutionary perspective. *British Journal of Medical Psychology, 71*, 397~415.

Newton, I. (1687). *Philosophiæ naturalis principia mathematica*. Royal Society.

Nielsen, J., Hedeholm, R. B., Heinemeier, J., Bushnell, P. G., Christiansen, J. S., Olsen, J., . . . Steffensen, J. F. (2016). Eye lens radiocarbon reveals centuries of longevity in the Greenland shark (*Somniosus microcephalus*). *Science, 353*, 702~704.

Nielsen, M., & Dissanayake, C. (2004). Pretend play, mirror self-recognition and imitation: A longitudinal investigation through the second year. *Infant Behavior and Development, 27*, 342~365.

Nielsen, M., Dissanayake, C., & Kashima, Y. (2003). A longitudinal investigation of self other discrimination and the emergence of mirror self-recognition. *Infant Behavior & Development, 26*, 213~226.

Nielsen, M., Suddendorf, T., & Slaughter, V. (2006). Mirror self-recognition beyond the face. *Child Development, 77*, 176~185.

Nijhawan, R. (2008). Visual prediction: Psychophysics and neurophysiology of compensation for time delays. *Behavioral and Brain Sciences, 31*, 179~198.

Noad, M. J., Dunlop, R. A., Paton, D., & Cato, D. H. (2020). Absolute and relative abundance estimates of Australian east coast humpback whales (*Megaptera novaeangliae*). *Journal of Cetacean Research and Management, 3*, 243~252.

Noad, M. J., Kniest, E., & Dunlop, R. A. (2019). Boom to bust? Implications for the continued rapid growth of the eastern Australian humpback whale population despite recovery. *Population Ecology, 61*, 198~209.

Nobel, W., & Davidson, I. (1996). *Human evolution, language and mind*. Cambridge University Press.

Norris, R. P., Norris, C., Hamacher, D. W., & Abrahams, R. (2013). Wurdi Youang: An Australian Aboriginal stone arrangement with possible solar indications.

Rock Art Research, 30, 55~65.

Norris, R. P., & Owens, K. (2015, December 23). Keeping track of time. *Australian Academy of Science.*

Nostradamus. (1555). *Les prophéties.* Macé Bonhomme.

Nuclear Energy Agency. (2019). *Preservation of records, knowledge and memory across generations.*

Nunn, P. D., Lancini, L., Franks, L., Compatangelo-Soussignan, R., & McCallum, A. (2019). Maar stories: How oral traditions aid understanding of maar volcanism and associated phenomena during preliterate times. *Annals of the American Association of Geographers, 109*, 1618~1631.

Nyhout, A., & Ganea, P. A. (2019). The development of the counterfactual imagination. *Child Development Perspectives, 13*, 254~259.

O'Callaghan, C., Shine, J. M., Hodges, J. R., Andrews-Hanna, J. R., & Irish, M. (2019). Hippocampal atrophy and intrinsic brain network dysfunction relate to alterations in mind wandering in neurodegeneration. *Proceedings of the National Academy of Sciences, 116*, 3316~3321.

Oeggl, K., Kofler, W., Schmidl, A., Dickson, J. H., Egarter-Vigl, E., & Gaber, O. (2007). The reconstruction of the last itinerary of "Ötzi," the Neolithic iceman, by pollen analyses from sequentially sampled gut extracts. *Quaternary Science Reviews, 26*, 853~861.

Oettingen, G., & Mayer, D. (2002). The motivating function of thinking about the future: Expectations versus fantasies. *Journal of Personality and Social Psychology, 83*, 1198~1212.

Oettingen, G., & Reininger, K. M. (2016). The power of prospection: Mental contrasting and behavior change. *Social and Personality Psychology Compass, 10*, 591~604.

O'Keefe, J., & Dostrovsky, J. (1971). The hippocampus as a spatial map: Preliminary evidence from unit activity in the freely-moving rat. *Brain Research, 34*, 171~175.

O'Keefe, J., & Nadel, L. (1978). *The hippocampus as a cognitive map.* Clarendon Press.

Okuda, J., Fujii, T., Ohtake, H., Tsukiura, T., Tanji, K., Suzuki, K., . . . Yamadori, A. (2003). Thinking of the future and past: The roles of the frontal pole and the medial temporal lobes. *Neuroimage, 19*, 1369~1380.

Oliver, M. (1993, November 24). Larry Walters; soared to fame on lawn chair. *LA Times.*

Oostenbroek, J., Redshaw, J., Davis, J., Kennedy-Costantini, S., Nielsen, M., Slaughter, V., & Suddendorf, T. (2019). Re-evaluating the neonatal imitation hypothesis. *Developmental Science, 22,* e12720.

Oostenbroek, J., Suddendorf, T., Nielsen, M., Redshaw, J., Kennedy-Costantini, S., Davis, J., . . . Slaughter, V. (2016). Comprehensive longitudinal study challenges the existence of neonatal imitation in humans. *Current Biology, 26,* 1334~1338.

Ord, T. (2020). *The precipice: Existential risk and the future of humanity.* Bloomsbury.

Ortega Martínez, A. I., Vallverdú Poch, J., Cáceres, I., Benito-Calvo, A., Parés, J. M., Pérez Martínez, R., . . . Carbonell, E. (2016, September). *Galería Complex site: The sequence of Acheulean site of Atapuerca (Burgos, Spain).* Paper presented at the European Society for the Study of Human Evolution, Madrid, Spain.

Orwig, J. (2015, January 21). The incredible discovery of the oldest depiction of the universe was almost lost to the black market. *Business Insider.*

Osiurak, F., Lasserre, S., Arbanti, J., Brogniart, J., Bluet, A., Navarro, J., & Reynaud, E. (2021). Technical reasoning is important for cumulative technological culture. *Nature Human Behaviour,* 1~9.

Osiurak, F., & Reynaud, E. (2020). The elephant in the room: What matters cognitively in cumulative technological culture. *Behavioral and Brain Sciences, 43,* 1~57.

O'Sullivan, N. J., Teasdale, M. D., Mattiangeli, V., Maixner, F., Pinhasi, R., Bradley, D. G., & Zink, A. (2016). A whole mitochondria analysis of the Tyrolean iceman's leather provides insights into the animal sources of Copper Age clothing. *Scientific Reports, 6,* 1~9.

Osvath, M. (2009). Spontaneous planning for future stone throwing by a male chimpanzee. *Current Biology, 19,* R190~R191.

Osvath, M., & Gardenfors, P. (2005). Oldowan culture and the evolution of anticipatory cognition. *Lund University Cognitive Studies, 122,* 1~45.

Osvath, M., & Karvonen, E. (2012). Spontaneous innovation for future deception in a male chimpanzee. *PLOS ONE, 7,* e36782.

Owens, R. E. (2008). *Language development: An introduction.* Pearson Education.

Palombo, D. J., Keane, M. M., & Verfaellie, M. (2015). The medial temporal lobes are critical for reward-based decision making under conditions that promote episodic future thinking. *Hippocampus, 25,* 345~353.

Parfit, D. (1984). *Reasons and persons.* Oxford University Press.

Pargeter, J., Khreisheh, N., & Stout, D. (2019). Understanding stone tool-making skill acquisition: Experimental methods and evolutionary implications. *Journal of Human Evolution, 133*, 146~166.

Parker, B. (2011). The tide predictions for D-Day. *Physics Today, 64*, 35~40.

Parker, R. A. (1974). Ancient Egyptian astronomy. *Philosophical Transactions of the Royal Society of London. Series A, Mathematical and Physical Sciences, 276*, 51~65.

Pascoe, B. (2014). *Dark emu: Black seeds: Agriculture or accident?* Magabala Books.

Pearson, J. (2019). The human imagination: The cognitive neuroscience of visual mental imagery. *Nature Reviews Neuroscience, 20*, 624~634.

Peintner, U., Pöder, R., & Pümpel, T. (1998). The iceman's fungi. *Mycological Research, 102*, 1153~1162.

Peng, X., Chen, M., Chen, S., Dasgupta, S., Xu, H., Ta, K., . . . Bai, S. (2018). Microplastics contaminate the deepest part of the world's ocean. *Geochemical Perspectives Letters, 9*, 1~5.

Penn, D. C., Holyoak, K. J., & Povinelli, D. J. (2008). Darwin's mistake: Explaining the discontinuity between human and nonhuman minds. *Behavioral and Brain Sciences, 31*, 109~178.

Perner, J. (1991). *Understanding the representational mind.* MIT Press.

Pernicka, E., Adam, J., Borg, G., Brügmann, G., Bunnefeld, J.-H., Kainz, W., . . . Schwarz, R. (2020). Why the Nebra sky disc dates to the early Bronze Age: An overview of the interdisciplinary results. *Archaeologia Austriaca, 104*, 89~122.

Peters, J., & Büchel, C. (2010). Episodic future thinking reduces reward delay discounting through an enhancement of prefrontal-mediotemporal interactions. *Neuron, 66*, 138~148.

Pfeiffer, B. E., & Foster, D. J. (2013). Hippocampal place-cell sequences depict future paths to remembered goals. *Nature, 497*, 74~79.

Pham, L. B., & Taylor, S. E. (1999). From thought to action: Effects of process- versus outcome-based mental simulations on performance. *Personality and Social Psychology Bulletin, 25*, 250~260.

Piaget, J., & Inhelder, B. (1958). *The growth of logical thinking from childhood to adolescence.* Basic Books.

Pinker, S. (2006). Deep commonalities between life and mind. In A. Grafen & M. Ridley (Eds.), *Richard Dawkins: How a scientist changed the way we think: Reflections by scientists, writers, and philosophers.* Oxford University Press.

Pinker, S. (2010). The cognitive niche: Coevolution of intelligence, sociality, and language. *Proceedings of the National Academy of Sciences, 107*, 8993~8999.

Pinker, S. (2011). *The better angels of our nature: Why violence has declined.* Viking.

Pinker, S. (2018). *Enlightenment now: The case for reason, science, humanism, and progress.* Viking.

Plato. (1952). *Phaedrus* (R. Hackforth, Trans.). Cambridge University Press. (Original work published ca. 360 BC)

Pliny. (1855). *The natural history* (J. Bostock, Trans.). Taylor and Francis. (Original work published 77 AD)

Poirier, L. (2007). Teaching mathematics and the Inuit community. *Canadian Journal of Science, Mathematics and Technology Education, 7,* 53~67.

Polden, J. (2015, November 12). Athlete known as "Monkey Man" runs 100m on all fours in just 15 seconds to break a world record. *Daily Mail.*

Poldrack, R. A. (2018). *The new mind readers: What neuroimaging can and cannot reveal about our thoughts.* Princeton University Press.

Pomeroy, E., Bennett, P., Hunt, C. O., Reynolds, T., Farr, L., Frouin, M., . . . Barker, G. (2020). New Neanderthal remains associated with the "flower burial" at Shanidar Cave. *Antiquity, 94,* 11~26.

Popper, K. (1978). Natural selection and the emergence of mind. *Dialectica, 32,* 339~355.

Possingham, H. (2016). How to make biological conservation a success. *Rundgespräche der Kommission für Ökologie, 44,* 137~142.

Possingham, H., Ball, I., & Andelman, S. (2000). Mathematical methods for identifying representative reserve networks. In S. Ferson & M. Burgman (Eds.), *Quantitative methods for conservation biology.* Springer.

Potts, R., Behrensmeyer, A. K., & Ditchfield, P. (1999). Paleolandscape variation and Early Pleistocene hominid activities: Members 1 and 7, Olorgesailie Formation, Kenya. *Journal of Human Evolution, 37,* 747~788.

Povinelli, D., & Vonk, J. (2003). Chimpanzee minds: Suspiciously human? *Trends in Cognitive Sciences, 7,* 157~160.

Price, M. (2019, December 4). Early humans domesticated themselves, new genetic evidence suggests. *Science.*

Puglise, N. (2016, October 31). Houdini fans hold annual seance: "If anyone could escape the beyond, it's him." *The Guardian.*

Quiroga, R. Q. (2019). Plugging in to human memory: Advantages, challenges, and insights from human single-neuron recordings. *Cell, 179,* 1015~1032.

Quiroga, R. Q. (2021). How are memories stored in the human hippocampus? *Trends in Cognitive Sciences, 25,* 425~426.

Radovčić, D., Sršen, A. O., Radovčić, J., & Frayer, D. W. (2015). Evidence for Neandertal jewelry: Modified white-tailed eagle claws at Krapina. *PLOS ONE, 10,* e0119802.

Rafetseder, E., Cristi-Vargas, R., & Perner, J. (2010). Counterfactual reasoning: Developing a sense of "nearest possible world." *Child Development, 81,* 376~389.

Rafetseder, E., & Perner, J. (2014). Counterfactual reasoning: Sharpening conceptual distinctions in developmental studies. *Child Development Perspectives, 8,* 54~58.

Rajecki, D. W. (1974). Effects of prenatal exposure to auditory or visual stimulation on postnatal distress vocalizations in chicks. *Behavioral Biology, 11,* 525~536.

Ramanan, S., Piguet, O., & Irish, M. (2018). Rethinking the role of the angular gyrus in remembering the past and imagining the future: The contextual integration model. *Neuroscientist, 24,* 342~352.

Rao, R. P., & Ballard, D. H. (1999). Predictive coding in the visual cortex: A functional interpretation of some extra-classical receptive-field effects. *Nature Neuroscience, 2,* 79~87.

Read, D. W. (2008). Working memory: A cognitive limit to non-human primate recursive thinking prior to hominid evolution. *Evolutionary Psychology, 6,* 676~714.

Read, V. M. S. J., & Hughes, R. N. (1987). Feeding behaviour and prey choice in *Macroperipatus torquatus* (Onychophora). *Proceedings of the Royal Society B: Biological Sciences, 230,* 483~506.

Reddan, M. C., Wager, T. D., & Schiller, D. (2018). Attenuating neural threat expression with imagination. *Neuron, 100,* 994~1005.

Redish, A. D. (2016). Vicarious trial and error. *Nature Reviews Neuroscience, 17,* 147~159.

Redshaw, J. (2014). Does metarepresentation make human mental time travel unique? *Wiley Interdisciplinary Reviews: Cognitive Science, 5,* 519~531.

Redshaw, J. (2019). Re-analysis of data reveals no evidence for neonatal imitation in rhesus macaques. *Biology Letters, 15,* 20190342.

Redshaw, J., & Bulley, A. (2018). Future-thinking in animals: Capacities and limits. In G. Oettingen, A. T. Servincer, & P. M. Gollwitzer (Eds.), *The psychology of thinking about the future.* Guilford Press.

Redshaw, J., Bulley, A., & Suddendorf, T. (2019). Thinking about thinking about time. *Behavioral and Brain Sciences, 42,* e273.

Redshaw, J., Leamy, T., Pincus, P., & Suddendorf, T. (2018). Young children's capacity to imagine and prepare for certain and uncertain future outcomes. *PLOS ONE, 13*, e0202606.

Redshaw, J., Nielsen, M., Slaughter, V., Kennedy–Costantini, S., Oostenbroek, J., Crimston, J., & Suddendorf, T. (2020). Individual differences in neonatal "imitation" fail to predict early social cognitive behaviour. *Developmental Science, 23*, e12892.

Redshaw, J., & Suddendorf, T. (2013). Foresight beyond the very next event: Four-year-olds can link past and deferred future episodes. *Frontiers in Psychology, 4*, 404

Redshaw, J., & Suddendorf, T. (2016). Children's and apes' preparatory responses to two mutually exclusive possibilities. *Current Biology, 26*, 1758~1762.

Redshaw, J., & Suddendorf, T. (2018). Misconceptions about adaptive function. *Behavioral and Brain Sciences, 41*, 38~39.

Redshaw, J., & Suddendorf, T. (2020). Temporal junctures in the mind. *Trends in Cognitive Sciences, 24*, 52~64.

Redshaw, J., Suddendorf, T., Neldner, K., Wilks, M., Tomaselli, K., Mushin, I., & Nielsen, M. (2019). Young children from three diverse cultures spontaneously and consistently prepare for alternative future possibilities. *Child Development, 90*, 51~61.

Redshaw, J., Taylor, A. H., & Suddendorf, T. (2017). Flexible planning in ravens? *Trends in Cognitive Sciences, 21*, 821~822.

Reich, D., Patterson, N., Kircher, M., Delfin, F., Nandineni, M. R., Pugach, I., . . . Stoneking, M. (2011). Denisova admixture and the first modern human dispersals into Southeast Asia and Oceania. *American Journal of Human Genetics, 89*, 516~528.

Rescorla, R. A., & Wagner, A. R. (1972). A theory of Pavlovian conditioning: Variations in the effectiveness of reinforcement and nonreinforcement. In A. H. Black & W. F. Prokasy (Eds.), *Classical conditioning II: Current research and theory*. Appleton–Century–Crofts.

Ritchie, H. (2019, November 11). Half of the world's habitable land is used for agriculture. *Our World in Data*.

Ritchie, H., & Roser, M. (2018, June). Ozone Layer. *Our World in Data*.

Roberts, P., & Stewart, B. A. (2018). Defining the "generalist specialist" niche for Pleistocene *Homo sapiens*. *Nature Human Behaviour, 2*, 542~550.

Robinson, E. J., Rowley, M. G., Beck, S. R., Carroll, D. J., & Apperly, I. A. (2006).

Children's sensitivity to their own relative ignorance: Handling of possibilities under epistemic and physical uncertainty. *Child Development, 77*, 1642~1655.

Robson, S. L., & Wood, B. (2008). Hominin life history: Reconstruction and evolution. *Journal of Anatomy, 212*, 394~425.

Roesch, M. R., Esber, G. R., Li, J., Daw, N. D., & Schoenbaum, G. (2012). Surprise! Neural correlates of Pearce-Hall and Rescorla-Wagner coexist within the brain. *European Journal of Neuroscience, 35*, 1190~1200.

Rogers, N., Killcross, S., & Curnoe, D. (2016). Hunting for evidence of cognitive planning: Archaeological signatures versus psychological realities. *Journal of Archaeological Science: Reports, 5*, 225~239.

Roksandic, M., Radović, P., Wu, X. J., & Bae, C. J. (2022). Resolving the "muddle in the middle": The case for *Homo bodoensis* sp. nov. *Evolutionary Anthropology, 31*, 20~29.

Rösch, S. A., Stramaccia, D. F., & Benoit, R. G. (in press). Promoting farsighted decisions via episodic future thinking: A meta-analysis. *Journal of Experimental Psychology: General*.

Rosenbaum, R. S., Kohler, S., Schacter, D. L., Moscovitch, M., Westmacott, R., Black, S. E., . . . Tulving, E. (2005). The case of KC: Contributions of a memory-impaired person to memory theory. *Neuropsychologia, 43*, 989~1021.

Rosling, H., Rosling, O., & Rosling Rönnlund, A. (2018). *Factfulness*. Flatiron Books.

Roth, G., & Dicke, U. (2005). Evolution of the brain and intelligence. *Trends in Cognitive Sciences, 9*, 250~257.

Rousseau, J.-J. (1913). *The social contract* (G. D. H. Cole, Trans.). E. P. Dutton & Co. (Original work published 1762)

Ruby, F. J., Smallwood, J., Sackur, J., & Singer, T. (2013). Is self-generated thought a means of social problem solving? *Frontiers in Psychology, 4*, 962.

Ruggles, C. (1997). Astronomy and Stonehenge. *Proceedings of the British Academy, 92*, 203~230.

Ruginski, I. T., Creem-Regehr, S. H., Stefanucci, J. K., & Cashdan, E. (2019). GPS use negatively affects environmental learning through spatial transformation abilities. *Journal of Environmental Psychology, 64*, 12~20.

Rust, S. (2019, November 10). How the U.S. betrayed the Marshall Islands, kindling the next nuclear disaster. *Los Angeles Times*.

Ruxton, G. D., & Hansell, M. H. (2011). Fishing with a bait or lure: A brief review of the cognitive issues. *Ethology, 117*, 1~9.

Safire, W. (1969, July 18). Memo in the event of a moon disaster. US National Archives.

Sagan, C. (1994). *Pale blue dot: A vision of the human future in space.* Random House.

Sahle, Y., Hutchings, W. K., Braun, D. R., Sealy, J. C., Morgan, L. E., Negash, A., & Atnafu, B. (2013). Earliest stone-tipped projectiles from the Ethiopian Rift date to 〉279,000 years ago. *PLOS ONE, 8,* e78092.

Sala, N., Arsuaga, J. L., Pantoja-Pérez, A., Pablos, A., Martínez, I., Quam, R. M., . . . Carbonell, E. (2015). Lethal interpersonal violence in the Middle Pleistocene. *PLOS ONE, 10,* e0126589.

Salk, J. (1992). Are we being good ancestors? *World Affairs: The Journal of International Issues, 1,* 16~18.

Samuelson, A. (2019, June 20). *What is an atomic clock?* NASA.

Sánchez, O., Vargas, J. A., & López-Forment, W. (1999). Observations of bats during a total solar eclipse in Mexico. *Southwestern Naturalist, 44,* 112~115.

Sandom, C., Faurby, S., Sandel, B., & Svenning, J.-C. (2014). Global late Quaternary megafauna extinctions linked to humans, not climate change. *Proceedings of the Royal Society B: Biological Sciences, 281,* 20133254.

Santos, L. R., & Rosati, A. G. (2015). The evolutionary roots of human decision making. *Annual Review of Psychology, 66,* 321~347.

Sapolsky, R. M. (2004). *Why zebras don't get ulcers: The acclaimed guide to stress, stress-related diseases, and coping.* Holt Paperbacks.

Saturno, W. A., Stuart, D., & Beltrán, B. (2006). Early Maya writing at San Bartolo, Guatemala. *Science, 311,* 1281~1283.

Schacter, D. L. (1999). The seven sins of memory: Insights from psychology and cognitive neuroscience. *American Psychologist, 54,* 182~203.

Schacter, D. L., Addis, D. R., & Buckner, R. L. (2007). Remembering the past to imagine the future: The prospective brain. *Nature Reviews Neuroscience, 8,* 657~661.

Schacter, D. L., Addis, D. R., Hassabis, D., Martin, V., Spreng, R., & Szpunar, K. (2012). The future of memory: Remembering, imagining, and the brain. *Neuron, 76,* 677~694.

Schacter, D. L., Devitt, A. L., & Addis, D. R. (2018). Episodic future thinking and cognitive aging. In B. Knight (Ed.), *Oxford research encyclopedia of psychology.* Oxford University Press.

Schmandt-Besserat, D. (1981). Decipherment of the earliest tablets. *Science, 211,*

283~285.

Schmidt, P., Blessing, M., Rageot, M., Iovita, R., Pfleging, J., Nickel, K. G., . . . Tennie, C. (2019). Birch tar production does not prove Neanderthal behavioral complexity. *Proceedings of the National Academy of Sciences, 116*, 17707~17711.

Schopenhauer, A. (1913). *Studies in pessimism* (T. B. Saunders, Trans.). G. Allen. (Original work published 1851)

Schultz, W. (1998). Predictive reward signal of dopamine neurons. *Journal of Neurophysiology, 80*, 1~27.

Schuppli, C., & van Schaik, C. P. (2019). Animal cultures: How we've only seen the tip of the iceberg. *Evolutionary Human Sciences, 1*, e2.

Science. (2007). Breakthrough of the year: The runners-up. *Science, 318*, 1844~1849.

Scott, J. C. (2017). *Against the grain*. Yale University Press.

Secretariat of the Convention on Biological Diversity. (2020). *Global Biodiversity Outlook 5*.

Seiradakis, J. H., & Edmunds, M. G. (2018). Our current knowledge of the Antikythera mechanism. *Nature Astronomy, 2*, 35~42.

Seli, P., Carriere, J. S., Wammes, J. D., Risko, E. F., Schacter, D. L., & Smilek, D. (2018). On the clock: Evidence for the rapid and strategic modulation of mind wandering. *Psychological Science, 29*, 1247~1256.

Seli, P., Risko, E.F., Smilek, D., & Schacter, D. L. (2016). Mind-wandering with and without intention. *Trends in Cognitive Sciences, 20*, 605~617.

Seligman, M. E. P., Railton, P., Baumeister, R. F., & Sripada, C. (2016). *Homo prospectus*. Oxford University Press.

Seneca. (2017). *Dialogues and essays* (J. Davie, Trans.). Oxford University Press. (Original work published ca. 64 AD)

Seneca. (1969). *Letters from a stoic* (R. Campbell, Trans.). Penguin Books. (Original work published ca. 65 AD)

Seth, A. K. (2019). Our inner universes. *Scientific American, 321*, 40~47.

Shahack-Gross, R., Berna, F., Karkanas, P., Lemorini, C., Gopher, A., et al. (2014). Evidence for the repeated use of a central hearth of Middle Pleistocene (300 ky ago) Qesem Cave, Israel. *Journal of Archaeological Science, 44*, 12~21.

Sharot, T. (2011). The optimism bias. *Current Biology, 21*, R941~R945.

Sharot, T., & Garrett, N. (2016). Forming beliefs: Why valence matters. *Trends in Cognitive Sciences, 20*, 25~33.

Sharot, T., Korn, C. W., & Dolan, R. J. (2011). How unrealistic optimism is maintained in the face of reality. *Nature Neuroscience, 14,* 1475~1479.

Sharpe, L. L. (2019). Fun, fur, and future fitness: The evolution of play in mammals. In P. K. Smith & J. L. Roopnarine (Eds.), *The Cambridge handbook of play: Developmental and disciplinary perspectives.* Cambridge University Press.

Shaw, M. J. (2011). *Time and the French Revolution: The republican calendar, 1789– Year xiv.* Royal Historical Society.

Shipton, C. (2020). The unity of Acheulean culture. In H. S. Groucutt (Ed.), *Culture history and convergent evolution: Can we detect populations in prehistory?* Springer International Publishing.

Shipton, C., & Nielsen, M. (2015). Before cumulative culture: The evolutionary origins of overimitation and shared intentionality. *Human Nature, 26,* 331~ 345.

Silberberg, A., & Kearns, D. (2009). Memory for the order of briefly presented numerals in humans as a function of practice. *Animal Cognition, 12,* 405~407.

Skinner, B. F. (1948). "Superstition" in the pigeon. *Journal of Experimental Psychology, 38,* 168~172.

Skinner, B. F. (1953). *Science and human behaviour.* Macmillan.

Skinner, B. F. (1969). *Walden two.* Hackett Publishing.

Slaughter, V., & Boh, W. (2001). Decalage in infants' search for mothers versus toys demonstrated with a delayed response task. *Infancy, 2,* 405~413.

Slaughter, V., & Griffiths, M. (2007). Death understanding and fear of death in young children. *Clinical Child Psychology and Psychiatry, 12,* 525~535.

Smaers, J. B., Gómez-Robles, A., Parks, A. N., & Sherwood, C. C. (2017). Exceptional evolutionary expansion of prefrontal cortex in great apes and humans. *Current Biology, 27,* 714~720.

Smallwood, J., Bernhardt, B. C., Leech, R., Bzdok, D., Jefferies, E., & Margulies, D. S. (2021). The default mode network in cognition: A topographical perspective. *Nature Reviews Neuroscience, 22,* 503~513.

Smallwood, J., & Schooler, J. W. (2015). The science of mind wandering: Empirically navigating the stream of consciousness. *Annual Review of Psychology, 66,* 487~518.

Smith, A. (2011). The Chinese sexagenary cycle and the ritual origins of the calendar. In J. Steele (Ed.), *Calendars and years II: Astronomy and time in the ancient and medieval world.* Oxbox Books.

Smith, F. A., Smith, R. E. E., Lyons, S. K., & Payne, J. L. (2018). Body size downgrading of mammals over the late Quaternary. *Science, 360,* 310~313.

Smolker, R., Richards, A., Connor, R., Mann, J., & Berggren, P. (1997). Sponge carrying by dolphins (Delphinidae, Tursiops sp.): A foraging specialization involving tool use? *Ethology, 103*, 454~465.

Solda, A., Ke, C., Page, L., & von Hippel, W. (2020). Strategically delusional. *Experimental Economics, 23*, 604~631.

Southern, L. M., Deschner, T., & Pika, S. (2021). Lethal coalitionary attacks of chimpanzees (*Pan troglodytes troglodytes*) on gorillas (*Gorilla gorilla gorilla*) in the wild. *Scientific Reports, 11*, 14673.

Soutschek, A., Ugazio, G., Crockett, M. J., Ruff, C. C., Kalenscher, T., & Tobler, P. N. (2017). Binding oneself to the mast: Stimulating frontopolar cortex enhances precommitment. *Social Cognitive and Affective Neuroscience, 12*, 635~642.

Spelke, E. S., & Kinzler, K. D. (2007). Core knowledge. Developmental Science, 10, 89~96. Spencer, H. (1862). *First principles* (Fourth ed.). D. Appleton and Company.

Spinoza, B. (2018). *The ethics* (R. H. M. Elwes, Trans.). Dover Publications, Inc. (Original work published 1677)

Stedman, H. H., Kozyak, B. W., Nelson, A., Thesier, D. M., Su, L. T., Low, D. W., . . . Mitchell, M. A. (2004). Myosin gene mutation correlates with anatomical changes in the human lineage. *Nature, 428*, 415~418.

Steele, J. (2017). *Rising time schemes in Babylonian astronomy.* Springer.

Steele, J. (2021). The continued relevance of MUL.APIN in late Babylonian astronomy. *Journal of Ancient Near Eastern History, 8*, 259~277.

Steffen, W., Richardson, K., Rockström, J., Cornell, S. E., Fetzer, I., Bennett, E. M., . . . Sörlin, S. (2015). Planetary boundaries: Guiding human development on a changing planet. *Science, 347*, 1259855.

Sterelny, K. (2007). Social intelligence, human intelligence and niche construction. *Philosophical Transactions of the Royal Society B: Biological Sciences, 362*, 719~730.

Sterelny, K. (2012). *The evolved apprentice: How evolution made humans unique.* MIT Press.

Stout, D., Rogers, M. J., Jaeggi, A. V., & Semaw, S. (2019). Archaeology and the origins of human cumulative culture: A case study from the earliest Oldowan at Gona, Ethiopia. *Current Anthropology, 60*, 309~340.

Strikwerda-Brown, C., Grilli, M. D., Andrews-Hanna, J., & Irish, M. (2019). "All is not lost"—Rethinking the nature of memory and the self in dementia.

Ageing Research Reviews, 54, 100932.

Stringer, C., Grün, R., Schwarcz, H., & Goldberg, P. (1989). ESR dates for the hominid burial site of Es Skhul in Israel. *Nature, 338,* 756~758.

Suddendorf, T. (1994). *Discovery of the fourth dimension: Mental time travel and human evolution.* (Master of Social Sciences in Psychology). University of Waikato.

Suddendorf, T. (1999). The rise of the metamind. In M. C. Corballis & S. E. G. Lea (Eds.), *The descent of mind: Psychological perspectives on hominid evolution.*

Suddendorf, T. (2006). Foresight and evolution of the human mind. *Science, 312,* 1006~1007.

Suddendorf, T. (2010). Linking yesterday and tomorrow: Preschoolers' ability to report temporally displaced events. *British Journal of Developmental Psychology, 28,* 491~498.

Suddendorf, T. (2011). Evolution, lies and foresight biases. *Behavioral and Brain Sciences, 34,* 38~39.

Suddendorf, T. (2013a). *The gap: The science of what separates us from other animals.* Basic Books.

Suddendorf, T. (2013b). Mental time travel: Continuities and discontinuities. *Trends in Cognitive Sciences, 17,* 151~152.

Suddendorf, T. (2017). The emergence of episodic foresight and its consequences. *Child Development Perspectives, 11,* 191~195.

Suddendorf, T., Brinums, M., & Imuta, K. (2016). Shaping one's future self: The development of deliberate practice. In S. B. Klein, K. Micheaelian, & K. Szpunar (Eds.), *Seeing the future: Theoretical perspectives on future-oriented mental time travel.* Oxford University Press.

Suddendorf, T., Bulley, A., & Miloyan, B. (2018). Prospection and natural selection. *Current Opinion in Behavioral Sciences, 24,* 26~31.

Suddendorf, T., & Busby, J. (2003). Mental time travel in animals? *Trends in Cognitive Sciences, 7,* 391~396.

Suddendorf, T., & Busby, J. (2005). Making decisions with the future in mind: Developmental and comparative identification of mental time travel. *Learning and Motivation, 36,* 110~125.

Suddendorf, T., & Butler, D. L. (2013). The nature of visual self-recognition. *Trends in Cognitive Sciences, 17,* 121~127.

Suddendorf, T., & Corballis, M. C. (1997). Mental time travel and the evolution of the human mind. *Genetic Social and General Psychology Monographs, 123,*

133~167.

Suddendorf, T., & Corballis, M. C. (2007). The evolution of foresight: What is mental time travel and is it unique to humans? *Behavioral and Brain Sciences, 30,* 299~313.

Suddendorf, T., & Corballis, M. C. (2010). Behavioural evidence for mental time travel in nonhuman animals. *Behavioural Brain Research, 215,* 292~298.

Suddendorf, T., Crimston, J., & Redshaw, J. (2017). Preparatory responses to socially determined, mutually exclusive possibilities in chimpanzees and children. *Biology Letters, 13,* 20170170.

Suddendorf, T., Kirkland, K., Bulley, A., Redshaw, J., & Langley, M. C. (2020). It's in the bag: Mobile containers in human evolution and child development. *Evolutionary Human Sciences, 2,* e48.

Suddendorf, T., & Moore, C. (2011). Introduction to the special issue: The development of episodic foresight. *Cognitive Development, 26,* 295~298.

Suddendorf, T., Nielsen, M., & Von Gehlen, R. (2011). Children's capacity to remember a novel problem and to secure its future solution. *Developmental Science, 14,* 26~33.

Suddendorf, T., & Redshaw, J. (2013). The development of mental scenario building and episodic foresight. *Annals of the New York Academy of Sciences, 1296,* 135~153.

Suddendorf, T., Watson, K., Bogaart, M., & Redshaw, J. (2020). Preparation for certain and uncertain future outcomes in young children and three species of monkey. *Developmental Psychobiology, 62,* 191~201.

Suddendorf, T., & Whiten, A. (2001). Mental evolution and development: Evidence for secondary representation in children, great apes and other animals. *Psychological Bulletin, 127,* 629~650.

Suetonius. (1957). *The twelve Caesars* (R. Graves, Trans.). Penguin Books. (Original work published 121 AD)

Sun Tzu. (1910). *The art of war* (L. Giles, Trans.). Luzac. (Original work ca. fifth century BC)

Sutton, J. (2010). Exograms and interdisciplinarity: History, the extended mind, and the civilizing process. In R. Menary (Ed.), *The extended mind.* MIT Press.

Sutton, P., & Walshe, K. (2021). *Farmers or hunter-gatherers? The Dark Emu debate.* Melbourne University Publishing.

Swerdlow, N. M., & Neugebauer, O. (1984). *Mathematical astronomy in Copernicus's De Revolutionibus.* Springer-Verlag.

Szpunar, K. K., & Schacter, D. L. (2013). Get real: Effects of repeated simulation and emotion on the perceived plausibility of future experiences. *Journal of Experimental Psychology: General, 142,* 323~327.

Tagkopoulos, I., Liu, Y. C., & Tavazoie, S. (2008). Predictive behavior within microbial genetic networks. *Science, 320,* 1313~1317.

Tang, M. F., Smout, C. A., Arabzadeh, E., & Mattingley, J. B. (2018). Prediction error and repetition suppression have distinct effects on neural representations of visual information. *eLife, 7,* e33123.

Taungurung Land and Waters Council. (2021). *Waang the trickster.*

Taylor, A. H., Elliffe, D., Hunt, G. R., & Gray, R. D. (2010). Complex cognition and behavioural innovation in New Caledonian crows. *Proceedings of the Royal Society B: Biological Sciences, 277,* 2637~2643.

Taylor, A. H., Medina, F. S., Holzhaider, J. C., Hearne, L. J., Hunt, G. R., & Gray, R. D. (2010). An investigation into the cognition behind spontaneous string pulling in New Caledonian crows. *PLOS ONE, 5,* e9345.

Taylor, A. H., Miller, R., & Gray, R. D. (2012). New Caledonian crows reason about hidden causal agents. *Proceedings of the National Academy of Sciences, 109,* 16389~16391.

Tecwyn, E. C., Thorpe, S. K. S., & Chappell, J. (2013). A novel test of planning ability: Great apes can plan step-by-step but not in advance of action. *Behavioural Processes, 100,* 174~184.

Teeple, J. E. (1926). Maya inscriptions: The Venus calendar and another correlation. *American Anthropologist, 28,* 402~408.

Tennie, C., Call, J., & Tomasello, M. (2009). Ratcheting up the ratchet: On the evolution of cumulative culture. *Philosophical Transactions of the Royal Society B: Biological Sciences, 364,* 2405~2415.

Terrett, G., Lyons, A., Henry, J. D., Ryrie, C., Suddendorf, T., & Rendell, P. G. (2017). Acting with the future in mind is impaired in long-term opiate users. *Psychopharmacology, 234,* 99~108.

Tetlock, P. E., & Gardner, D. (2016). *Superforecasting: The art and science of prediction.* Random House.

Thakral, P. P., Madore, K. P., & Schacter, D. L. (2017). A role for the left angular gyrus in episodic simulation and memory. *Journal of Neuroscience, 37,* 8142~8149.

Thieme, H. (1997). Lower Palaeolithic hunting spears from Germany. *Nature, 385,* 807~810.

Thomas, N. W. (1924). The week in West Africa. *Journal of the Royal Anthropological Institute of Great Britain and Ireland, 54,* 183~209.

Thompson, J. (1972). *A Commentary on the Dresden Codex: A Maya hieroglyphic book.* American Philosophical Society.

Thorndike, E. L. (1898). Animal intelligence: An experimental study of the associative process in animals. *Psychological Review and Monograph, 2,* 551~553.

Thornton, A., & McAuliffe, K. (2006). Teaching in wild meerkats. *Science, 313,* 227~229.

Thorpe, I. J. N. (2003). Anthropology, archaeology, and the origin of warfare. *World Archaeology, 35,* 145~165.

Tinbergen, N. (1963). On aims and methods of ethology. *Zeitschrift fuer Tierpsychologie, 20,* 410~433.

Tobin, H., & Logue, A. W. (1994). Self-control across species (*Columba livia, Homo sapiens, and Rattus norvegicus*). *Journal of Comparative Psychology, 108,* 126~133.

Tolman, E. C. (1939). Prediction of vicarious trial and error by means of the schematic sowbug. *Psychological Review, 46,* 318~336.

Tolman, E. C. (1948). Cognitive maps in rats and men. *Psychological Review, 55,* 189~208.

Tomasello, M. (2019). *Becoming human.* Harvard University Press.

Tomasello, M., Call, J., & Hare, B. (2003). Chimpanzees understand psychological states—the question is which ones and to what extent. *Trends in Cognitive Sciences, 7,* 153~156.

Tooby, J., & DeVore, I. (1987). The reconstruction of hominid behavioral evolution through strategic modelling. In W. Kinzey (Ed.), *The evolution of human behavior: Primate models.* State University of New York Press.

Toth, N., & Schick, K. (2018). An overview of the cognitive implications of the Oldowan Industrial Complex. *Azania: Archaeological Research in Africa, 53,* 3~39.

Trope, Y., & Liberman, N. (2010). Construal-level theory of psychological distance. *Psychological Review, 117,* 440~463.

Tuckerman, J. (2019, November 7). Mexican mammoth trap provides first evidence of prehistoric hunting pits. *The Guardian.*

Tulving, E. (1985). Memory and consciousness. *Canadian Psychology, 26,* 1~12.

Tulving, E. (2005). Episodic memory and autonoesis: Uniquely human? In H. S. Terrace & J. Metcalfe (Eds.), *The missing link in cognition: Evolution of self-knowing consciousness.* Oxford University Press.

Tversky, A., & Kahneman, D. (1973). Availability heuristic for judging frequency and probability. *Cognitive Psychology, 5,* 207~232.

Tyerman, D., & Bennet, G. (1831). *Journal of voyages and travels.* Frederick Westley and A. H. Davis.

Uetz, G. W., Hieber, C. S., Jakob, E. M., Wilcox, R. S., Kroeger, D., McCrate, A., & Mostrom, A. M. (1994). Behavior of colonial orb-weaving spiders during a solar eclipse. *Ethology, 96,* 24~32.

Ulber, J., Hamann, K., & Tomasello, M. (2017). Young children, but not chimpanzees, are averse to disadvantageous and advantageous inequities. *Journal of Experimental Child Psychology, 155,* 48~66.

Umbach, G., Kantak, P., Jacobs, J., Kahana, M., Pfeiffer, B. E., Sperling, M., & Lega, B. (2020). Time cells in the human hippocampus and entorhinal cortex support episodic memory. *Proceedings of the National Academy of Sciences, 117,* 28463~28474.

Unknown author. (ca. thirty-first century BC). Beer production at the inanna temple in Uruk. Schøyen Collection, Oslo, Norway.

Urton, G. (2003). *Signs of the Inka khipu: Binary coding in the Andean knotted-string records.* University of Texas Press.

Utrilla, P., Mazo, C., Domingo, R., & Bea, M. (2021). Maps in prehistoric art. In I. Davidson & A. Nowell (Eds.), *Making scenes: Global perspectives on scenes in rock art.* Berghahn Books.

Vail, G. (2006). The Maya codices. *Annual Review of Anthropology, 35,* 497~519.

Vale, G. L., Flynn, E. G., & Kendal, R. L. (2012). Cumulative culture and future thinking: Is mental time travel a prerequisite to cumulative cultural evolution? *Learning and Motivation, 43,* 220~230.

van den Bergh, G. D., Kaifu, Y., Kurniawan, I., Kono, R. T., Brumm, A., Setiyabudi, E., . . . Morwood, M. J. (2016). *Homo floresiensis*-like fossils from the early Middle Pleistocene of Flores. *Nature, 534,* 245~248.

van Schaik, C. P., Damerius, L., & Isler, K. (2013). Wild orangutan males plan and communicate their travel direction one day in advance. *PLOS ONE, 8,* e74896.

Velpeau, A. A. L. M. (1839). *Nouveaux éléments de médecine opératoire.* J.-B. Baillière.

Venkataraman, B. (2019). *The optimist's telescope: Thinking ahead in a reckless age.* Riverhead Books.

Villar, R. (2012, April 18). No monkeying around for Japan man, fastest on four legs. *Reuters.*

Vince, G. (2019). *Transcendence: How humans evolved through fire, language, beauty, and time*. Penguin UK.

Visser, I., Smith, T., Bullock, I., Green, G., Carlsson, O. L., & Imberti, S. (2008). Antarctic peninsula killer whales (*Orcinus orca*) hunt seals and a penguin on floating ice. *Marine Mammal Science, 24*, 225~234.

Völter, C. J., Mundry, R., Call, J., & Seed, A. M. (2019). Chimpanzees flexibly update working memory contents and show susceptibility to distraction in the self-ordered search task. *Proceedings of the Royal Society B, 286*, 20190715.

von Hippel, E., De Jong, J. P., & Flowers, S. (2012). Comparing business and household sector innovation in consumer products: Findings from a representative study in the United Kingdom. *Management Science, 58*, 1669~1681.

von Hippel, W. (2018). *The social leap*. HarperCollins.

von Hippel, W., & Suddendorf, T. (2018). Did humans evolve to innovate with a social rather than technical orientation? *New Ideas in Psychology, 51*, 34~39.

Vonk, J. (2020). Twenty years after folk physics for apes: Researchers' understanding of how nonhumans understand the world. *Animal Behavior and Cognition, 7*, 264~269.

Wahba, M. A., & Bridwell, L. G. (1976). Maslow reconsidered: A review of research on the need hierarchy theory. *Organizational Behavior and Human Performance, 15*, 212~240.

Walker, C. M., & Gopnik, A. (2014). Toddlers infer higher-order relational principles in causal learning. *Psychological Science, 25*, 161~169.

Walker, R. S., & Bailey, D. H. (2013). Body counts in lowland South American violence. *Evolution and Human Behavior, 34*, 29~34.

Wallace, A. R. (1870). *Contributions to the theory of natural selection: A series of essays*. Macmillan and Company.

Ward, J. (2014). *Adventures in stationery: A journey through your pencil case*. Profile Books.

Watabe-Uchida, M., Eshel, N., & Uchida, N. (2017). Neural circuitry of reward prediction error. *Annual Review of Neuroscience, 40*, 373~394.

Waters, C. N., Zalasiewicz, J., Summerhayes, C., Barnosky, A. D., Poirier, C., Gałuszka, A., . . . Wolfe, A. P. (2016). The Anthropocene is functionally and stratigraphically distinct from the Holocene. *Science, 351*, aad2622.

Watts, T. W., Duncan, G. J., & Quan, H. (2018). Revisiting the marshmallow test: A conceptual replication investigating links between early delay of gratification and later outcomes. *Psychological Science, 29,* 1159~1177.

Wearing, D. (2005). *Forever today: A memoir of love and amnesia.* Random House.

Weimer, A. A., Sallquist, J., & Bolnick, R. R. (2012). Young children's emotion comprehension and theory of mind understanding. *Early Education and Development, 23,* 280~301.

Weiner, N. (1950). *The human use of human beings.* Houghton Mifflin.

Weir, A. A. S., Chappell, J., & Kacelnik, A. (2002). Shaping of hooks in New Caledonian crows. *Science, 297,* 981.

Weisberg, J. (2018). *Asking for a friend: Three centuries of advice on life, love, money, and other burning questions from a nation obsessed.* Nation Books.

Wellman, H. M., Cross, D., & Watson, J. (2001). Meta-analysis of theory-of-mind development: The truth about false belief. *Child Development, 72,* 655~684.

Wellman, H. M., Fang, F., & Peterson, C. C. (2011). Sequential progressions in a theory-of mind scale: Longitudinal perspectives. *Child Development, 82,* 780~792.

Wellman, H. M., & Liu, D. (2004). Scaling of theory-of-mind tasks. *Child Development, 75,* 523~541.

Wells, A. (2005). The metacognitive model of GAD: Assessment of meta-worry and relationship with DSM-IV generalized anxiety disorder. *Cognitive Therapy and Research, 29,* 107~121.

Wells, G. (1985). *Language development in the pre-school years.* Cambridge University Press.

Wells, H. G. (1895). *The time machine.* William Heineman.

White, M., & Ashton, N. (2003). Lower Palaeolithic core technology and the origins of the Levallois method in North-Western Europe. *Current Anthropology, 44,* 598~609.

White, R., Bosinski, G., Bourrillon, R., Clottes, J., Conkey, M., Rodriguez, S. C., .. . Delluc, G. (2020). Still no archaeological evidence that Neanderthals created Iberian cave art. *Journal of Human Evolution, 144,* 102640.

Whiten, A. (1999). The evolution of deep social mind in humans. In M. C. Corballis & S. E. G. Lea (Eds.), *The descent of mind: Psychological perspectives on hominid evolution.* Oxford University Press.

Whiten, A. (2021). The burgeoning reach of animal culture. *Science, 372,* eabe6514.

Whiten, A., & Erdal, D. (2012). The human socio-cognitive niche and its evolutionary origins. *Philosophical Transactions of the Royal Society B: Biological*

Sciences, 367, 2119~2129.

Whiten, A., Goodall, J., McGrew, W. C., Nishida, T., Reynolds, V., Sugiyama, Y., . . . Boesch, C. (1999). Cultures in chimpanzees. *Nature, 399*, 682~685.

Wierenga, J. (2001, April 12). Kano van pesse kon echt varen. *Nieuwsblad van het Noorden.*

Wierer, U., Arrighi, S., Bertola, S., Kaufmann, G., Baumgarten, B., Pedrotti, A., . . . Pelegrin, J. (2018). The iceman's lithic toolkit: Raw material, technology, typology and use. *PLOS ONE, 13*, e0198292.

Wiessner, P. W. (2014). Embers of society: Firelight talk among the Ju/'hoansi Bushmen. *Proceedings of the National Academy of Sciences, 111*, 14027~14035.

Wilkins, J., Schoville, B. J., Brown, K. S., & Chazan, M. (2012). Evidence for early hafted hunting technology. *Science, 338*, 942~946.

Williams, D. (2018). Predictive minds and small-scale models: Kenneth Craik's contribution to cognitive science. *Philosophical Explorations, 21*, 245~263.

Willms, A. R., Kitanov, P. M., & Langford, W. F. (2017). Huygens' clocks revisited. *Royal Society Open Science, 4*, 170777.

Wimmer, H., & Perner, J. (1983). Beliefs about beliefs: Representation and constraining function of wrong beliefs in young children's understanding of deception. *Cognition, 13*, 103~128.

Wittmann, M. (2016). *Felt time: The psychology of how we perceive time.* MIT Press.

Witze, A. (2021). NASA spacecraft will slam into asteroid in first planetary-defence test. *Nature, 600*, 17~18.

Wrangham, R. (2009). *Catching fire: How cooking made us human.* Basic Books.

Wynne, C. D. L. (2004). Fair refusal by capuchin monkeys. *Nature, 428*, 140.

Ye, J.-y., Qin, X.-j., Cui, J.-f., Ren, Q., Jia, L.-x., Wang, Y., . . . Chan, R. C. (2021). A metaanalysis of mental time travel in individuals with autism spectrum disorders. *Journal of Autism and Developmental Disorders.*

Yellen, J. E., Brooks, A. S., Cornelissen, E., Mehlman, M. J., & Stewart, K. (1995). A Middle Stone Age worked bone industry from Katanda, Upper Semliki Valley, Zaire. *Science, 268*, 553~556.

Young, R. W. (2003). Evolution of the human hand: The role of throwing and clubbing. *Journal of Anatomy, 202*, 165~174.

Zalasiewicz, J., Williams, M., Waters, C. N., Barnosky, A. D., Palmesino, J., Rönnskog, A. S., . . . & Wolfe, A. P. (2017). Scale and diversity of the physical technosphere: A geological perspective. *Anthropocene Review, 4*, 9~22.

Zelazo, P. D. (2006). The Dimensional Change Card Sort (DCCS): A method of assessing executive function in children. *Nature Protocols, 1*, 297~301.

Zerubavel, E. (1989). *The seven day circle: The history and meaning of the week.* University of Chicago Press.

Zhu, Z., Dennell, R., Huang, W., Wu, Y., Qiu, S., Yang, S., . . . Ouyang, T. (2018). Hominin occupation of the Chinese Loess Plateau since about 2.1 million years ago. *Nature, 559*, 608~612.

Zietsch, B. P., de Candia, T. R., & Keller, M. C. (2015). Evolutionary behavioral genetics. *Current Opinion in Behavioral Sciences, 2*, 73~80.

Zimbardo, P. G., & Boyd, J. N. (1999). Putting time in perspective: A valid, reliable individual-differences metric. *Journal of Personality and Social Psychology, 77*, 1271~1288.

찾아보기

428

THE INVENTION OF TOMORROW

옮긴이 조은영

서울대학교 생물학과를 졸업하고 서울대학교 천연물과학대학원과 미국 조지아대학교 식물학과에서 공부했다. 어려운 과학책은 쉽게, 쉬운 과학책은 재미있게 우리말로 옮기고 있다. 옮긴 책으로 《파브르 식물기》《바이러스, 퀴어, 보살핌》《암컷들》《다른 몸들을 위한 디자인》《언더랜드》《허리케인 도마뱀과 플라스틱 오징어》《나무는 거짓말을 하지 않는다》《10퍼센트 인간》 등이 있다.

시간의 지배자

1판 1쇄 펴냄	2024년 6월 28일
1판 2쇄 펴냄	2024년 8월 12일

지은이	토머스 서든도프, 조너선 레드쇼, 애덤 벌리
옮긴이	조은영
펴낸이	김정호

주간	김진형
편집	김진형, 유승재, 원보름
디자인	형태와 내용 사이, 박애영

펴낸곳	디플롯
출판등록	2021년 2월 19일(제2021-000020호)
주소	10881 경기도 파주시 회동길 445-3 2층
전화	031-955-9503(편집) · 031-955-9514(주문)
팩스	031-955-9519
이메일	dplot@acanet.co.kr
페이스북	facebook.com/dplotpress
인스타그램	instagram.com/dplotpress

ISBN	979-11-93591-12-3 03400

지은이

토머스 서든도프 Thomas Suddendorf

퀸즐랜드대학교 심리학과 교수. 독일에서 태어나 자랐으며
오클랜드대학교에서 박사학위를 받았다. 인간 정신의 본질과 진화에
관한 연구로 호주사회과학원, 호주심리과학협회, 미국심리과학협회
등에서 여러 상을 수상했다. 자아, 시간, 정신의 이해에 중점을 두고
진화심리학과 인지과학을 연구하며, 그의 논문은 《사이언스》《가디언》
《사이언티픽 아메리칸》《뉴사이언티스트》 등의 매체에 실렸다.
2006년 옥스퍼드대학교 국제생물의학센터와 영국왕립과학연구소가
함께 개최한 '무엇이 우리를 인간이게 하는가' 심포지엄에서
인류학·생물학·신경과학·의학·뇌과학·기술과학·철학 등의 분야에서 활동하는
세계적인 석학들과 함께 발제자로 참여했다. 첫 책《간극: 우리를 다른 동물과
구분하는 것의 과학The Gap: The Science of What Separates Us from Other
Animals》(2013)은 인간을 인간으로 만드는 근본적 이유에 대한 과학적
탐구로, 《퍼블리셔스 위클리》《가디언》〈BBC〉 등으로부터 올해의 과학책으로
선정되었으며 비평가들의 극찬을 받았다.

조너선 레드쇼 Jonathan Redshaw

퀸즐랜드대학교 박사후연구원. 인간과 동물이 미래를 어떻게 인지하는지를
연구하며 멘탈 타임머신의 본질과 진화에 관한 여러 논문을 발표했다. 2021년
미국심리과학협회로부터 라이징스타어워드Rising Star Award를 수상했다.

애덤 벌리 Adam Bulley

하버드대학교와 시드니대학교 박사후연구원으로 있으면서 예지력과
의사결정에 관한 진화심리학과 인지과학을 연구했다. 현재는 영국 국무조정실
산하의 행동통찰팀Behavioral Insights Team(BIT) 수석 고문으로 일하며
정신건강, 장애, 고용 등에 관한 다양한 프로젝트를 수행하고 있다.